Gallinacés, échassiers et rallidés

 Gallinacés, pages 154-159 Les gallinacés se caractérisent par des pattes courtes, mais puissantes. Ils se déplacent souvent en grands groupes familiaux.

 Échassiers, pages 160-167 Grâce à leurs longues pattes, ces grands oiseaux à long cou arpentent les pièces d'eau et les prés. Le bec est généralement long.

 Rallidés, pages 168-171 La plupart d'entre eux se cachent dans les roseaux et la végétation des zones humides. Certains nagent à découvert en faisant des mouvements saccadés.

Limicoles et laridés

 Limicoles, pages 172-192 Oiseaux de petite ou moyenne taille possédant de grandes pattes et un long bec. Ils fréquentent le littoral et les zones marécageuses.

 Laridés et alcidés, pages 193-210 Oiseaux de mer et du littoral à pattes palmées, au plumage souvent très clair.

Plongeons, canards, puffins, pétrels, etc.

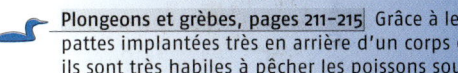 **Plongeons et grèbes, pages 211-215** Grâce à leurs courtes pattes implantées très en arrière d'un corps élancé, ils sont très habiles à pêcher les poissons sous l'eau.

 Anatidés, pages 216-234 Cygnes, oies et canards possèdent des pieds palmés et passent beaucoup de temps sur l'eau. Certains viennent se nourrir à terre.

 Puffins, pétrels, fulmar, etc., pages 235-241 Oiseaux de mer dotés souvent de glandes nasales éliminant le sel. Ils se nourrissent de poissons et souvent ne viennent à terre que pour y nicher.

Cartes de répartition

■ vert >	présence toute l'année
■ rouge >	aire de nidification
■ bleu clair >	aire d'hivernage
■ jaune >	zone de passage
≡ stries jaunes >	principal axe de migration

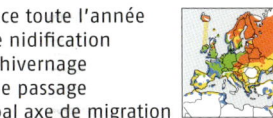

Comment utiliser ce livre

L'illustration principale

représente, sauf indication contraire, un oiseau mâle en plumage nuptial. Des légendes mettent l'accent sur les caractères nécessaires à l'identification. Les autres illustrations montrent des détails significatifs ou des espèces ressemblantes. Les textes, images et cartes qui figurent en marge renseignent sur l'espace vital des oiseaux et leur mode de reproduction. Le texte principal contient les informations de base relatives à l'espèce. Les pages entièrement dédiées à une seule espèce comportent en outre une rubrique intitulée **« Conseil d'observation »** ou **« Le saviez-vous ? »**. Enfin, la description de la voix vous aidera à parfaire l'identification.

Taille
Longueur de la tête
à la queue.
Envergure : longueur
totale des ailes
déployées, d'une
extrémité à l'autre.

Informations principales
Vous trouverez ici des
renseignements précieux
sur le mode de vie,
l'alimentation, etc.

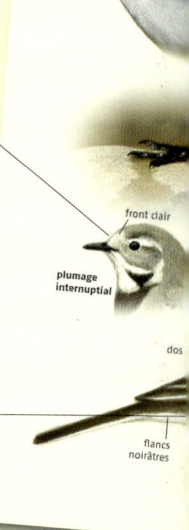

Berg

Motacilla
L 18 cm env

La bergeron
reconnaiss
déplacer. So
longue queu
de balancer
poursuit des
en hochant l
préférence là
abondent, pa
d'eau ou des
îles Britanniq
sombre *(M. ya*
nombre sur la

Plumage type
Indications des principales
caractéristiques
d'identification.

Variantes de plumage
Sont représentés divers
plumages qui varient
en fonction du sexe
(♀ ou ♂), de l'âge
(jeune, adulte) ou de
la saison (plumage
d'hiver et plumage
d'été). Les principaux
caractères qui
permettent
l'identification sont
repérés et décrits.

front clair

plumage
internuptial

dos

Espèces semblables
L'illustration représente
des oiseaux semblables
qui pour certains n'ont
pas été décrits en détail
et insiste sur les
principaux caractères
d'identification.

flancs
noirâtres

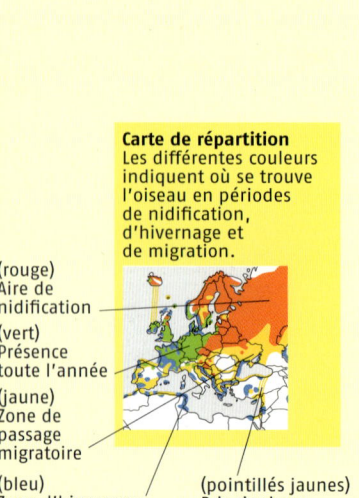

Carte de répartition
Les différentes couleurs
indiquent où se trouve
l'oiseau en périodes
de nidification,
d'hivernage et
de migration.

(rouge)
Aire de
nidification

(vert)
Présence
toute l'année

(jaune)
Zone de
passage
migratoire

(bleu)
Zone d'hivernage

(pointillés jaunes)
Principal axe
migratoire

nnette grise
(bergeronnettes et pipits)
30 cm migratrice partielle

e grise est déjà
sa manière de se
est très onduleux, sa
toujours agitée
et, quand elle
tes, elle trottine
Elle se tient de
s moucherons
mple près des flaques
s de vache. Sur les
t une sous-espèce plus
) qui niche aussi en petit
continentale de la mer du Nord.

longue queue

barres alaires
blanches

Habitat Vit dans les
villages et banlieues
ainsi qu'en milieu
semi-ouvert, de
préférence près de
l'eau.

> *Nidification avr.–août.*
> *5–6 œufs gris clair*
> *finement mouchetés.*
> *2 nichées par an.*

Habitat
Illustration montrant
l'oiseau dans l'un de
ses habitats naturels;
le texte renseigne sur
les milieux où on peut
l'observer.

Oiseau en vol
À noter que les différences
de plumage entre mâle et
femelle et entre adulte et
immature ne sont pas ici
toujours visibles.

Reproduction
Renseignements sur
la période (du début de
la ponte à l'envol de la
dernière nichée), nombre
et couleur des œufs,
nombre de nichées par an.

tête noir et blanc ♂

calotte grise ♀

dos gris

Carte de répartition
(voir code couleurs
page ci-contre).

29

Code couleurs
Chacun des six groupes
d'oiseaux est repéré par
une couleur (voir pages
d'ouverture).

Symbole
Le pictogramme
permet de rattacher
plus facilement l'oiseau
à l'un des six groupes
(voir pages d'ouverture).

jeune

Voix Cri « tsiipp »
ou « tsilipp » ; chant
gazouillant discret
mêlé de cris.

trait
malaire
noir

Voix
Description des cris
et chants.

**Conseil
d'observation**
*Si un prédateur
ailé s'approche, la
b. grise adopte un
comportement très
agité et se met à voleter
dans tous les sens en
gazouillant. À partir
de ce moment, on est
quasiment assuré de
voir surgir dans les
secondes qui suivent.*

b. de Yarrell ♂

Conseil d'observation
Vous trouverez ici
des renseignements
sur les comportements
intéressants de l'oiseau.
À la rubrique **« Le saviez-
vous ? »** figurent des
détails particulièrement
intéressants sur certaines
espèces.

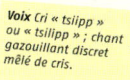

Reconnaître les caractéristiques

Outre le caractère le plus voyant, qui est la couleur du plumage, il en est d'autres qui jouent aussi un rôle important : la **taille** de l'oiseau, sa **silhouette**, son mode de déplacement et son **comportement**. Si vous rencontrez un oiseau inconnu, il est souvent utile de le comparer à des oiseaux déjà connus. Vous trouverez dans les pages qui suivent des indications qui devraient vous permettre d'identifier les oiseaux plus facilement.

Presque toutes les espèces d'oiseaux présentent différents plumages. Il y a souvent des différences entre les **mâles** et les **femelles**, ainsi qu'entre les **jeunes** et les **adultes**. On observe aussi souvent des individus en plumage coloré, dit **plumage nuptial**, et d'autre en plumage plus terne, dit **internuptial**. Ce dernier s'observe surtout en hiver, tandis que la livrée nuptiale est portée généralement à l'époque de la parade amoureuse et de la reproduction, c'est-à-dire principalement au printemps et en été. Chez les canards, la parade nuptiale commence dès l'hiver, de sorte que les mâles portent une livrée colorée beaucoup plus tôt que dans les autres familles d'oiseaux. À noter à ce propos que lors de la **mue**, qui est le passage d'un plumage usé à un plumage neuf, on peut observer des plumages de transition. Chez certaines espèces, le passage au plumage nuptial se déroule sans phase de mue. Les plumes aux couleurs vives apparaissent lorsque l'usure fait disparaître l'extrémité des plumes ternes.

Les espèces

Cet ouvrage compte plus de 440 espèces. C'est-à-dire que vous y trouverez pratiquement toutes les espèces d'Europe que vous êtes susceptibles de rencontrer. L'ordre de classification retenu respecte en gros la parenté existant entre les espèces. Les espèces similaires figurent généralement sur les pages les plus proches afin de faciliter les comparaisons.

Caractères d'un roitelet à triple bandeau

raie latérale · sourcil · lore · trait malaire · raie sommitale · trait sourcilier

Parties du corps et plumage d'un bruant jaune

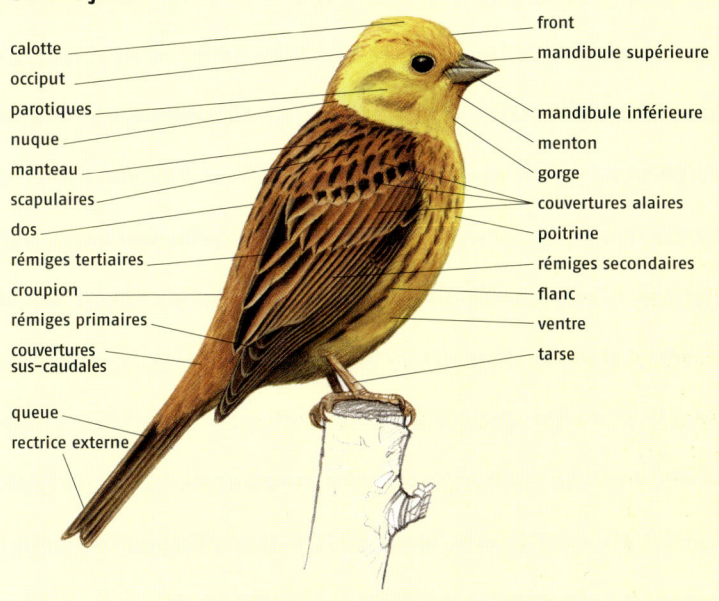

calotte
occiput
parotiques
nuque
manteau
scapulaires
dos
rémiges tertiaires
croupion
rémiges primaires
couvertures
sus-caudales

queue
rectrice externe

front
mandibule supérieure
mandibule inférieure
menton
gorge
couvertures alaires
poitrine
rémiges secondaires
flanc
ventre
tarse

Plumage d'une cane colvert

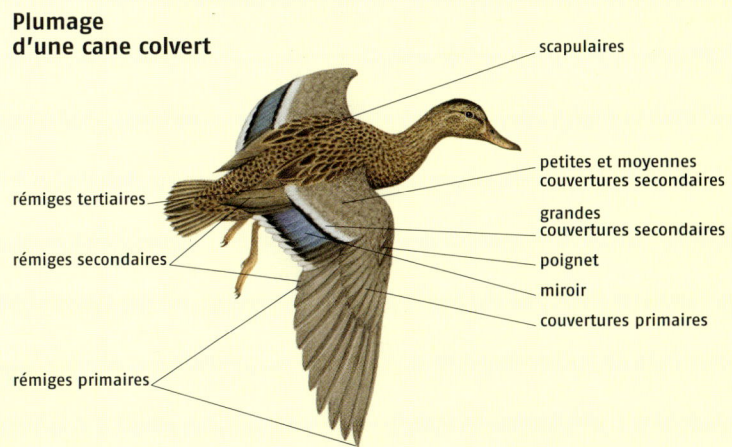

scapulaires

rémiges tertiaires

rémiges secondaires

rémiges primaires

petites et moyennes
couvertures secondaires
grandes
couvertures secondaires
poignet
miroir
couvertures primaires

Taille

Comparez un troglodyte mignon ou un roitelet huppé à une grue cendrée ou un pygargue à queue blanche et vous constaterez que les oiseaux ont des tailles très différentes. Pour identifier un oiseau, il est important de reconnaître les différences existant entre des espèces semblables. Un oiseau noir et blanc à long bec rouge peut être un huîtrier pie ou une cigogne blanche. Même si, en y regardant de plus près, vous constatez d'autres différences, il en est une, la **taille du corps**, qui rend toute confusion entre les 2 espèces impossible. Généralement, les différences de taille à considérer sont beaucoup plus réduites, par exemple entre les espèces de pics noir et blanc : pic épeiche, pic mar et pic épeichette ou encore entre le petit pouillot véloce et le pouillot fitis (p. 53) à peine plus grand. En automne, sur les rivages de la mer du Nord, on peut voir nombre d'espèces de limicoles (p. 172-192) qui presque toutes ont un plumage gris-brun, mais diffèrent nettement en taille, comme le bécasseau minute et le courlis cendré. Il est cependant très difficile d'évaluer la taille d'un oiseau. De loin, un oiseau nous semble en général plus gros qu'il n'est en réalité. L'indication de la **longueur** (de la pointe du bec à la queue) pour chaque espèce a pour but de vous permettre de comparer la taille d'un oiseau observé à celle d'oiseaux que vous connaissez déjà. Ceci étant, il ne faut pas oublier qu'un oiseau qui est tapi ou rentre la tête entre les épaules peut sembler plus petit qu'il n'est en réalité. En vol, c'est surtout **l'envergure**, plus que la longueur du corps, qui sautera aux yeux. C'est pourquoi vous trouverez aussi une indication sur l'envergure de l'oiseau, c'est-à-dire de l'extrémité d'une aile à l'autre.

Les espèces de pics qui se ressemblent par la coloration du plumage diffèrent par la taille.

Bien que les différentes parties du corps de la cigogne blanche et de l'huîtrier pie soient de coloration similaire, ces 2 espèces se distinguent nettement par la taille.

Silhouette

Le rapport entre les dimensions des différentes parties du corps détermine la silhouette d'un oiseau. La **forme du corps** peut varier et être plus ou moins élancée ou rondelette, mais ce qui compte c'est la **longueur du cou, des pattes et de la queue**. L'impression d'ensemble est souvent aussi confortée par des caractéristiques plus subtiles, comme la **longueur du bec et des ailes**. Malgré son long bec, la bécassine des marais avec son gros ventre et son petit cou a plutôt l'air pataud. À l'inverse, le courlis cendré avec son long cou, son long bec et ses longues pattes nous apparaît très mince. Cette impression est encore renforcée par la finesse et la longueur du bec.

Courlis cendré élancé et bécassine ventrue.

Si l'on compare des espèces très ressemblantes, il peut être important de noter de petits détails. Ainsi, les longues ailes du goéland brun dépassent beaucoup plus de la queue que celles du goéland marin ; le goéland brun semble ainsi plus élancé. La forme de la queue et des ailes peut donner d'utiles renseignements dans de nombreux cas. Bien qu'ayant une silhouette semblable à celle d'un faucon, l'épervier (p. 148) s'en distingue par des ailes arrondies, celles du faucon (p. 149-153) étant plus pointues. Les milans noir et royal (p. 143) ont tous deux une queue échancrée, pas les autres rapaces.

Les longues ailes du goéland brun lui donnent une silhouette élancée.

La **forme du bec** est aussi un critère utile à l'identification. Parmi les passereaux, les bruants (p. 105-111), fringilles (p. 94-104) et moineaux (p. 91-93) se reconnaissent facilement à leur gros bec qui est parfait pour picorer les graines. Les insectivores, par contre, ont en général un bec plus fin. Chez les limicoles, l'étude du bec est très utile. Le bécasseau variable possède un bec légèrement arqué, le bécasseau minute un bec court et droit, tandis que celui du bécasseau cocorli est plus long et plus arqué.

Bien noter les petites différences entre les formes de bec est utile pour l'identification des limicoles.

Coloration et motifs

Des oiseaux colorés, comme le martin-pêcheur d'Europe (p. 122), la gorgebleue (p. 61) et le loriot d'Europe (p. 90), se reconnaissent presque tout de suite aux **couleurs de leur plumage**. Vous pourrez facilement identifier bon nombre d'espèces à partir du moment où vous connaîtrez la couleur des différentes parties de leur corps : dessus (dos et ailes), dessous (poitrine et ventre) et tête. Un petit oiseau avec le ventre jaune, le dos vert et une tête noir et blanc ne pose pas trop de problème d'identification : c'est une mésange charbonnière (p. 76).

Le moineau friquet diffère du moineau domestique par la tache noire des joues.

Cependant, il est fréquent de voir des oiseaux au plumage terne dont la couleur de fond tire sur le brun ou le vert. Leur livrée de camouflage est parfaite, mais il n'est pas facile de les identifier. Ce sont alors les détails qui nous aideront, comme les **motifs** ou certains **caractères voyants**. Les moineaux domestique et friquet se ressemblent beaucoup, mais on reconnaît le second à la tache noire qu'il porte sur la joue et qui fait toujours défaut au moineau domestique. Les motifs déterminants pour l'identification sont souvent les **rayures** de la tête, les barres alaires et les **tachetures** ou rayures de la poitrine et du ventre. En vol, faites attention à la couleur de la queue (de nombreuses espèces ont les rectrices extérieures blanches) et des ailes. La couleur du **croupion** est aussi un renseignement précieux. Dans une troupe de fringilles, les pinsons du Nord se reconnaissent immédiatement à leur croupion blanc, tandis que celui des pinsons des arbres, qui est vert, ne se remarque pas. Non seulement la **coloration** du plumage est importante à noter, mais il ne faut pas oublier celle du **bec et des pattes**.

Des pinsons prenant leur envol se distinguent facilement les uns des autres par la couleur de leur croupion.

Vol

Tous les oiseaux européens peuvent voler, mais ils ont des **types de vol** différents qui sont de bons critères d'identification. Les canards et limicoles volent en battant constamment des ailes et ont ainsi une **trajectoire rectiligne**, et sont de plus très rapides. Les passereaux alternent battements d'ailes et pauses, ce qui leur donne un vol onduleux. Leur **vitesse de vol** est généralement plus faible. Certains oiseaux sont capables de parcourir de très longues étapes sans un seul coup d'aile. Les rapaces et cigognes utilisent les ascendances thermiques pour prendre de l'altitude en décrivant des cercles. Les puffins et autres oiseaux marins mettent à profit les courants aériens entre les vagues pour planer parfois pendant des heures au-dessus de la mer. Même à grande distance, on reconnaît

reconnaissent, même à grande hauteur, à leurs vols différents. Les martinets fendent l'air comme des flèches et ont un battement d'ailes rapide et ample, souvent entrecoupé de **longs planés**. Le vol des hirondelles de fenêtre est plus voletant et les planés plus courts.

Martinets noirs et hirondelles de fenêtre sont reconnaissables à leur manière de voler.

De nombreux rapaces planent avec les ailes complètement déployées.

les grues en migration à leur vol. Elles alternent irrégulièrement les phases de vol battu et les phases de vol plané. Les oies, qui volent elles aussi en formation, ont un vol rapide et constant. Si l'on fait abstraction de leurs silhouettes différentes, hirondelles de fenêtre et martinets noirs se

Certains rapaces, dont le faucon crécerelle, ont un vol particulier. Ce dernier pratique souvent le **vol dit du « Saint-Esprit »**, c'est-à-dire qu'il volette sur place pour essayer de repérer une proie. Ce type de vol s'observe souvent chez les sternes (p. 203-207).

Vol sur place du faucon crécerelle.

Comportement

En observant les oiseaux, vous constaterez vite que leur mode de déplacement et leur comportement permettent souvent une identification rapide. Souvent, rien qu'en observant des oiseaux en train de **chercher leur nourriture**, on constate assez vite à leur comportement que le nombre

Pics, grimpereaux et sittelles grimpent le long des troncs.

d'espèces pouvant entrer en ligne de compte est très réduit. Ainsi, on sait qu'il existe peu d'espèces qui grimpent le long d'un tronc d'arbre en fouillant les fissures de l'écorce à la recherche d'insectes. Mis à part les pics, il n'y a que la sittelle torchepot et les grimpereaux. Les canards cherchent leur nourriture dans l'eau, certains en surface et d'autres sous l'eau en basculant le corps en avant (comme le font les canards colverts et d'autres canards de surface). D'autres encore plongent jusqu'au fond et disparaissent ainsi de notre champ de vision (comme les canards morillons et miloins). Pour les identifier avec précision, il est important de noter les motifs du plumage.

D'autres comportements encore nous renseignent sur l'espèce : le **mode de reproduction**, le **rituel nuptial** et, en migration, le vol en **grandes troupes compactes**. Aussi bien en migration active que sur les sites d'étape, certaines espèces se regroupent en immenses vols, tandis que d'autres ont un comportement plus solitaire ou se rencontrent en petits groupes.

Répartition

Le lieu d'observation d'un oiseau, notamment la **région** où il est vu, est aussi un élément qui vous aidera à déterminer l'espèce. Les cartes de répartition vous indiquent où un oiseau peut être observé régulièrement. Mais attention ! Il arrive que des oiseaux s'égarent et soient vus dans une zone en dehors de leur aire de répartition. L'**habitat** où l'on a observé l'oiseau est un indice précieux. De nombreuses espèces vivent seulement en forêt, d'autres près de l'eau ou en milieux ouverts. Il faut être prudent car, en migration, ils ne trouvent pas forcément un milieu idéal et font halte dans des sites parfois inhabituels.

Les rousserolles effarvattes vivent dans les roselières.

Chant

Si les oiseaux attirent l'attention des humains, ce n'est pas tant à cause de leur plumage coloré, mais aussi de leur voix. Comme presque tous les oiseaux ont leur propre **répertoire de cris et de chants**, ces derniers sont une aide très utile dans la détermination des espèces. À chaque description d'espèce, vous trouverez une rubrique succincte sur la voix de l'oiseau. Pour plus de détails sur le chant et les cris, nous vous conseillons de vous procurer des enregistrements de voix d'oiseaux. Il est également fortement recommandé de participer à des **sorties** organisées par des associations ornithologiques pour apprendre à **identifier les oiseaux à l'ouïe**. Vous pouvez aussi vous former en observant des oiseaux en train de chanter et en associant le visuel et l'acoustique.

La locustelle fluviatile chante en se tenant cachée dans l'épaisse végétation.

Le chant d'un oiseau est varié et peut aussi bien comporter des **strophes mélodieuses** que des **sons** peu agréables à nos oreilles. Chez de nombreuses espèces, seul le mâle est chanteur, mais chez certaines autres, la femelle chante aussi. En général, la finalité du chant d'un oiseau est double. Il s'agit d'une part de délimiter son territoire de nidification en le faisant savoir aux voisins de la même espèce et d'autre part d'attirer une compagne. Souvent, les mâles se perchent sur la cime d'un arbuste ou sur une branche dégagée pour faire voir en même temps leur plumage coloré. En milieu ouvert, certaines espèces effectuent des **vols chantés** au cours desquels ils prennent de la hauteur. D'autres espèces par contre chantent dissimulées dans un fourré épais sans qu'il soit possible de les voir.

La gorgebleue montre sa gorge colorée tout en chantant.

Pour garder le contact entre eux, les oiseaux poussent des cris. C'est le cas des oiseaux en migration que l'on entend déjà de loin. En présence d'un prédateur, rapace ou chat, ils émettent des cris d'alarme, qui peuvent aussi servir à menacer un voisin qui aurait pénétré sur leur territoire.

Pour son vol chanté, le pipit farlouse s'élance de la cime d'un arbre.

Les raisons

Une grande partie des oiseaux européens sont des migrateurs. C'est la raréfaction de la **nourriture** en hiver dans leur zone de reproduction qui les pousse à migrer. Quand l'automne arrive, ils prennent donc la direction du sud pour hiverner dans des régions plus propices. Ils ne reviendront qu'au printemps suivant. Les **granivores** trouvent de la nourriture presque partout, même en hiver. C'est pourquoi, la plupart ne migrent pas ou alors sur de courtes distances. Les **insectivores**, par contre, sont presque toujours migrateurs. Certains se contentent d'hiverner dans l'ouest de l'Europe ou sur le pourtour méditerranéen, d'autres traversent les 3 000 km du Sahara pour atteindre l'Afrique centrale, voire méridionale.

La répartition

Le pic vert est un oiseau **sédentaire** type, qui ne quitte pas son territoire de nidification si ce n'est pour vagabonder çà et là en hiver. La grive litorne fait partie des **migrateurs partiels**. En hiver, elle ne fait que décaler son aire de répartition légèrement vers le sud. Parmi les **migrateurs au long cours**, on trouve de nombreuses espèces de passereaux et quelques limicoles. Le bécasseau cocorli, par exemple, niche dans le nord de la Sibérie, ne fait qu'effleurer l'Europe au passage et hiverne dans l'ouest et le sud de l'Afrique.

Le « carburant »

Pour parcourir la distance qui les sépare de leurs zones d'hivernage, les oiseaux migrateurs, avant leur départ, doivent stocker une certaine quantité **d'énergie**. Pendant quelques semaines, ils se gavent de nourriture et accumulent ainsi de grosses **réserves de graisse** qui leur serviront de **« carburant »** pendant le vol. En règle générale, ils sont obligés de s'arrêter en cours de route et « d'avitailler » à nouveau. Pour cela, ils ont besoin de **sites de stationnement** pouvant leur offrir une nourriture riche. Pour de nombreuses espèces d'anatidés et de limicoles, les vasières des côtes de la mer du Nord constituent un énorme réservoir de nourriture.

Le pic vert, qui est sédentaire, hiverne dans son propre territoire.

En hiver, la grive litorne se nourrit de baies. Elle peut donc hiverner en Europe et ne migre que partiellement.

Le bécasseau cocorli, qui est un grand migrateur, traverse l'Europe lors de sa migration de la Sibérie vers l'Afrique du Sud.

La migration

La migration a lieu de jour comme de nuit. **L'axe et la durée** de migration sont innés, de même que le mécanisme qui permet aux oiseaux de s'orienter. Les oiseaux utilisent un **compas** intérieur qui se base sur la **position du soleil, des étoiles et sur le champ magnétique de la Terre**, ou encore sur une combinaison des trois. De nombreux oiseaux migrent sur un large front, c'est-à-dire qu'ils volent en droite ligne de leur aire de reproduction à leur aire d'hivernage.

Certains s'orientent en fonction de **repères terrestres**, comme les côtes ou le cours des fleuves et des rivières, qui servent alors de fil conducteur. Les rapaces et cigognes migrent **en planant**. Pour gagner la hauteur nécessaire, ils utilisent les **ascendances thermiques**. Étant donné qu'elles sont générées uniquement au-dessus de la terre, ils évitent au maximum de survoler la mer sur de grandes distances. Au lieu de traverser la Méditerranée, la migration des rapaces et cigognes se concentre au niveau des détroits : Gibraltar et le Bosphore, un peu moins par celui séparant la Sicile de la Tunisie.

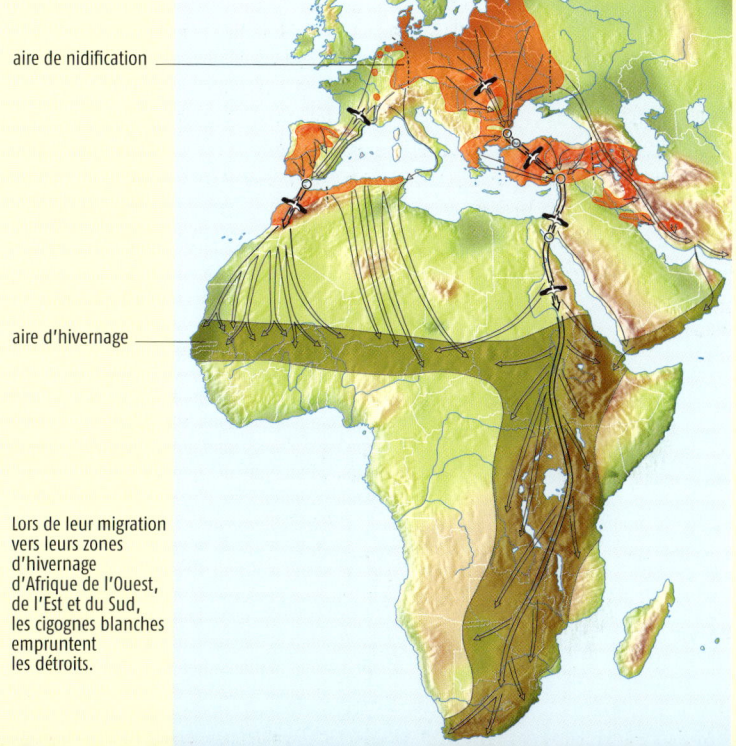

aire de nidification

aire d'hivernage

Lors de leur migration vers leurs zones d'hivernage d'Afrique de l'Ouest, de l'Est et du Sud, les cigognes blanches empruntent les détroits.

Hirondelle de rivage

Riparia riparia (hirondelles)
L 12 cm   enver. 27-29 cm   migratrice

Habitat *Niche dans des parois sableuses abruptes, souvent sur des berges ou en bord de mer. Elle recherche sa nourriture aux alentours, en milieu ouvert.*

> *Nidification avr.-sept.*
> *4-6 œufs blancs.*
> *1-2 nichées par an.*

L'hirondelle de rivage niche généralement en colonies. Elle creuse des galeries dans des parois abruptes qui se font rares de nos jours. Les plus grandes colonies peuvent compter plusieurs milliers de couples, comme sur le littoral de la mer Baltique. Ce mode de nidification est un excellent moyen de défense contre les prédateurs que sont, par exemple, le renard et le blaireau. En période de migration et sur les sites d'hivernage, l'hirondelle de rivage affiche aussi un comportement grégaire.

gorge blanche

bande pectorale brune

18

dessus brun uni

queue légèrement échancrée

Voix *En vol, émet des cris durs et crépitants («tschrrrt»). Le chant est un gazouillis discret.*

Le saviez-vous ?

En 1-2 semaines, le mâle creuse une galerie dans le sable qui peut atteindre 90 cm de longueur. À l'extrémité, il aménage une petite cavité qu'il garnit d'herbes et de plumes. Les deux parents participent à la couvaison et au nourrissage des jeunes.

colonie

Hirondelle rustique

Hirundo rustica (hirondelles)
L 17–19 cm   enver. 32–34 cm   migratrice

L'hirondelle rustique est
à proprement parler une
espèce rupestre. Aujourd'hui,
elle construit souvent son nid,
fait de terre et de brins d'herbe,
dans des bâtiments ouverts, tels
que des étables, ou sous des ponts
peu élevés. Elle réutilise volontiers
d'anciens nids. La femelle juge la
qualité des mâles à la longueur des filets
de la queue. En effet, les mâles possédant
de longs filets caudaux sont particulièrement
actifs dans l'élevage des jeunes. Ils commencent
tôt à couver, ce qui leur permet souvent d'élever
une deuxième, voire une troisième nichée.

nid avec jeunes presque volants

Habitat *Niche surtout dans les villages ; survole de préférence les milieux herbeux ou les plans d'eau pour se nourrir.*

> *Nidification avr.–sept.*
> *3–6 œufs blancs tachetés de brun.*
> *1–3 nichées par an.*

Voix *En vol, pousse souvent des « vit », parfois répétés. Chant, gazouillis pouvant se terminer en trille.*

19

adulte

dessus bleu à reflets brillants

gorge et front rouge brique

longs filets

Le saviez-vous ?

*L'hirondelle rustique
compte parmi les
passereaux d'Europe
au caractère migratoire
le plus marqué.
Exception faite de
quelques individus
restant dans le bassin
méditerranéen,
la grande majorité
hiverne en Afrique
au sud du Sahara.*

ventre et dessous de
la queue clairs

jeune

dessin facial pâle

taches blanches
sur les rectrices

Hirondelle rousseline

Cecropis daurica (hirondelles)
L 16–17 cm   enver. 32–34 cm   migratrice

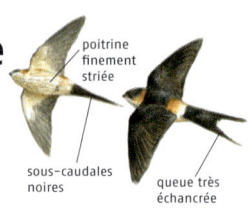

poitrine finement striée

sous-caudales noires

queue très échancrée

Habitat *Niche dans des gorges rocheuses ou en milieu bâti. Cherche sa nourriture en terrain ouvert.*

> Nidification avr.-sept.
> 3-5 œufs blancs.
> 1-3 nichées par an.

Son aspect, son mode de vie et ses sites de nidification rappellent ceux de l'hirondelle rustique (p. 19).
Cependant, elle niche plus souvent dans des parois rocheuses, mais aussi sur des bâtiments. Son nid, construit en une à deux semaines à partir de boulettes de boue et de paille, possède un tunnel d'accès.

nuque rouille

gorge claire

croupion rouille

nid avec tunnel d'accès

Voix *Comme l'hirondelle rustique, mais en plus doux. Chant gazouillant plus grave et plus court.*

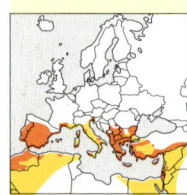

Hirondelle de rochers

Ptyonoprogne rupestris (hirondelles)
L 15 cm   enver. 32–34 cm   sédentaire/migratrice partielle

Habitat *Niche en montagne dans des parois rocheuses ensoleillées, mais on la trouve aussi en ville; chasse volontiers au-dessus des cours d'eau.*

> Nidification mai-oct.
> 2-5 œufs blancs tachetés de rouge.
> 1-2 nichées par an.

Contrairement aux autres hirondelles européennes, elle ne niche pas en colonies et défend parfois son territoire. Elle installe son nid dans des parois rocheuses, dans une cavité ou sous un surplomb. On note aussi des cas de nidification sur des bâtiments ou sous des ponts. Cet oiseau montagnard est bien armé contre le froid et ne passe que quelques semaines hors des sites de nidification.

Voix *Le chant est un léger babil émis en vol. Cris roulés ou «trèk» durs et brefs.*

dessus brun uni

taches blanches sur les rectrices

dessous brunâtre

sous-alaires sombres

queue non échancrée

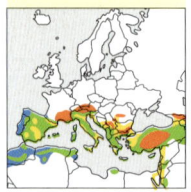

Hirondelle de fenêtre

Delichon urbicum (hirondelles)
L 13 cm   enver. 26–29 cm   migratrice

L'hirondelle de fenêtre chasse les insectes à grande hauteur. On la voit évoluer en compagnie des martinets noirs (p. 121), c'est-à-dire à un niveau bien plus élevé que l'hirondelle rustique (p. 19). Les insectes capturés sont enduits de salive et donnés en pâture aux petits sous forme de boulettes. En période d'intempéries, quand la température chute, les jeunes sombrent dans une sorte de catalepsie et interrompent ainsi leur croissance. La durée de séjour au nid peut ainsi varier de 3-5 semaines.

nid

dessus noir à reflets bleuâtres

dessous blanc pur

pattes couvertes de plumes blanches

grand croupion blanc pur

queue légèrement échancrée

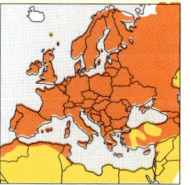

Habitat *Nichait à l'origine dans des parois rocheuses ; aujourd'hui, elle niche surtout en agglomérations.*

> ***Nidification mai-sept.***
> **3-5 œufs blancs.**
> **1-2 nichées par an.**

21

Voix *Cri de vol rauque «tchirrp», chant doux et gazouillant.*

Conseil d'observation

Pour construire son nid, l'h. de fenêtre, qui évolue habituellement en l'air, se pose exceptionnellement près de flaques d'eau pour prélever de la boue. Le nid est un assemblage des boulettes de boue.

Cochevis huppé

Galerida cristata (alouettes)

L 17 cm   enver. 29–38 cm   sédentaire

Habitat *Vit dans des milieux secs et ouverts, aussi le long des routes, sur les parkings et dans les friches.*

> **Nidification avr.-sept.**
> **3-5 œufs blancs tachetés de gris.**
> **2-3 nichées par an.**

Le cochevis huppé aime les milieux secs et arides. En Europe, l'espèce a prospéré au cours de périodes de réchauffement climatique (xvie et xviiie siècles), mais a aussi régressé au cours de périodes plus froides (xviie siècle), en se réfugiant dans les contrées méridionales. Au cours des 100 dernières années, l'urbanisation de larges zones lui a ouvert de nouveaux milieux, maintenant de plus en plus fermés par la végétation. Le réchauffement climatique actuel lui est favorable, quand les températures augmentent.

dessous de l'aile roux orangé

Le saviez-vous ?

En France dans les Corbières, en Espagne et en Afrique du Nord existe une espèce très similaire au cochevis huppé, le cochevis de Thékla (G. theklae). Il préfère les milieux plus secs et arides et peut se reconnaître à ses stries pectorales et à la forme de son bec.

22

cochevis de Thékla

bec relativement court et épais

stries pectorales larges

huppe pointue

bec long, arête inférieure droite

fines stries pectorales

Voix *Chant sonore et mélodieux émis en vol ou à terre. Cris sifflants mélancoliques.*

Alouette des champs

Alauda arvensis (alouettes)
L 18–19 cm   enver. 30–36 cm   migratrice partielle

L'alouette des champs est à proprement parler un oiseau de la steppe. Elle s'est répandue en Europe à la suite de la déforestation et de la mise en culture des terres. Au cours des dernières décennies, elle a fortement régressé en raison de l'emploi massif d'engrais et de pesticides, et du développement des grandes monocultures. Les végétaux à croissance rapide et l'ensemencement dru rendent la nidification et la recherche de nourriture plus difficile. À cela s'ajoute la raréfaction des insectes.

face claire

jeune

larges liserés clairs

23

Conseil d'observation

À partir de mars, on peut assister à son vol chanté partout dans les champs et les prés. Le mâle s'élance du sol, monte pratiquement à la verticale et chante en voletant sur place pendant plusieurs minutes.

bords de la queue blancs

bord postérieur de l'aile blanc

petite huppe (souvent repliée)

poitrine striée

vol chanté

adulte

Voix Chant émis en vol composé de trilles intégrant des imitations de voix d'autres oiseaux. Cris rauques.

Alouette lulu

Lullula arborea (alouettes)
L 15 cm   enver. 27-30 cm   migratrice partielle

marque sus-alaire blanche

queue courte

Lors de son vol chanté, l'alouette lulu monte
en spirale vers le ciel en s'élançant souvent depuis
la cime d'un arbre. Ceci mis à part, c'est surtout
un oiseau terrestre se nourrissant d'insectes capturés
en terrain aride. Elle niche également au sol. Le nid
est bien dissimulé parmi les touffes d'herbe.
Les jeunes le quittent avant de savoir voler.

Habitat *Affectionne
les milieux sablonneux
semi-ouverts : landes,
bois clairsemés ou
lisières de forêts ;
fréquente aussi
les champs pour
se nourrir.*

> **Nidification mars-juill.**
> **3-6 œufs blanchâtres
> mouchetés de brun.**
> **1-2 nichées par an.**

bec fin

joues brun-roux

sourcils se
rejoignant à la
nuque

Voix *Chant émis en
vol composé de notes
mélodieuses flûtées
finissant decrescendo.
Cri iodlé « didluï ».*

---

alouette pispolette

bec fort
poitrine striée

Alouette calandrelle

Calandrella brachydactyla (alouettes)
L 13-14 cm   enver. 25-30 cm   migratrice

primaires
nettement plus
longues que les
tertiaires

Le chant de l'alouette calandrelle est plus monotone
que celui de l'alouette des champs (p. 23). Par
contre, son vol chanté entrecoupé de montées et
de descentes, de planés et de volettements, est
beaucoup plus varié. En Espagne et en Ukraine
vit l'alouette pispolette (*C. rufescens*) qui est
très semblable.

Habitat *Milieux secs et
ouverts : semi-déserts,
pelouses sèches et terres
cultivées pauvres.*

> **Nidification avr.-juill.**
> **3-5 œufs blanchâtres
> à tachetures sombres.**
> **2 nichées par an.**

bec
fort
et
pointu

longues tertiaires
recouvrant presque
les primaires

poitrine
généralement
non striée

Voix *Chant émis en vol,
strophes monotones
avec imitations de
voix d'autres oiseaux.
Cri sec « tsirrp ».*

pas de liseré clair à
l'arrière de l'aile

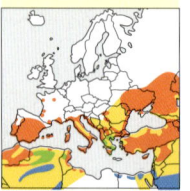

Alouette haussecol
Eremophila alpestris (alouettes)
L 14–17 cm   enver. 30–35 cm   migratrice/sédentaire

côtés de
la queue
blancs

L'alouette haussecol hiverne de préférence sur les côtes.
On la rencontre alors en nombre au niveau de la laisse de
mer où se concentrent les graines de plantes de prés salés dont
elle se nourrit. Les sites favorables sont fréquentés
chaque année.

Habitat *Niche en
milieu aride et pierreux ;
en hiver, fréquente
les plages, les prés
salés et les champs.*

> Nidification avr.–juill.
> 3–5 œufs brun-jaune
>   tachetés ou mouchetés.
> 1–2 nichées par an.

masque facial
jaune et noir

Voix *Cri, fin «tsih»
sifflé ; chant, strophes
gazouillantes émises sur un
registre aigu, généralement
depuis le sol.*

« cornes »
noires

♂

♀

jeune

dessin de
la tête pâle

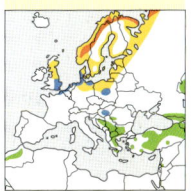

25

sous-alaires noires

Alouette calandre
Melanocorypha calandra (alouettes)
L 18–19 cm   enver. 34–42 cm   sédentaire

Lors du vol chanté, l'alouette calandre
fait du surplace, comme l'alouette des
champs, mais son battement d'ailes
est étonnamment lent. En été, elle
consomme des insectes qu'elle extrait
parfois du sol sec de son habitat
en creusant à l'aide de son bec.
En hiver, elle devient granivore,
mais enlève l'enveloppe
protectrice des graines
avant de les
ingérer.

sourcil blanc
au-dessus et en
arrière de l'œil

bec fort,
jaunâtre

Habitat *À l'origine,
oiseau de steppe, de
prairie et de zones de
friches ; aujourd'hui,
se rencontre aussi dans
les champs de céréales.*

> Nidification avr.–juill.
> 4–5 œufs rougeâtres
>   ou bleuâtres tachetés.
> 1–2 nichées par an.

tache noire
sur les côtés
du cou

Voix *Chant grave
et mélodieux inté-
grant des imitations
diverses. Cris de vol
crépitant.*

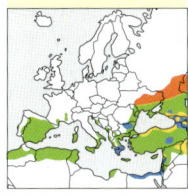

Pipit rousseline

Anthus camprestris (bergeronnettes et pipits)
L 17 cm   enver. 25–28 cm   migrateur

Habitat *Zones sèches sableuses à maigre végétation, comme les landes, friches et zones déboisées.*

> **Nidification mai-août.**
> **4-5 œufs blancs à brunâtres tachetés.**
> **1-2 nichées par an.**

Le pipit rousseline est inféodé aux milieux à maigre végétation. En Europe centrale, l'emploi massif d'engrais dans l'agriculture, la destruction des landes et tourbières le privent de milieux favorables, d'où un fort déclin de ses populations. Chaque automne, on peut observer des individus d'une espèce semblable, le pipit de Richard *(A. richardi)*, dont l'aire de reproduction se situe en Sibérie.

tache sombre en avant de l'œil

jeune

poitrine striée

adulte

avant de l'œil clair

pipit de Richard

poitrine striée

haut sur pattes

dos presque unicolore

poitrine non striée

Voix *Le chant est une répétition d'éléments dissyllabiques. Cri, un « tchiip » rappelant celui du moineau.*

Pipit à gorge rousse

Anthus cervinus (bergeronnettes et pipits)
L 15 cm   enver. 25–27 cm   migrateur

Habitat *Niche en milieu marécageux ouvert (toundra, tourbières) ; en migration et en hiver, affectionne les prairies humides.*

> **Nidification juin-août.**
> **5-6 œufs tachetés, couleur de fond variable.**
> **1 nichée par an.**

Au printemps, la coloration de la gorge et de la poitrine de ce pipit est très variable. Plus le rouge est dominant, moins les stries sont apparentes. Bien qu'il soit répandu dans son aire de nidification dans le nord de la Scandinavie, il est relativement rare au passage en Europe de l'Ouest. En effet, la plupart des individus migrent en direction du sud-est et hivernent en Afrique de l'Est.

plumage internuptial

longue rayure crème sur le dos

poitrine et flancs fortement striés

plumage nuptial

tête et poitrine rouille

flancs rayés de noir

Voix *Cri de vol fin et étiré que l'on retrouve aussi dans le chant du pipit farlouse.*

Pipit des arbres

Anthus trivialis (bergeronnettes et pipits)
L 15 cm   enver. 25–27 cm   migrateur

vol chanté

Autant le vol chanté du pipit des arbres
est voyant, autant l'oiseau est discret
quand il cherche sa nourriture.
À couvert sous la végétation, il picore de petits
insectes sur le sol. Au cours de la migration
qui le conduit vers ses quartiers d'hiver
africains, il vole le matin et passe le
reste de la journée à se nourrir
pour reconstituer ses
réserves énergétiques.

profil de la tête
fuyant

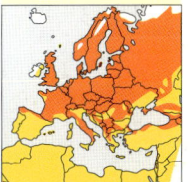

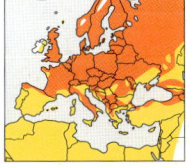

Habitat *Niche dans les
clairières et en lisières
de forêts ainsi qu'en
terrain semi-ouvert
parsemé d'arbres.*

> **Nidification avr.-août.**
> **3-6 œufs tachetés,
> couleur variable.**
> **1-2 nichées par an.**

poitrine crème
fortement rayée

flancs finement striés

Voix *Chant percutant
émis au cours d'un vol
chanté débutant du
sommet d'un arbre.
Cri de vol rêche
« tsriî ».*

Pipit farlouse

barres alaires
étroites

Anthus pratensis (bergeronnettes et pipits)
L 14 cm   enver. 22–25 cm   migrateur partiel

bords de la
queue blancs

Mis à part son vol chanté, on remarque peu le
pipit farlouse dans son territoire de nidification.
Il vit certes en milieu ouvert, mais cache son
nid dans des herbes drues et se montre discret
quand il se nourrit. On le remarque surtout
au moment de la migration parce que
les effectifs scandinaves sont très
importants et qu'il migre de
jour en poussant des
cris continuellement.

tête arrondie

Habitat *Milieux ouverts
marécageux (landes,
tourbières, toundra),
prairies et champs.*

> **Nidification mars-août.**
> **4-6 œufs pâles tachetés
> de sombre.**
> **1 nichée par an.**

rayures de la
poitrine et des
flancs égales

Voix *Cri, « isst », souvent
répété ; chant, plusieurs
motifs émis au cours de
la phase descendante
d'un vol chanté.*

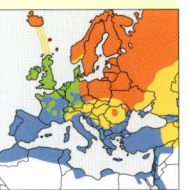

Pipit spioncelle

Anthus spinoletta (bergeronnettes et pipits)
L 17 cm   enver. 24–29 cm   migrateur partiel

bords de la queue blancs

Habitat *Niche en montagne sur les pelouses alpines, au-dessus de la limite des arbres. En hiver, descend en plaine où il fréquente les prairies et les berges.*

> **Nidification mai-août.**
> **3-6 œufs gris ou brun fortement tachetés.**
> **1-2 nichées par an.**

La migration automnale vers les basses terres, courante chez de nombreux oiseaux montagnards, est particulièrement marquée chez ce pipit. Il descend ainsi jusqu'au littoral atlantique et de la mer du Nord. Cela ne l'empêche pas de regagner son aire de nidification alors que la neige recouvre encore le sol. Il veille à installer le nid sous un surplomb rocheux qui le protégera.

Voix *Cri plus rauque que celui du pipit farlouse. Le chant émis en vol est une suite de longues strophes.*

plumage nuptial

tête grise avec sourcil blanchâtre

poitrine rosée

pattes sombres

plumage internuptial

sourcil net

couleur de fond gris-brun

barre alaire blanche

Pipit maritime

Anthus petrosus (bergeronnettes et pipits)
L 17 cm   enver. 23–28 cm   sédentaire/migrateur partiel

bords de la queue gris

Habitat *Niche et hiverne sur les côtes rocheuses. En hiver, aussi dans les prés salés et près de la laisse de mer.*

> **Nidification mai-août.**
> **4-6 œufs gris ou brun fortement tachetés.**
> **1-2 nichées par an.**

Oiseau côtier, le pipit maritime trouve sa nourriture parmi les rochers et la vase de la zone intertidale. En hiver, il capture surtout des insectes vivant sur les algues (coleopides), de petits crustacés, cloportes et petits mollusques. En été, il se nourrit essentiellement d'insectes. En livrée nuptiale, les individus nicheurs des îles Britanniques et de Scandinavie diffèrent nettement.

îles Britanniques

dessus gris noirâtre

sourcil peu marqué

dessus gris

plumages nuptiaux
poitrine rosée

Scandinavie

plumage internuptial

couleur de fond vert olive

rayures diffuses sur fond sale

pattes sombres

Voix *Cri plus étiré que celui du pipit farlouse (« îst ») ; chant semblable, mais avec de nombreux trilles.*

Bergeronnette grise

Motacilla alba (bergeronnettes et pipits)
L 18 cm   enver. 25–30 cm   migratrice partielle

La bergeronnette grise est déjà reconnaissable à sa manière de se déplacer. Son vol est très onduleux, sa longue queue est toujours agitée de balancements et, quand elle poursuit des insectes, elle trottine en hochant la tête. Elle se tient de préférence là où les moucherons abondent, par exemple près des flaques d'eau ou des bouses de vache. Sur les îles Britanniques vit une sous-espèce plus sombre *(M. yarrellii)* qui niche aussi en petit nombre sur la côte continentale de la mer du Nord.

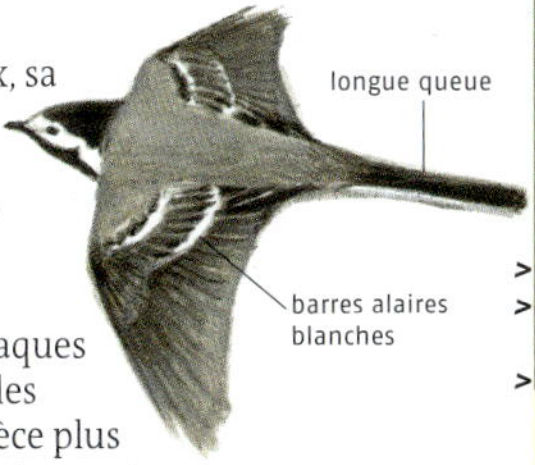

longue queue

barres alaires blanches

Habitat *Vit dans les villages et banlieues ainsi qu'en milieu semi-ouvert, de préférence près de l'eau.*

> **Nidification avr.-août.**
> **5–6 œufs gris clair finement mouchetés.**
> **2 nichées par an.**

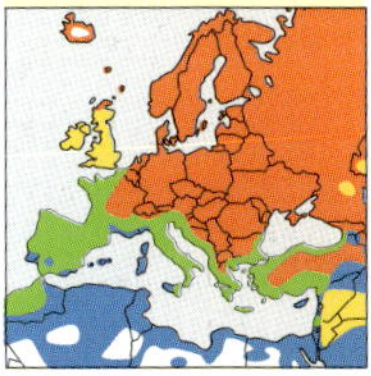

29

tête noir et blanc

♂

dos gris

calotte grise

♀

front clair

plumage internuptial

jeune

trait malaire noir

dos noir

flancs noirâtres

b. de Yarrell ♂

Voix *Cri « tsiipp » ou « tsilipp » ; chant gazouillant discret mêlé de cris.*

Conseil d'observation

Si un prédateur ailé s'approche, la b. grise adopte un comportement très agité et se met à voleter dans tous les sens en gazouillant. À partir de ce moment, on est quasiment assuré de voir surgir dans les secondes qui suivent.

Bergeronnette des ruisseaux

Motacilla cinerea (bergeronnettes et pipits)

L 18–19 cm   enver. 25–27 cm   sédentaire

Habitat Vit surtout le long des cours d'eau vive, plus rarement en terrain sec.

> **Nidification mars-août.**
> **4-6 œufs gris peu tacheté.**
> **2 nichées par an.**

30

La bergeronnette des ruisseaux construit son nid près de l'eau, généralement sous des racines d'arbre ou entre des pierres, et aussi sous les ponts. Comme elle recherche sa nourriture près de l'eau, les populations hivernantes sont fortement affectées quand le gel persiste longtemps en hiver. En Europe orientale vit la bergeronnette citrine *(M. citreola)* qui, au premier abord, lui ressemble beaucoup. Cette dernière affectionne les prairies humides et hiverne en Inde et en Asie du Sud-Est, mais est occasionnelle en Europe de l'Ouest.

croupion jaunâtre

bergeronnette citrine

tête jaune, nuque noire

joue cernée de jaune

♂

♀

bord des joues blanchâtre

jeune

sous-caudales blanches

♂

dos gris

gorge noire

longue queue

Voix Son cri est plus aigu et sec que celui de la B. grise (p. 29). Le chant est une suite de notes peu mélodieuses ressemblant aux cris.

jaune seulement aux sous-caudales

jeune

Le saviez-vous ?

Ce sont des chercheurs suisses qui ont révélé la somme de travail accomplie par un couple de b. des ruisseaux pour élever une nichée. Les deux adultes capturent entre 30 000 et 45 000 insectes, soit 4 500 allers-retours au nid.

Bergeronnette printanière

Motacilla flava (bergeronnettes et pipits)
L 17 cm   enver. 23-27 cm   migratrice

Pour se nourrir, la bergeronnette printanière fréquente les zones pâturées à l'herbe rase ou au sol nu. Au cours des dernières décennies, elle a colonisé de plus en plus les champs de céréales et de betteraves. En période de migration et dans ses quartiers d'hiver, elle forme presque toujours de petites troupes qui, le soir venu, se rassemblent dans les roseaux où elles forment des dortoirs pouvant compter plusieurs milliers d'individus.

dos vert olive

Habitat *Vit dans divers milieux ouverts, en particulier dans les prés, prairies et champs.*

> Nidification mai-août.
> 5-6 œufs blanc sale mouchetés.
> 1-2 nichées par an.

B. nordique
M. thunbergi
(Scandinavie)

B. des Balkans
M. feldegg
(Balkans)

♀

dessous jaunâtre

B. d'Italie
M. cinereocapilla
(Italie)

sourcil blanc

31

B. flavéole
M. flavissima
(îles Britanniques)

♂

dessous entièrement jaune

B. ibérique
M. iberiae
(Espagne)

Le saviez-vous ?

Les différentes races, qui sont parfois aussi considérées comme des espèces distinctes, diffèrent les unes des autres par la coloration de la tête. Il est possible de les observer au moment de la migration.

Voix *Cri, un « psî » doux légèrement descendant. Chant heurté composé de 3-4 notes rêches.*

Jaseur boréal

Bombycilla garrulus (jaseurs)
L 18 cm   enver. 32–35 cm   sédentaire/migrateur partiel

barre
terminale
jaune

en vol, profil d'un étourneau

Habitat *Niche dans les forêts d'épicéas et de bouleaux de la taïga. En hiver, se rencontre dans les forêts clairsemées, les parcs et les jardins.*

> Nidification mai-août.
> 4-6 œufs gris-bleu à points noirs.
> 1 nichée par an.

En période de reproduction, le jaseur est insectivore. Pourtant, son comportement migratoire est lié à l'abondance des baies de sorbier. Si elles abondent, la plupart des oiseaux ne s'éloignent guère de leur aire de nidification. Par contre, si elles sont rares, on assiste alors à des invasions massives en Europe centrale et occidentale. Les jaseurs se nourrissent alors de diverses baies et de pommes non tombées.

jeune ♀

pointes cornées rouges

motifs jaune et blanc sur les primaires

motif pâle sur les primaires

troupe en hiver

gorge et loup noirs

Voix *Cri, un « sirr » aigu et bourdonnant ; chant composé d'une longue suite de cris et de sons similaires.*

Cincle plongeur

Cinclus cinclus (cincles)
L 18 cm   enver. 26–30 cm   sédentaire

dans le nord de l'Europe, ventre brun-noir

Habitat *Vit uniquement le long de rivières et ruisseaux aux eaux vives.*

> Nidification févr.-juill.
> 4-6 œufs blanchâtres ou crème.
> 1-2 nichées par an.

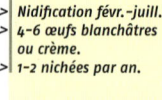

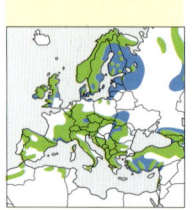

Le cincle est le seul passereau capable de plonger dans des cours d'eau à fort courant. Il s'y emploie avec ardeur pour capturer des larves d'insectes, petits crustacés et autres bestioles vivant au fond de l'eau. La nage fait aussi partie de la parade nuptiale. Le nid sphérique est construit tout près de l'eau, bien dissimulé dans une cavité.

adulte

gorge et poitrine blanches

queue courte

ventre brun-roux

jeune

dessus gris

ventre barré

Voix *Chant clair composé de notes sifflantes à grinçantes, souvent rendu inaudible par le bruit de l'eau.*

Troglodyte mignon

Troglodytes troglodytes (troglodytes)
L 9–10 cm   enver. 13–17 cm   sédentaire

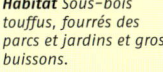

Malgré sa toute petite taille, le troglodyte mignon possède
l'un des chants les plus sonores et remarquables de l'avifaune
européenne. On peut entendre sa voix pratiquement toute
l'année. Le chant ne sert pas seulement à marquer le territoire
de nidification, mais aussi le territoire d'alimentation en hiver.
À la recherche d'insectes et d'araignées, le troglodyte
se faufile dans la basse végétation des
sous-bois, mais attire l'attention
par ses cris d'alarme durs. On le
voit mieux quand il se déplace
d'un endroit à l'autre en
voletant.

Habitat *Sous-bois
touffus, fourrés des
parcs et jardins et gros
buissons.*

> *Nidification avr.-août.*
> *5-7 œufs blancs tachetés
> de brun.*
> *2 nichées par an.*

sourcil clair

queue courte
et relevée

ailes
courtes

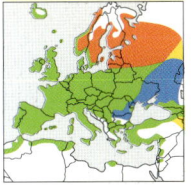

    33

Voix *Chant puissant
et sonore composé
de notes stridentes
et de trilles ; cri dur
« tsrrrt ».*

Le saviez-vous ?

*Dans son territoire,
le mâle construit
plusieurs nids
sphériques parmi
lesquels la femelle
en choisira un pour
y déposer sa ponte.
De nombreux mâles ont
deux, et parfois jusqu'à
quatre femelles.
Le nid sert aussi de
refuge pour la nuit.*

jeunes volants

Accenteur mouchet

Prunella modularis (accenteurs)
L 14 cm   enver. 19–21 cm   sédentaire

Habitat *Vit dans les forêts à sous-bois dense, les haies, les parcs et jardins.*

> Nidification avr.-août.
> 4-6 œufs bleu turquoise.
> 2-3 nichées par an.

L'accenteur mouchet se remarque surtout à son chant sonore. Sinon, il se tient généralement à couvert dans le sous-bois. En période de reproduction, mâle et femelle possèdent chacun leur propre territoire. En fonction du recoupement des territoires, un mâle peut avoir plusieurs femelles et une femelle jusqu'à 2 mâles.

tête en grande partie gris bleuâtre

bec fin noir

adulte

tête surtout brunâtre

jeune

Voix *Chant grinçant émis depuis la cime d'un buisson ; cris de vol aigus et tremblotants.*

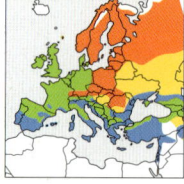

Accenteur alpin

Prunella collaris (accenteurs)
L 18 cm   enver. 30–32 cm   sédentaire

aile ponctuée de blanc

Habitat *Vit en montagne au-dessus de la limite des arbres, sur les versants rocheux à herbe rase. En hiver, descend dans les vallées.*

> Nidification mai-août.
> 3-5 œufs bleu turquoise.
> 1-2 nichées par an.

Chez les accenteurs alpins, c'est la femelle qui cherche le site de nidification approprié, dans une paroi rocheuse ou sous une grosse pierre, et qui construit le nid. Lors de la nidification, on peut souvent observer des groupes comptant jusqu'à cinq femelles et cinq mâles. L'entraide entre les membres du groupe est un gage de réussite pour la reproduction.

gorge à motif blanc et noir

flancs tachetés de brun-roux

plumage nuptial en automne

Voix *Chant rapide mêlé de trilles durs, émis depuis la pointe d'un rocher. Cri fréquent « diurr ».*

Merle noir

Turdus merula (grives et merles)

L 24-25 cm   enver. 34-39 cm   sédentaire

C'est il y a 150 ans que le merle noir a commencé à migrer de la forêt vers les jardins et les espaces verts des villes. Les fourrés sont autant de sites de nidification appropriés et les pelouses rases autant de garde-manger bien garnis. Si l'on estime la population de merles noirs en Europe à 40-80 millions de couples, on peut dire qu'il s'agit de l'une des espèces les plus communes. Les populations septentrionales migrent à la fin de l'automne vers le sud-ouest, tandis que celles d'Europe centrale et occidentale sont sédentaires.

Habitat *Vit aussi bien dans des forêts épaisses que dans les petits boisements et même jusque dans les agglomérations.*

> Nidification févr.-août.
> 4-5 œufs bleuâtres souvent tachetés de brun.
> 2-4 nichées par an.

dessous et dessus de l'aile foncés

queue longue

jeune

bec sombre

dessus tacheté de brun clair

dessous tacheté de sombre

♀

plumage brun foncé

Voix *Chant mélodieux aux notes flûtées, émis depuis un poste élevé ; en cas de danger, proteste avec véhémence.*

bec jaune

♂

plumage noir

Conseil d'observation

C'est surtout tôt le matin et au crépuscule que l'on a le plus de chances d'entendre le chant du merle. Si l'on prête bien l'oreille, on reconnaîtra de nombreuses imitations, même de sifflements humains ou de sonnerie de téléphone.

35

Merle à plastron

Turdus torquatus (grives et merles)
L 23–24 cm   enver. 38–42 cm   migrateur

dessus de l'aile plus clair que chez le Merle noir

Habitat Niche en montagne en forêts de résineux clairsemées, en Scandinavie sur les hauts plateaux rocheux (Fjell) et en boisements de bouleaux.

> **Nidification avr.-juill.**
> **3–6 œufs verdâtres tachetés de brun.**
> **1–2 nichées par an.**

Comme le merle noir, le merle à plastron se nourrit essentiellement de vers de terre qu'il recherche sur les pelouses ou les sols à maigre végétation. En été, dès que les fruits commencent à mûrir, son alimentation devient majoritairement végétarienne. Il hiverne dans le bassin méditerranéen, notamment dans le nord-ouest de l'Afrique.

♂ Europe septentrionale/ occidentale

♂ Europe centrale/ méridionale

plumage noir

ventre à motif très écailleux

plastron en demi-lune

motif du ventre peu écailleux

plumage brun foncé

♀

plastron clair

Voix *Chant plus rauque et plus monotone que celui du merle noir (p. 35) ; cris plus durs.*

Grive litorne

Turdus pilaris (grives et merles)
L 26 cm   enver. 39–42 cm   migratrice partielle

dessous de l'aile blanc éclatant

Habitat Niche dans les bois, parcs et jardins de grande taille ; s'alimente dans les herbages et les champs.

> **Nidification avr.-juill.**
> **5–6 œufs bleu pâle tachetés de rougeâtre.**
> **1–2 nichées par an.**

La grive litorne niche volontiers en petites colonies. À plusieurs, elles harcèlent les intrus, corneilles et rapaces, en tentant de les repousser par des jets de fiente. Même en dehors de la période de nidification, les litornes sont très grégaires. Elles forment de grandes bandes en période de migration ainsi que lorsqu'elles cherchent de la nourriture.

tête grise

croupion gris

nid

poitrine beige tachetée de sombre

Voix *Les cris sont des jacassements rêches ; chant grinçant et jacassant, souvent émis en vol.*

Grive musicienne

Turdus philomelos (grives et merles)
L 23 cm enver. 33–36 cm sédentaire

Même si son chant est très audible, la grive musicienne est l'espèce de grive la plus discrète. Sa nidification passe inaperçue car elle dissimule son nid dans l'épaisse frondaison d'un conifère. Pour chercher sa nourriture, elle ne quitte pas les sous-bois où le bruissement des feuilles trahit sa présence. Elle se nourrit au sol non seulement de mollusques, mais aussi de vers et d'insectes. En automne, elle ajoute de nombreuses baies, de genévrier par exemple, à son régime alimentaire.

enclume

Habitat *Niche dans les bois, les parcs et les jardins arborés ; en migration et en hiver, fréquente aussi les milieux ouverts.*

> *Nidification mars-août.*
> *4-6 œufs bleu-vert tachetés de sombre.*
> *2 nichées par an.*

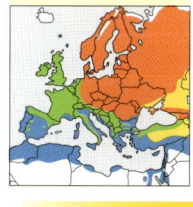

37

dessous de l'aile brun orangé

dessus brun chaud

poitrine brun crème constellée de tachetures

Conseil d'observation

Là où vivent les grives musiciennes, on trouve presque toujours des « enclumes » entourées de coquilles d'escargots. Ce sont des pierres sur lesquelles elles fracassent les coquilles d'escargots pour en extraire le corps du mollusque.

Voix *Chant sonore composé de strophes courtes, répétées généralement 2-3 fois ; cri sec « tsipp ».*

Grive mauvis

Turdus iliacus (grives et merles)
L 21 cm   enver. 33–35 cm   migratrice

dessous de l'aile rouille

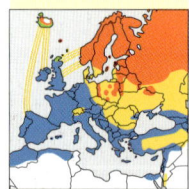

La grive mauvis construit généralement son nid à l'abri dans un conifère, mais comme son aire de nidification s'étend aux zones dépourvues d'arbres des régions nordiques et des montagnes, elle niche aussi au sol. En migration et en hivernage, elle forme de grandes troupes et se mêle souvent aux bandes de litornes.

sourcil blanchâtre

Voix *Chant haché et sonore, peu mélodieux. Cris de vol secs, fins et étirés « tsïïh ».*

poitrine blanchâtre constellée de stries foncées

flancs roux

Grive draine

Turdus viscivorus (grives et merles)
L 27 cm   enver. 42–47 cm   sédentaire

dessous de l'aile blanc

bords de la queue blancs

face claire

C'est la plus grosse grive d'Europe. Elle se nourrit en été de vers et d'insectes, en hiver surtout de baies. Les baies poisseuses du gui lui restent souvent collées au bec. C'est ainsi que les graines de cette plante parasite sont transmises aux arbres voisins.

dessus gris-brun

Voix *Chant semblable à celui du merle noir (p. 35), mais avec des strophes très courtes ; longs cris roulés.*

poitrine blanche à taches rondes

Bouscarle de Cetti

Cettia cetti (fauvettes paludicoles)
L 14 cm   enver. 15–19 cm   sédentaire

côtés de la tête gris

gorge
blanche

À la différence des autres fauvettes paludicoles (p. 41-46), la bouscarle n'est pas migratrice. Elle ne quitte pas territoire de toute l'année et, même en hiver, le marque en faisant entendre son chant sonore. Elle cherche sa nourriture en se tenant dissimulée dans le fouillis de la végétation. Inquiète, elle sort parfois d'un fourré en agitant nerveusement la queue et les ailes.

dessus
brun-roux

flancs roux

Habitat *Affectionne les fossés envahis de buissons, de roseaux et d'orties ; parfois aussi les fourrés en terrain sec.*

> Nidification avr.-août.
> 3-5 œufs brun rougeâtre.
> 1-2 nichées par an.

Voix *Chant rapide, audible tout au long de l'année, explosif au début puis finissant decrescendo.*

Cisticole des joncs

Cisticola juncidis (fauvettes paludicoles)
L 10 cm   enver. 12–14 cm   sédentaire

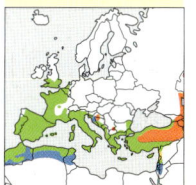

Dès l'automne, le mâle occupe un territoire. Il y construit plusieurs nids qu'il propose à la femelle par des vols chantés. Vers la fin de l'hiver, une première femelle peut commencer à couver, ce qui n'empêche pas le mâle de s'accoupler à d'autres femelles. En une seule année, le mâle peut ainsi avoir neuf femelles successives.

queue arrondie
à barre
terminale
blanche

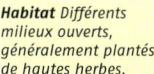

dessus rayé

face claire

Habitat *Différents milieux ouverts, généralement plantés de hautes herbes.*

> Nidification févr.-août.
> 4-6 œufs blancs, en partie ponctués de noir.
> 2-3 nichées par an.

Voix *Le chant émis au cours d'un vol onduleux est une suite monotone de « tsip ».*

Locustelle luscinioïde

Locustella luscinioides (fauvettes paludicoles)
L 14 cm   enver. 18-21 cm   migratrice

sous-caudales
à motif
esquissé

queue
d'aspect
massif

dessus brun-roux

flancs nuancés
de roux

Habitat *Niche dans les roselières poussant dans l'eau et pouvant être parsemées de buissons.*

> **Nidification avr.-août.**
> **4-6 œufs blancs ponctués de brun.**
> **1-2 nichées par an.**

Pour se nourrir, la locustelle luscinioïde se déplace lestement à travers les tiges de roseaux et est difficile à voir. Si on la surprend, elle se fige comme le fait le butor (p. 160). Le nid est bien dissimulé au milieu des roseaux, souvent juste au-dessus de l'eau. Malgré les risques d'inondations, il y est à l'abri des prédateurs.

Voix *Long chant ressemblant à la stridulation d'un insecte, plus rapide et plus grave que celui de la l. tachetée.*

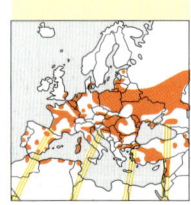

Locustelle fluviatile

Locustella fluviatilis (fauvettes paludicoles)
L 13 cm   enver. 19-22 cm   migratrice

sous-caudales
bordées de
blanc à la
pointe

Habitat *Fréquente les taillis et les sous-bois touffus sur sol humide, généralement à proximité de l'eau.*

> **Nidification mai-août.**
> **4-6 œufs blancs tachetés de brun.**
> **1 nichée par an.**

Passe pratiquement inaperçue dans les herbes situées près du sol où elle se faufile et grimpe agilement sur les tiges horizontales. Tout au plus peut-on la voir quand elle se perche sur la pointe d'un buisson pour chanter. En automne, elle traverse l'est du bassin méditerranéen pour migrer vers le sud de l'Afrique.

poitrine
légèrement
striée

dessus
olivâtre

Voix *Long chant monotone évoquant le bruit d'une machine à coudre.*

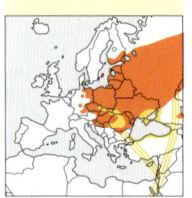

Locustelle tachetée

Locustella naevia (fauvettes paludicoles)
L 13 cm   enver. 15-19 cm   migratrice

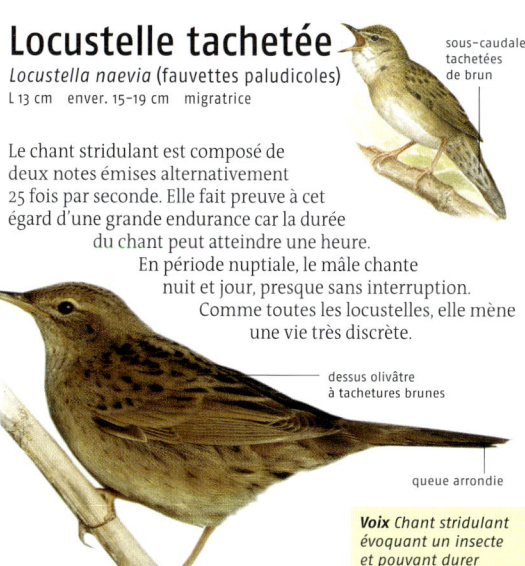

sous-caudales
tachetées
de brun

Le chant stridulant est composé de
deux notes émises alternativement
25 fois par seconde. Elle fait preuve à cet
égard d'une grande endurance car la durée
du chant peut atteindre une heure.
En période nuptiale, le mâle chante
nuit et jour, presque sans interruption.
Comme toutes les locustelles, elle mène
une vie très discrète.

Habitat *Prairies
humides à hautes
herbes et friches
parsemées de buissons.*

> **Nidification avr.-août.**
> **5-6 œufs blanchâtres
> mouchetés de brun-roux.**
> **1-2 nichées par an.**

dessus olivâtre
à tachetures brunes

queue arrondie

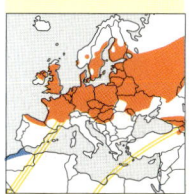

Voix *Chant stridulant
évoquant un insecte
et pouvant durer
pendant plusieurs
minutes.*

Phragmite aquatique

Acrocephalus paludicola (fauvettes paludicoles)
L 13 cm   enver. 17-19 cm   migrateur

La population européenne de
phragmites aquatiques compte
moins de 20 000 couples. Son
habitat a été et continue à être
détruit du fait de l'assèchement
des zones humides, d'où ses
effectifs en fort déclin. Dès
juin, de nombreux individus
quittent leur aire de
nidification et migrent
vers leurs quartiers
d'hiver en Afrique
de l'Ouest.

dessus rayé de
jaunâtre et
de noir

Habitat *Tourbières et
prairies plantées de
carex de 50 à 70 cm
de haut ; se rencontre
de temps à autre dans
des prés salés peu
fréquentés.*

> **Nidification mai-août.**
> **4-6 œufs bruns ou
> tachetés de brun.**
> **1-2 nichées par an.**

poitrine
finement
striée

raie sommitale
jaunâtre

sourcil
jaunâtre

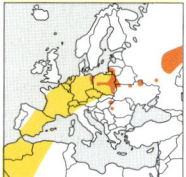

lores clairs

Voix *Chant composé
de séries peu variées
de sons grinçants
et sifflants. Cris,
« tchec » dur.*

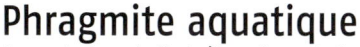

Phragmite des joncs

Acrocephalus schoenobaenus (fauvettes paludicoles)

L 13 cm   enver. 17–21 cm   migrateur

Habitat *Niche dans des fossés et sur des berges plantés de roseaux, de buissons épars et de grandes touffes.*

> **Nidification mai-août.**
> **4–6 œufs olivâtres.**
> **1–2 nichées par an.**

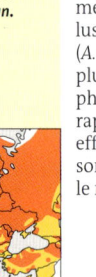

42

Le mâle marque son territoire par des vols chantés. La construction du nid et l'incubation des œufs sont assurées par la seule femelle. Elle est secondée par le mâle au moment du nourrissage des jeunes. Dans les roselières des Balkans et du pourtour méditerranéen niche la lusciniole à moustache (*A. melanopogon*) dont le plumage est proche de celui du phragmite des joncs. Son chant rappelle celui de la rousserolle effarvatte, mais comporte une suite de sons sifflants que l'on retrouve aussi chez le rossignol philomèle.

calotte sombre à stries claires

sourcil brun clair

jeune

Voix Chant varié composé de séries sonores de sons grinçants et sifflants, souvent émis en vol nuptial.

dessus brun-roux rayé de sombre

poitrine non rayée

Le saviez-vous ?

Après la reproduction, le phragmite des joncs recherche des roselières envahies par les pucerons. Il s'en gave pour se constituer des réserves de graisse qui lui permettront de traverser la Méditerranée et le Sahara. Ensuite, il poursuivra sa migration par petites étapes jusqu'en Afrique du Sud.

sourcil blanc

gorge blanche

poitrine non rayée

lusciniole à moustache

Rousserolle verderolle

Acrocephalus palustris (fauvettes paludicoles)
L 13 cm enver. 18–21 cm migratrice

La rousserolle verderolle se tient rarement dans les roseaux. Elle imite d'autres oiseaux, dont de nombreuses espèces africaines qu'elle importe à son retour de migration. Dans le NE de l'Europe niche la rousserolle des buissons (*A. dumetorum*).

dessus gris–brun

rémiges contrastées

pattes jaunâtres à roses

r. des buissons

sourcil plus marqué que chez la verderolle

rémiges peu contrastées

pattes gris–brun foncé

Habitat *Niche en milieu ouvert planté de grandes touffes et de buissons ; fréquente aussi les champs de céréales.*

> *Nidification mai–juill.*
> *3–6 œufs blanchâtres tachetés de brun.*
> *1 nichée par an.*

Voix *Les longues strophes du chant sont composées presque exclusivement d'imitations d'autres voix d'oiseaux.*

43

Rousserolle effarvatte

adulte au nid

Acrocephalus scirpaceus (fauvettes paludicoles)
L 13 cm enver. 17–21 cm migratrice

La femelle fixe son nid à plusieurs tiges de roseaux à 50 cm au moins au-dessus de l'eau. Étant donné que plusieurs couples nichent souvent l'un près de l'autre, le territoire défendu se limite à l'espace entourant le nid. La rousserolle isabelle (*A. agricola*), qui vit à l'est de la mer Noire, niche aussi dans les roseaux.

sourcil peu net

bec assez long

dessus brun-roux chaud

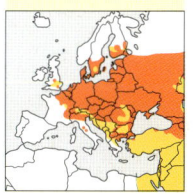

Habitat *Niche dans les roselières ; en migration, fréquente aussi les buissons.*

> *Nidification mai–sept.*
> *3–5 œufs blanchâtres tachetés de brun.*
> *1–2 nichées par an.*

pointe du bec sombre

sourcil marqué à bordure sombre

dessus brun clair

r. isabelle

Voix *Chant de notes rauques débitées sur un rythme mécanique et entrecoupées de sons sifflants.*

Rousserolle turdoïde

Acrocephalus arundinaceus (fauvettes paludicoles)
L 19–20 cm   enver. 25–29 cm   migratrice

**adulte
au nid**

Habitat *Niche dans les roselières et de préférence au-dessus de l'eau profonde.*

> **Nidification mai-août.**
> **4-6 œufs vert pâle à taches sombres.**
> **1-2 nichées par an.**

La rousserolle turdoïde est de loin la plus grosse des rousserolles. Le mâle ne participe ni à la construction du nid ni à la couvaison. Cela lui permet d'avoir parfois deux femelles ou plus dans son territoire et de tenir les concurrents à l'écart. La première femelle peut compter sur son aide pour le nourrissage des jeunes, mais pas la seconde.

bec de grive

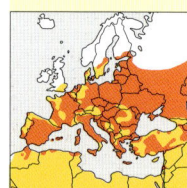

large sourcil, mais aux bords flous

Voix *Chant rythmé « karra-karra-kît-kît », nettement plus sonore et plus lent que celui de la rousserolle effarvatte.*

jeune

pattes sombres et fortes

Hypolaïs bottée

Hippolais caligata (fauvettes paludicoles)
L 12 cm   enver. 18–21 cm   migratrice

Habitat *Fourrés en prairies humides ou près des berges.*

> **Nidification mai-août.**
> **4-6 œufs roses à taches sombres.**
> **1 nichée par an.**

Non seulement sa stature, mais encore son comportement fait penser à un pouillot. Elle se faufile agilement dans le feuillage des fourrés, mais parfois sautille au sol. En automne, elle migre vers le sud-est pour aller hiverner en Inde.

sourcil pâle

dessus brun clair

pointe du bec sombre

bords de la queue pâles

pattes roses

Voix *Chant composé d'une suite rapide de sons mélodieux et rêches ; le cri est un « tsett » claquant.*

Hypolaïs pâle

Hippolais pallida (fauvettes paludicoles)
L 12–13 cm   enver. 18–21 cm   migratrice

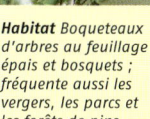

Bien cachée dans la frondaison, l'hypolaïs pâle picore les insectes sur les feuilles. Pour ce faire, elle saute agilement d'une branche à l'autre en hochant fréquemment de la queue vers le bas. Elle migre dès le mois d'août pour regagner ses quartiers d'hiver en Afrique de l'Est. Dans le sud de l'Espagne et en Afrique du Nord-Ouest niche la très semblable hypolaïs obscure (*H. opaca*).

Habitat Boqueteaux d'arbres au feuillage épais et bosquets ; fréquente aussi les vergers, les parcs et les forêts de pins.

h. obscure
dessus gris-brun
dessus olivâtre
bec fin et allongé

> **Nidification mai-août.**
> **3–4 œufs gris clair ponctués de noir.**
> **1 nichée par an.**

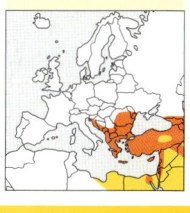

Voix *Chant composé d'un bavardage rapide de sons grinçants et flûtés.*

45

Hypolaïs des oliviers

Hippolais olivetorum (fauvettes paludicoles)
L 16–18 cm   enver. 24–26 cm   migratrice

bec fort

dessus gris

zone claire sur l'aile

Comme les espèces parentes plus petites, l'hypolaïs des oliviers bat souvent de la queue vers le bas. En cas de danger ou d'inquiétude, elle hérisse les plumes de la tête. On sait peu de chose de cette espèce aux mœurs très discrètes. On sait seulement que pour nicher elle forme de petits groupes aux liens assez lâches. Hiverne du Kenya à l'Afrique du Sud.

Habitat Forêts clairsemées, maquis à boisements de chênes et oliveraies.

> **Nidification mai-août.**
> **3–4 œufs roses ponctués de noir.**
> **1 nichée par an.**

dessus gris-brun

jeune

Voix *Chant proche de celui des rousserolles (p. 43–44), fait de notes rêches et dures.*

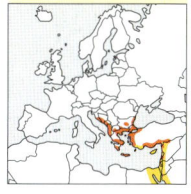

Hypolaïs ictérine
Hippolais icterina (fauvettes paludicoles)
L 13 cm   enver. 21–24 cm   migratrice

dessous
jaune
pâle

jeune

Habitat *Forêts
humides, mais aussi
boisements clairs,
petits bois, parcs
et grands jardins.*

> *Nidification mai-août.*
> *4-5 œufs roses ponctués
> de noir.*
> *1 nichée par an.*

Elle ressemble à un pouillot (p. 54-55), mais
est beaucoup plus farouche que lui. En effet,
elle ne capture pas d'insectes en vol, mais
les picore sur les branches et les feuilles.
En général, elle trahit sa présence par son
chant et ses cris sonores. Dès juillet, les
premiers individus se mettent en route
vers leur zone d'hivernage qui se trouve
dans la moitié sud de l'Afrique.

sourcil limité
aux lores

zone pâle
sur l'aile

Voix *Chant rapide
comprenant des notes
grinçantes et nasillardes,
avec répétition de
« tétévoui ».*

primaires
dépassant
nettement les
tertiaires

pattes gris-bleu

adulte

Hypolaïs polyglotte
Hippolais polyglotta (fauvettes paludicoles)
L 13 cm   enver. 18–20 cm   migratrice

Habitat *Boisements et
buissons en terrain sec.*

> *Nidification mai-août.*
> *4-5 œufs roses ponctués
> de sombre.*
> *1 nichée par an.*

L'hypolaïs polyglotte remplace l'Hypolaïs
ictérine dans le sud-ouest de l'Europe.
Au cours des dernières décennies, elle a
étendu légèrement son aire de nidification
vers le nord. Par endroits, les 2 espèces
cohabitent, mais l'hypolaïs polyglotte
préfère les milieux plus secs. Les cas
d'hybridation sont rares entre
les 2 espèces.

jeune

pas de zone
pâle sur l'aile

pattes brunes

primaires
dépassant
légèrement les
tertiaires

dessous
jaune pâle

Voix *Chant semblable
à celui de l'hypolaïs
ictérine, mais plus
doux et plus rapide,
et sans « tétévoui ».*

adulte

Fauvette à tête noire

Sylvia atricapilla (fauvettes *Sylvia*)
L 15 cm   enver. 20-23 cm   migratrice partielle

Le comportement migratoire de la fauvette à tête noire varie suivant les régions. Les oiseaux nicheurs du sud de l'Europe sont sédentaires ou migrent sur de courtes distances tandis que ceux d'Europe centrale hivernent dans le bassin méditerranéen. Ceux du nord de l'Europe vont plus loin et migrent jusqu'en Afrique, au sud du Sahara. Depuis quelque temps, en raison de la multiplication des mangeoires en Angleterre, de nombreux individus d'Europe centrale vont y hiverner.

la fauvette à tête noire aime les fruits

Habitat *Boisements de toutes sortes, depuis les forêts touffues jusqu'aux parcs et jardins.*

> **Nidification avr.-août.**
> **3-6 œufs brunâtres tachetés de sombre.**
> **1 nichée par an.**

47

Voix *Chant, gazouillis bavard, s'amplifiant peu à peu, finissant par des notes clairement flûtées. Cri : « tac » dur.*

calotte noire

♂

dessous gris

calotte brun-roux

♀

Le saviez-vous ?

Se nourrit presque exclusivement d'insectes et de larves en période de nidification, mais adopte un régime frugivore en été. Elle consomme toutes sortes de fruits et de baies, notamment des figues et des baies de sureau.

Fauvette des jardins

Sylvia borin (fauvettes *Sylvia*)
L 14 cm enver. 20–24 cm migratrice

bien des fauvettes
des jardins sont
obligées de nourrir un
jeune coucou gris.

Si ce n'était son chant sonore, la
fauvette des jardins passerait quasiment
inaperçue. En automne, elle se fait encore
plus discrète et se gave de diverses sortes de
baies pour se constituer des réserves de graisse. Au cours de sa
migration vers le sud, elle ne cesse de prendre du poids et, après
avoir fait le dernier plein en Afrique du Nord, traverse le Sahara
d'une seule traite pour se rendre dans la partie sud de l'Afrique.

collier nucal
gris clair

dessus gris brunâtre

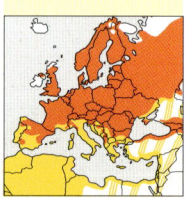

Voix *Beau chant
monotone fait de
strophes bavardes plus
longues que celles de
la fauvette à tête noire
(p. 47) et sans notes
flûtées.*

dessus plus
pâle que le ♂

♀

dessous
moins barré

Fauvette épervière

Sylvia nisoria (fauvettes *Sylvia*)
L 15 cm enver. 23–27 cm migratrice

La fauvette épervière recherche
le voisinage de la pie-grièche
écorcheur pour nicher. Sans
doute profite-t-elle ainsi des
cris d'alarme et du comportement
défensif de cet oiseau vigoureux.
Les nichées sont en effet toujours sous
la menace des prédateurs. Les couples
de fauvettes épervières dont le taux de
reproduction est le meilleur sont ceux
qui installent leur nid à proximité
d'un couple de p.-g. écorcheurs.

œil clair

♂

dessous très
barré

jeune

barre alaire
claire

œil foncé

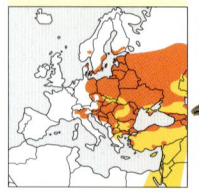

seuls flancs et
sous-caudales
barrés

Voix *Cri d'alarme
crépitant ; chant plus
court, plus clair et plus
dur que celui de la
précédente.*

Fauvette grisette

Sylvia communis (fauvettes *Sylvia*)
L 14 cm   enver. 19–23 cm   migratrice

Même pour cet oiseau aimant la chaleur, la zone
sahélienne au sud du Sahara est devenue trop sèche.
Les conditions climatiques parfois mauvaises
dans cette zone où elle hiverne ont causé un fort
déclin de l'espèce. L'arrachage des haies et des
buissons consécutif à la modernisation de
l'agriculture a aussi contribué à ce déclin.
En Espagne et en Italie niche une
espèce au plumage similaire, mais
plus gracile, la fauvette à lunettes
(*S. conspicillata*) qui vit dans
la basse végétation
des zones semi-
désertiques.

tête gris
foncé

♂

poitrine
rose

♀

fauvette à lunettes

aile brun-roux

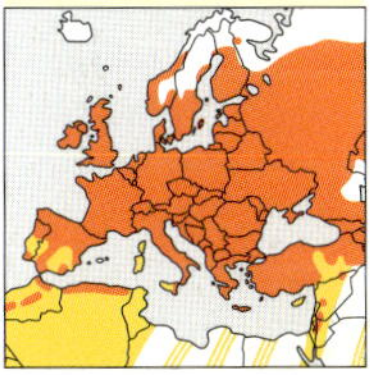

♀   tête brunâtre

**vol
chanté**

tertiaires
bordées de
brun-roux

Habitat Niche en milieu
ouvert parsemé de
buissons ou de haies ;
plus rare que les autres
fauvettes dans les
jardins.

> **Nidification** avr.–août.
> **3–6 œufs** verdâtres
> ou brunâtres tachetés
> de sombre.
> **1–2 nichées** par an.

Voix Chant composé de
« *drida-drida-drida* »
sonores souvent
accompagnés d'un
léger bavardage ;
nombreux cris tèck.

49

tête grise

♂

gorge
blanche

Conseil
d'observation

En terrain buissonneux,
le chant de la
fauvette grise attire
l'attention. On aperçoit
généralement le mâle
perché à la pointe
d'un buisson. Souvent
il s'envole pour un vol
chanté et redescend
en virevoltant.

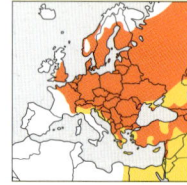

Fauvette babillarde

Sylvia curruca (fauvettes *Sylvia*)
L 13 cm   enver. 17-20 cm   migratrice

Habitat *Lisières de forêts, haies en terrain ouvert, parcs et jardins.*

> **Nidification avr.-août.**
> **3-7 œufs blanchâtres tachetés de gris.**
> **1 nichée par an.**

La fauvette babillarde est très commune dans les zones habitées. On note sa présence en raison de son chant sonore, sinon elle se tient dissimulée dans l'épaisseur des fourrés où elle cherche sa nourriture. En automne, elle migre vers le sud-est en direction de l'Afrique et hiverne entre le Soudan et le Nigeria.

calotte grise

dessus gris-brun

gorge blanche

Voix *Le chant est un gazouillis à peine audible succédé d'une crécelle légèrement descendante.*

50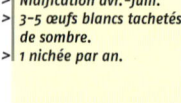

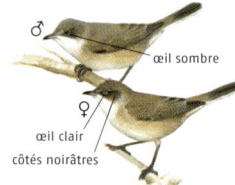

œil sombre

œil clair

côtés noirâtres

Fauvette orphée

Sylvia hortensis (fauvettes *Sylvia*)
L 15 cm   enver. 20-25 cm   migratrice

Habitat *Boisements clairs et zones buissonneuses sur des versants ensoleillés.*

> **Nidification avr.-juill.**
> **3-5 œufs blancs tachetés de sombre.**
> **1 nichée par an.**

La fauvette orphée niche souvent dans le même buisson que la pie-grièche à tête rousse (p. 82). Elles profitent l'une l'autre de leur capacité à déceler l'approche d'un prédateur ; la pie-grièche surveille la campagne dégagée et la fauvette monte la garde du fond d'un fourré. Dans les Balkans, elle est remplacée par la fauvette orphéane, qui est plus grise.

s. crassirostris

calotte noire

dessous blanchâtre

sous-caudales tachetées

Voix *Chant composé de notes dures et grinçantes avec de nombreux motifs répétés.*

dessous beige

sous-caudales blanches

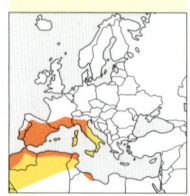

Fauvette pitchou

Sylvia undata (fauvettes *Sylvia*)
L 12 cm   enver. 13–18 cm   sédentaire

queue longue
dessous rouge
vineux pâle

♀

Seul le chant trahit la présence de
la fauvette pitchou qui se tient
dissimulée dans la basse végétation.
Dans les îles de la Méditerranée
occidentale : Corse, Sardaigne et Baléares,
vit une espèce similaire, la
fauvette sarde *(S. sarda)*, dans les Baléares la
race type étant remplacée par *S. balearica*.

jeune
dessous
brunâtre

Habitat *Broussailles
et maquis bas, landes
et bois clairs.*

> *Nidification mars-août.*
> *3-5 œufs blancs tachetés
> de brun.*
> *1-2 nichées par an.*

cercle orbitaire rouge

♂

dessus gris

fauvette sarde

♂

dessous
gris plomb

dessous
rouge vineux
foncé

Voix *Cri « tchèrr-tit » ;
chant rapide mais peu
mélodieux, composé
de sons râpeux.*

51

Fauvette passerinette

Sylvia cantillans (fauvettes *Sylvia*)
L 12 cm   enver. 15–19 cm   migratrice

♀
motifs de la
tête pâles

dessus
brunâtre

La fauvette passerinette se tient
généralement dans la partie
supérieure des buissons. C'est là
qu'elle chasse les insectes et qu'elle se
nourrit de baies en automne. Lors de
la migration de printemps, au retour
des quartiers d'hiver au sud du
Sahara, certains individus, surtout
des mâles, dépassent parfois
le bassin méditerranéen et
atteignent les côtes de la mer
du Nord (Héligoland).

Habitat *Aussi bien en
terrain très buissonneux
qu'en forêts de chênes
clairsemées.*

> *Nidification avr.-août.*
> *3-5 œufs blancs à taches
> brunâtres.*
> *1-2 nichées par an.*

cercle orbitaire rouge

♂

moustache
blanche

gorge et
poitrine
rouille

Voix *Le chant est un
gazouillis rapide et
grinçant ; cri dur
« tèck ».*

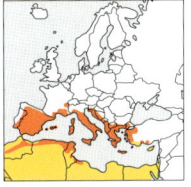

Fauvette mélanocéphale

Sylvia melanocephala (fauvettes *Sylvia*)
L 14 cm   enver. 15–18 cm   sédentaire

Habitat *Maquis touffu et forêts de chênes claires ; aussi dans les oliveraies.*

> **Nidification mars-août.**
> **3-5 œufs blanchâtres tachetés de sombre.**
> **2-3 nichées par an.**

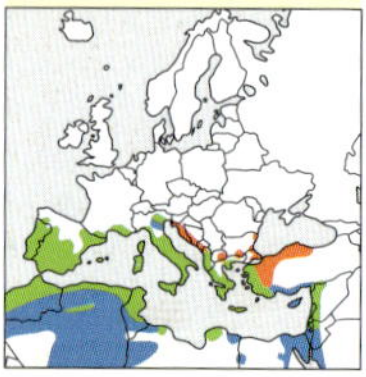

La fauvette mélanocéphale est très commune dans le bassin méditerranéen. Il est possible de l'entendre un peu partout dans les buissons. Pour la voir, il faut la surprendre au cours d'un vol chanté ou quand elle change de place en volant au ras du sol. Le mâle et la femelle construisent ensemble un nid au plus profond d'un buisson, juste au-dessus du sol. En Grèce et en Turquie niche la fauvette de Rüppell (*S. rueppelli*), une espèce ressemblante mais ne pouvant prêter à confusion.

dessus brun ♀   calotte grise

52

Voix *Chant rapide et râpeux avec des strophes plus longues que celles de la passerinette ; cris en série évoquant une crécelle.*

cercle orbitaire rouge
calotte noire
♂
gorge blanche

♂
gorge noire
moustache blanche

fauvette de Rüppell

tête tachetée
♀

Le saviez-vous ?

La f. mélanocéphale ne se nourrit pas seulement d'insectes et de fruits, mais aussi de nectar, en particulier au printemps. Elle fréquente volontiers les amandiers en fleurs et se perche la tête en bas pour collecter le nectar des fleurs.

Pouillot fitis

Phylloscopus trochilus (pouillots)
L 11 cm   enver. 17–22 cm   migrateur

Europe du Nord
plumage
plus gris

Les mâles chantent déjà pendant la migration. En maints endroits, ils évoquent les forêts de bouleaux scandinaves où cet oiseau est celui dont la voix porte le plus. Les distances parcourues par le fitis sont impressionnantes : les oiseaux du nord de la Scandinavie et de l'est de l'Europe migrent jusqu'en Afrique du Sud tandis que ceux d'Europe centrale et occidentale hivernent en Afrique occidentale et centrale.

dessus gris
verdâtre

adulte

pattes
brunâtres

jeune
poitrine
jaunâtre

Habitat *Forêts claires et milieux ouverts parsemés de bosquets.*

> *Nidification mai-août.*
> *4–8 œufs blanchâtres mouchetés de brun-roux.*
> *1 nichée par an.*

Voix *Chant mélancolique allant decrescendo avec une fioriture finale ; cri dissyllabique montant « hu–it ».*

 53

Pouillot véloce

Phylloscopus collybita (pouillots)
L 10–11 cm   enver. 15–21 cm   migrateur partiel

jeune

poitrine jaunâtre
(plus pâle que
le fitis)

À la différence du très ressemblant pouillot fitis, le pouillot véloce hiverne sur le pourtour méditerranéen. Comme lui, il construit un nid au sol, même s'il cherche sa nourriture dans la partie haute des arbustes et des arbres. En Espagne niche le pouillot ibérique (*P. ibericus*) qui ne peut être distingué que par son chant composé de trois motifs répétés.

pouillot ibérique

plumage plus vert dans
l'ensemble, mais difficile à
différencier du f. véloce

Voix *Chant monotone typique « tsip tsap tsip tsap » ; cri légèrement montant, plutôt monosyllabique « huit ».*

adulte

dessus gris
verdâtre, tons
variables

pattes noirâtres

Habitat *Forêts, parcs et jardins, notamment dans les zones clairsemées.*

> *Nidification avr.-août.*
> *4–6 œufs blancs tachetés de brun foncé.*
> *2 nichées par an.*

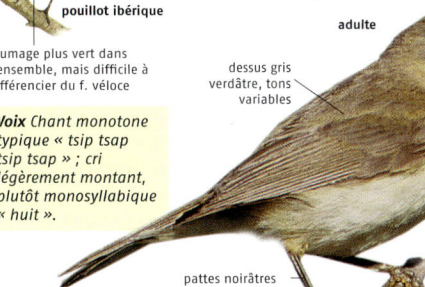

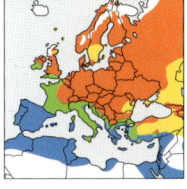

Pouillot siffleur

Phylloscopus sibilatrix (pouillots)
L 12 cm   enver. 20-24 cm   migrateur

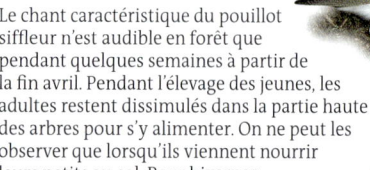

adulte au nid

Habitat *Forêts de feuillus et de boisements mixtes à haute futaie.*

> *Nidification avr.-juill.*
> *5-8 œufs blancs mouchetés de brun foncé.*
> *1 nichée par an.*

Le chant caractéristique du pouillot siffleur n'est audible en forêt que pendant quelques semaines à partir de la fin avril. Pendant l'élevage des jeunes, les adultes restent dissimulés dans la partie haute des arbres pour s'y alimenter. On ne peut les observer que lorsqu'ils viennent nourrir leurs petits au sol. Pour hiverner, le pouillot siffleur gagne les forêts pluviales et la savane humide de l'Afrique centrale.

dessus vert clair lumineux

gorge et poitrine jaune citron

ventre blanc

Voix *Deux types de chant : vibrant « sip-sip-sip-sip-sirrr » ou légèrement flûté et descendant « du-du-du-du-du ».*

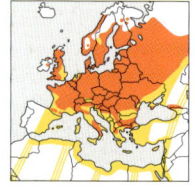

Pouillot de Bonelli

dessus plus gris que chez le Bonelli

pouillot oriental

Phylloscopus bonelli (pouillots)
L 11 cm   enver. 16-18 cm   migrateur

Habitat *Niche en forêts clairsemées sur les versants ensoleillés des moyennes et hautes montagnes.*

> *Nidification avr.-juill.*
> *3-7 œufs blancs mouchetés de brun foncé.*
> *1 nichée par an.*

Le pouillot de Bonelli remplace le pouillot siffleur dans les forêts de montagne et, comme ce dernier, niche au sol. Il hiverne au sud du Sahara et, à la différence de nombreux autres passereaux, ne traverse pas la Méditerranée en droite ligne lors de la migration de printemps, mais suit le littoral en décrivant une large courbe. Dans les Balkans et en Turquie, il est remplacé par le pouillot oriental (*P. orientalis*) qui est très semblable.

dessus gris verdâtre

aile vert-jaune

Voix *Chant ressemblant à celui du pouillot siffleur, mais trille plus lent et sans notes d'introduction ; cri dissyllabique « hu-id ».*

dessous blanc

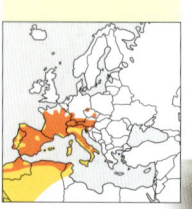

Pouillot verdâtre

Phylloscopus trochiloides (pouillots)
L 10 cm   enver. 15–21 cm   migrateur

sourcil pâle jusqu'au front

Depuis plus d'un siècle, le pouillot verdâtre, qui est répandu dans presque toute la Sibérie, tente de s'établir à l'ouest, mais sans réussir à dépasser la Finlande et les pays Baltes. Son aire d'hivernage se trouve en Inde. Dans le nord de la Scandinavie niche le pouillot boréal (*P. borealis*). Pour atteindre ses quartiers d'hiver situés dans le Sud-Est asiatique, il lui faut parcourir près de 13 000 km.

Habitat *Forêts, surtout en clairières et en lisières ; aime les versants très pentus.*

> **Nidification juin-août.**
> **3–7 œufs blancs.**
> **1 nichée par an.**

sourcil pâle s'arrêtant au bec
tête allongée
barre alaire claire
pouillot boréal
pattes brun jaunâtre

tête ronde
dessus gris-vert
barre alaire claire
pattes gris foncé

Voix *Cri semblable à celui de la b. grise, dissyllabique « tsi-yé » ; chant : suite rapide de sons saccadés, s'adoucissant à la fin.*

55

Pouillot à grands sourcils

Phylloscopus inornatus (pouillots)
L 10 cm   enver. 15–20 cm   migrateur

Nicheur commun des forêts sibériennes, le pouillot à grands sourcils hiverne en Asie du Sud-Est. Chaque automne, quelques centaines d'individus égarés s'observent en Europe de l'Ouest. Quelques individus d'une autre espèce sibérienne, le pouillot de Pallas (*P. proregulus*), font tous les ans leur apparition en Europe.

sourcil et raie sommitale jaune clair
deux barres alaires jaunâtres
croupion jaune citron
pouillot de Pallas

Habitat *Niche dans divers types de forêts ; en migration, aussi dans les buissons.*

> **Nidification juin-août.**
> **4–6 œufs blancs mouchetés de brun-roux.**
> **1 nichée par an.**

deux barres alaires jaunâtres
sourcil jaune
dessous blanchâtre

Voix *Cri dissyllabique (« tsouii ») rappelant celui de la mésange à tête noire (p. 74) ; chant gazouillant très aigu.*

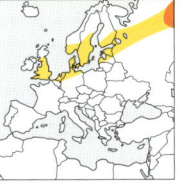

Roitelet huppé

Regulus regulus (roitelets)
L 9 cm   enver. 13–15 cm   migrateur partiel

calotte grise

jeune

Pesant seulement 5 g, le roitelet huppé est bien le plus petit oiseau d'Europe. Et pourtant, il n'hésite pas à traverser des bras de mer venteux là où il migre. Il préfère cependant les résineux et sautille sans relâche de branche en branche pour picorer de petits insectes et des araignées.

Habitat *Forêts de résineux, parcs et jardins plantés de résineux ; en migration, se rencontre aussi dans les feuillus et les buissons.*

> **Nidification mars-août.**
> **7–11 œufs blanchâtres tachetés de brun clair.**
> **2 nichées par an.**

Voix Chant rythmé, fin et très aigu, montant sur la fin ; cri en séries de « srii » secs et fins.

raie jaune orangé

♂

dessus gris-vert

raie jaune

♀

barre alaire blanchâtre

Roitelet à triple bandeau

Regulus ignicapilla (roitelets)
L 9 cm   enver. 13–16 cm   migrateur partiel

calotte grise

jeune

Le roitelet à triple bandeau est moins inféodé aux résineux que le précédent, tout en les choisissant pour y nicher. Il fixe son nid sphérique sous une branche et garnit l'intérieur de petites plumes, jusqu'à 800 au total. C'est la seule façon d'empêcher que ses minuscules œufs pesant seulement 0,6 g ne se brisent au cours de l'incubation.

Habitat *Forêts de résineux et mixtes ; dans le sud-ouest de l'Europe, aussi en forêts de feuillus ; fréquente aussi les parcs plantés de résineux.*

> **Nidification avr.-août.**
> **7–10 œufs rougeâtres mouchetés de brun foncé.**
> **1–2 nichées par an.**

sourcil blanc et trait
sourcilier noir

♂

raie jaune orangé

dessus
vert-jaune lumineux

raie jaune

♀

barre alaire blanchâtre

Voix Chant montant, émis sur un registre aigu, plus simple que celui du précédent.

Gobemouche gris

Muscicapa striata (gobemouches)
L 15 cm   enver. 23–25 cm   migrateur

En tant que nicheur semi-cavernicole, le gobemouche gris dispose de nombreuses possibilités de nidification. Il niche non seulement dans des cavités d'arbre, mais aussi dans des trous de mur, voire dans des nids d'hirondelles. Ces types de nid sont toutefois très accessibles aux prédateurs. Les couvées sont aussi menacées lors des périodes d'intempéries quand les adultes ne trouvent pas assez de nourriture pour leurs petits. Bien que de retour de migration en mai, certains gobemouches gris repartent dès juillet vers l'Afrique centrale et méridionale.

longue queue

Habitat *Lisières de forêts et clairières, bosquets et zones habitées plantées d'arbres.*

> *Nidification mai-août.*
> *3–5 œufs brunâtres tachetés de brun-roux.*
> *1–2 nichées par an.*

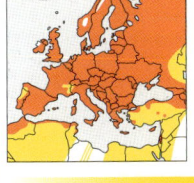

dessus tacheté de brun clair

Voix *Cri discret « tsît », d'alarme « tsi-tèk-tèk » ; le chant est une courte série de sons insignifiants.*

57

jeune

Conseil d'observation

Le gobemouche gris chasse les insectes à l'affût depuis une branche dégagée. Il les capture en vol en manœuvrant habilement. Si l'on prête l'oreille, on peut entendre le claquement du bec qui se referme sur la proie.

dessus gris-brun

bec fin

poitrine légèrement striée

Gobemouche nain

Ficedula parva (gobemouches)
L 11 cm   enver. 19–21 cm   migrateur

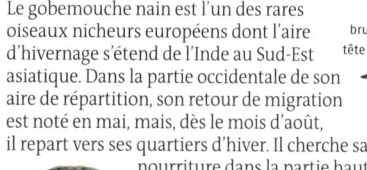

queue blanche avec T noir

Habitat *Forêts de feuillus et mixtes plantées de grands et vieux arbres ; en migration, aussi dans les fourrés et les jardins.*

> **Nidification mai-juill.**
> **4-7 œufs bleu pâle.**
> **1 nichée par an.**

Le gobemouche nain est l'un des rares oiseaux nicheurs européens dont l'aire d'hivernage s'étend de l'Inde au Sud-Est asiatique. Dans la partie occidentale de son aire de répartition, son retour de migration est noté en mai, mais, dès le mois d'août, il repart vers ses quartiers d'hiver. Il cherche sa nourriture dans la partie haute des arbres. Le nid est installé dans un trou d'arbre.

jeune

gorge brunâtre
tête brune

dessous blanc

♂ de 1 an et ♀

tête gris bleuâtre

gorge rouille

♂ de 2 ans minimum

Voix *Chant assez haché composé de différentes notes et de motifs assez courts ; cris grinçants.*

58

Gobemouche à collier

Ficedula albicollis (gobemouches)
L 13 cm   enver. 22–24 cm   migrateur

grande marque blanche sur l'aile

croupion blanc

collier clair

♀

deux taches blanches sur l'aile

Habitat *Forêts de feuillus, vergers et petits bois avec des arbres morts.*

> **Nidification avr.-juill.**
> **4-7 œufs bleu pâle.**
> **1 nichée par an.**

L'aire de répartition du g. à collier se limite à l'est et au SE de l'Europe. On note cependant deux postes avancés en Europe de l'Ouest : le sud de l'Allemagne et l'est de la France d'une part et les îles suédoises d'Öland et de Gotland d'autre part. Dans la conquête de cavités de nidification, le g. à collier se montre supérieur au g. noir.

♂

collier blanc

grande tache blanche au front

Voix *Chante plus bas et plus lentement que le gobemouche noir, avec souvent un « iip » étiré, utilisé aussi comme cri.*

Gobemouche noir

Ficedula hypoleuca (gobemouches)
L 13 cm   enver. 22–24 cm   migrateur

dos entièrement sombre

Le mâle possède souvent
deux territoires de nidification
occupés chacun par une femelle.
Doit donc s'occuper des deux
nichées et défendre ses deux
territoires contre ses congénères.
Dans sa rivalité avec les mésanges
charbonnières (p. 76) pour la conquête de cavités de nidification,
il n'arrive pas à s'imposer face à elles. À son retour d'Afrique, en
avril, la plupart des cavités adéquates sont déjà occupées par cette
espèce. Dans les Balkans, les gobemouches à collier et noir sont
remplacés par une autre espèce, très semblable, le gobemouche
à demi-collier (*F. semitorquata*).

Habitat *Niche dans les forêts, parcs et jardins offrant suffisamment d'arbres creusés de cavités (ou de nichoirs).*

> *Nidification mai-juill.*
> *4-8 œufs bleu pâle.*
> *1 nichée par an.*

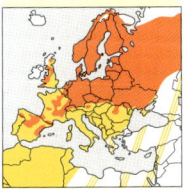

dessus noir

dessus gris foncé

♀ dessus gris brunâtre

♂ **Nord de l'Europe**

♂ **Europe centrale**

59

♂ **gobemouche à demi-collier**

collier nucal incomplet

tache alaire supplémentaire blanche

tache blanche au front peu étendue

♂

plage alaire blanche

Voix *Le chant commence par un motif montant et descendant (« vouti-vouti ») auquel succède un gazouillis assez discret et variable.*

Le saviez-vous ?

Il est prouvé que de nombreux oiseaux migrateurs reviennent chaque année dans le même territoire de nidification. C'est le cas aussi du g. noir. À la différence des autres espèces, celui-ci hiverne dans le même territoire en Afrique occidentale.

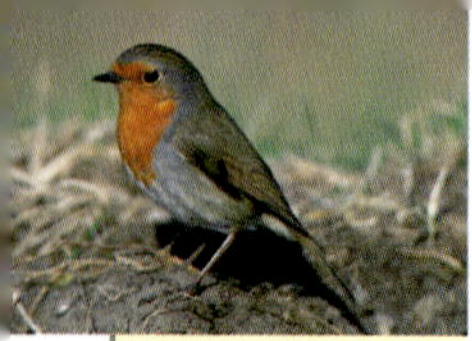

Rougegorge familier

Erithacus rubecula (petits turdidés)

L 14 cm   enver. 20–22 cm   sédentaire/migrateur partiel

Pour chanter, le rougegorge familier se perche sur une branche un peu élevée, sinon il vit surtout dans la basse végétation, près du sol. Il y chasse diverses bestioles, du puceron au ver de terre. Le nid, construit par la femelle, est installé aussi au sol, de préférence sous des racines ou une touffe d'herbe. La femelle assure seule la couvaison, mais est aidée par le mâle pour le nourrissage des jeunes. Elle entreprend parfois très tôt une seconde couvée de sorte que le mâle doit assumer seul la tâche d'élever les jeunes de la première nichée.

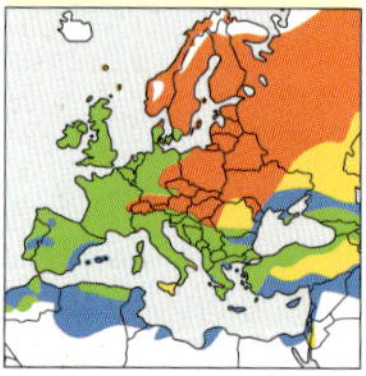

dessus à taches claires

jeune

poitrine
d'aspect
écailleux

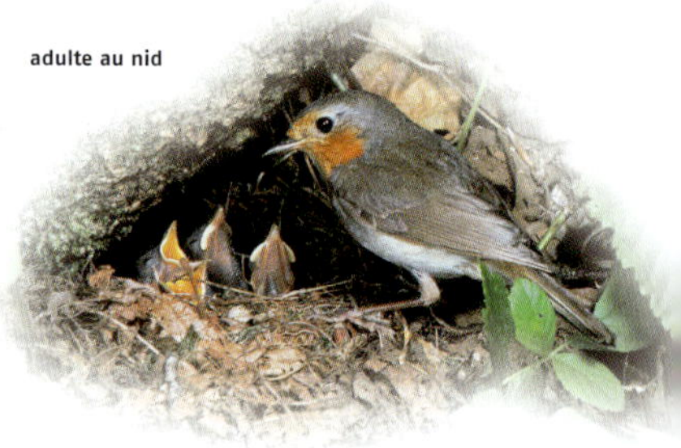

adulte au nid

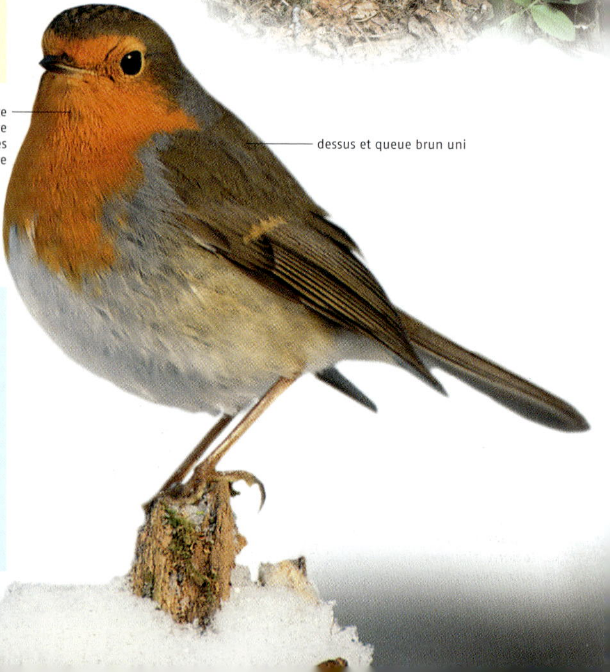

60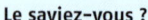

poitrine et gorge
rouge orange
encadrées
de bleuâtre

dessus et queue brun uni

Le saviez-vous ?

Le rougegorge qui niche dans le jardin n'est, en général, pas le même que celui qui vient se nourrir l'hiver à la mangeoire. En effet, les oiseaux d'Europe centrale vont hiverner dans le bassin méditerranéen tandis que ceux de Scandinavie prennent leur place.

Gorgebleue à miroir

Luscinia svecica (petits turdidés)
L 13–15 cm   enver. 20–22 cm   migratrice

Les différentes sous-espèces de la gorgebleue diffèrent l'une de l'autre par la couleur du « miroir ». En automne, elles se dispersent dans plusieurs directions. Celles à miroir roux, qui nichent de la Scandinavie à l'Alaska en passant par la Sibérie, hivernent surtout en Inde et dans le Sud-Est asiatique, tandis que celles à miroir blanc d'Europe centrale et méridionale hivernent dans la savane africaine. Partout, la gorgebleue se montre très discrète et n'expose sa gorge bleue que lorsqu'elle chante.

♂ Europe du Nord, Alpes, Carpates

roux

sourcil blanc

♀

côtés de la queue orange, barre terminale noire

motif pectoral du mâle seulement esquissé

blanc

plastron noir–blanc–orange

♂ Europe centrale et méridionale

Habitat *Milieux humides plantés de buissons et roseaux ; en Scandinavie, dans la toundra, les tourbières et les landes.*

> **Nidification** avr.-août.
> 5-7 œufs vert olive.
> 1-2 nichées par an.

61

Le saviez-vous ?

Après un fort déclin, les populations de g. à miroir blanc se sont reconstituées. On les rencontre à nouveau dans de nombreuses zones de roseaux buissonneuses. La race à miroir roux niche depuis peu dans les Alpes.

Voix *Chant rapide fait de notes flûtées et parsemé d'imitations d'autres voix d'oiseaux.*

Rossignol philomèle

Luscinia megarhynchos (petits turdidés)
L 16–17 cm   enver. 23–26 cm   migrateur

Habitat *Fourrés épais,
surtout en zone humide
et près de l'eau.*

> **Nidification mai–juill.**
> **4–6 œufs jaunâtres
> à bruns.**
> **1–2 nichées par an.**

Avec le chant sonore, la discrétion est une
caractéristique de l'espèce. Même quand
on se trouve juste devant un buisson où
chante un rossignol, il est bien difficile de
le discerner. Pour chercher sa nourriture,
il se pose au sol, mais en restant à couvert.
Il hiverne en Afrique dans une large
zone s'étendant de l'Afrique de
l'Ouest à l'Afrique de l'Est.

queue un peu
plus rousse
que le dos

dessus brun–roux

poitrine
légèrement
colorée

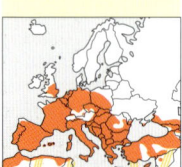

Voix *Chant sonore,
surtout nocturne,
très saccadé et avec
un trémolo sifflant.*

Rossignol progné

Luscinia luscinia (petits turdidés)
L 16–17 cm   enver. 24–26 cm   migrateur

Habitat *Affectionne
les boisements et taillis
humides à très humides,
mais se rencontre aussi
dans de petits bois,
des parcs et jardins.*

> **Nidification mai–juill.**
> **4–6 œufs jaunâtres
> à bruns.**
> **1 nichée par an.**

Le rossignol progné
remplace le rossignol
philomèle dans l'est
et le nord de l'Europe. Sa zone d'hivernage
se situe en Afrique de l'Est. Il ressemble
beaucoup au précédent, non seulement
par la coloration du plumage, mais
aussi dans son comportement et
son chant. Il faut donc une
certaine expérience pour
arriver à les différencier.
Il arrive que les deux
espèces s'hybrident
dans l'étroite zone où
elles cohabitent.

queue nettement
plus rousse que
le dos

poitrine
faiblement
striée

dessus
brun mat

Voix *Chant plus lent
et plus haché que le
précédent, avec des
strophes crépitantes
mais sans trémolo.*

Agrobate roux

Cercotrichas galactotes (petits turdidés)
L 15 cm   enver. 22–27 cm   migrateur

dos et ailes brun–roux

Espagne

Cet oiseau se caractérise par une très
longue queue qu'il agite sans cesse et tient
souvent relevée. À la recherche de vers et d'insectes,
il sautille au sol ou se perche en hauteur pour guetter
ses proies qu'il capture alors en vol. L'agrobate aime
la chaleur. En automne,
il migre vers
le sud et
traverse
le Sahara.

dos et ailes
gris-brun

sourcil blanc

longue queue
avec barre
terminale blanche

Balkans

*Voix Chante en vol
ou depuis le sommet
d'un buisson ; courtes
strophes faites de trilles
et de notes flûtées ; cri
dur « tèck tèck ».*

Habitat *Zones boisées
et buissonneuses en
milieux secs.*

> Nidification mai-août.
> 4-5 œufs blanchâtres
  tachetés de brun.
> 2 nichées par an.

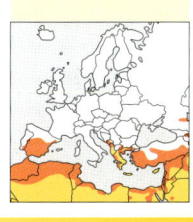

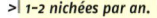

Robin à flancs roux

Tarsiger cyanurus (petits turdidés)
L 13-15 cm   enver. 21-24 cm   migrateur

gorge blanche,
bande pectorale
grise

♀

seule la queue
est bleue

Seuls quelques couples nicheurs
d'Asie s'aventurent dans le nord de
la Russie et dans l'est de la Finlande.
En automne, ils entreprennent
une migration vers l'Inde et l'Indochine.
Bien que ce soit un oiseau peu farouche,
le robin à flancs roux est très difficile à
observer car il se tient généralement
caché dans l'épaisseur des sous-bois.

dessus bleu métallique

♂

flancs orange

*Voix Courtes strophes
composées de notes
sonores et claires ; cri,
série de « tiit tiit tiit ».*

Habitat *Niche dans
les forêts de conifères
humides de la taïga ;
en migration et en
hiver, aussi dans les
fourrés et les jardins.*

> Nidification mai-août.
> 5-7 œufs blancs très
  légèrement mouchetés.
> 1-2 nichées par an.

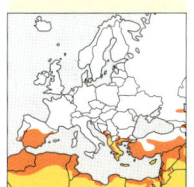

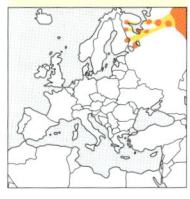

Rougequeue noir

Phoenicurus ochruros (petits turdidés)

L 14–15 cm   enver. 23–27 cm   sédentaire/migrateur partiel

Habitat *Nicheur rupestre à l'origine, aujourd'hui répandu dans les agglomérations et même dans les zones industrielles.*

> **Nidification avr.–sept.**
> **4–6 œufs blanc pur.**
> **1–3 nichées par an.**

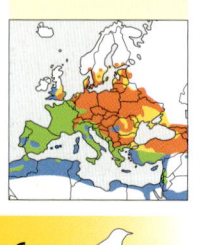

Depuis le XIXᵉ siècle, le rougequeue noir a occupé peu à peu les « milieux rupestres » artificiels des zones urbaines. Au lieu d'installer son nid dans des anfractuosités de rocher, il adopte diverses ouvertures et niches sur les bâtiments. Pour chasser les insectes, il choisit un poste d'observation élevé et capture les proies qui passent à sa portée. Il est sans cesse en mouvement et agite constamment la queue tout en faisant de fréquentes révérences.

dessus et dessous gris–brun

♀ et ♂ de 1 an

jeune volant

dos gris

face et poitrine noires

queue rouge orangé avec raie médiane sombre

plage alaire blanche

Conseil d'observation

Il faut être bien matinal pour pouvoir apprécier le chant du rougequeue noir. En zone habitée, il est le premier chanteur à faire entendre sa voix, avant même le point du jour.

Voix *Le chant, émis depuis les toits, est une suite de notes claires, suivie d'un grésillement, puis d'autres notes claires.*

♂ de 2 ans minimum

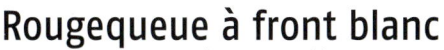

Rougequeue à front blanc

Phoenicurus phoenicurus (petits turdidés)
L 14 cm   enver. 21–25 cm   migrateur

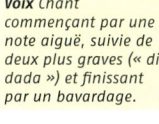

gorge
noirâtre

jeune ♂

Le rougequeue à front blanc niche de
préférence dans des trous d'arbre.
Ses populations ont décliné fortement
partout en Europe. La perte de vieux
boisements qui offraient de nombreux
gîtes n'a pu être compensée que
partiellement par la pose de nichoirs.
À cela s'ajoutent les longues
périodes de sécheresse sur ses
lieux d'hivernage en Afrique et
l'emploi massif d'insecticides.
Pour se nourrir, il pratique
la chasse à l'affût en restant
à proximité des buissons
ou des arbres.

Habitat *Forêts, parcs
et jardins clairs, aussi
dans d'autres milieux
semi-ouverts avec
des arbres offrant des
cavités pour nicher.*

> **Nidification avr.-août.**
> **5-7 œufs bleu verdâtre.**
> **1-2 nichées par an.**

Voix *Chant
commençant par une
note aiguë, suivie de
deux plus graves (« di-
dada ») et finissant
par un bavardage.*

Le saviez-vous ?

*Les rougequeues
noirs et à front blanc
sont non seulement
semblables, mais
sont encore de
parenté très proche.
On note parfois des
cas d'hybridation.
Les hybrides possèdent
alors le chant des
2 espèces.*

♀
dessus brun plus chaud
que chez le r. noir

poitrine
et ventre
nuancés
d'orange

65

front blanc

♂

gorge
noire

poitrine
orange

queue rouge orangé
avec raie médiane
sombre

Tarier des prés
Saxicola rupestra (petits turdidés)
L 12–14 cm   enver. 21–24 cm   migrateur

joues et calotte brunes
♀

joues et calotte noirâtres

sourcil blanc

♂

poitrine orange pâle

Dans son biotope, le t. des prés est facile à repérer car il se perche généralement sur un piquet de clôture ou au sommet de grandes herbes. De là, il guette les insectes ou chante. Dans les campagnes cultivées dépourvues de tels perchoirs parce que privées de végétation arbustive et arboricole ou dans les prairies fauchées précocement, le t. des prés est absent.

queue bordée de blanc, barre terminale noire

aile brune à fines tachetures blanches

Voix Chant composé de courtes strophes de notes flûtées et de sons grinçants ; cris claquants.

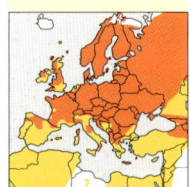

Tarier pâtre
Saxicola torquatus rubicola (petits turdidés)
L 13 cm   enver. 18–21 cm   sédentaire

Aile noirâtre à tache blanche

croupion blanchâtre

Le t. pâtre chasse un peu comme le tarier des prés. Mais son comportement migratoire est différent. Il ne migre pas en Afrique mais sur le pourtour méditerranéen, quand il n'est pas sédentaire. Il reste assez longtemps dans son territoire de nidification (de mars à octobre). De la Russie à l'Asie orientale vit une sous-espèce très semblable, le t. pâtre sibérien (*S. t. maura*).

tête noire

demi-collier blanc

sourcil peu marqué
♀

tarier pâtre sibérien

sourcil brunâtre
♂

croupion ♀ crème

♂

flancs blancs

croupion blanc

♂

poitrine orange vif

Voix Court chant composé de sons sifflants et pressés.

Traquet motteux

Oenanthe oenanthe (petits turdidés)
L 15–17 cm   enver. 26–32 cm   migrateur

En terrain découvert, le traquet motteux se
remarque facilement à cause de son croupion d'un
blanc éclatant. Il sautille à terre, puis s'arrête
soudain pour chercher quelque insecte qu'il
pourchasse à pied ou d'un petit coup d'ailes.
Il niche volontiers dans une cavité sous
une pierre ou dans un terrier de lapin.
Dans l'est de l'Europe, à partir de la
Bulgarie et du sud de l'Ukraine
vit une autre espèce plus pâle, le
traquet isabelle (*O. isabellinus*)
qui niche dans des terriers.

dos brun
(gris chez les
vieilles ♀)

♀ et jeune

Habitat *Niche en
terrain ouvert et aride
(aussi en montagne
et dans la toundra).
En migration, dans
les champs, les prés
et sur les plages.*

> Nidification avr.–août.
> 4–6 œufs bleu clair.
> 1–2 nichées par an.

Voix *Chant légèrement
gazouillant avec des
notes grinçantes,
émis du haut d'un
rocher. Cri « tack ».*

queue blanche
avec T noir

67

loup noir (brunâtre
chez les femelles)

♂ adulte

dos gris

barre terminale
plus large que chez
le motteux

sourcil plus large
en avant de l'œil

maintien plus droit
que le motteux

traquet isabelle

poitrine variable,
blanche à beige

Le saviez-vous ?

*Parmi les passereaux,
le traquet motteux
est un champion pour
la distance parcourue
en migration.
Il hiverne en Afrique
et migre vers l'Europe
et le nord de l'Asie et
l'Alaska ; il traverse
aussi l'Atlantique pour
aller nicher au Canada
et au Groenland.*

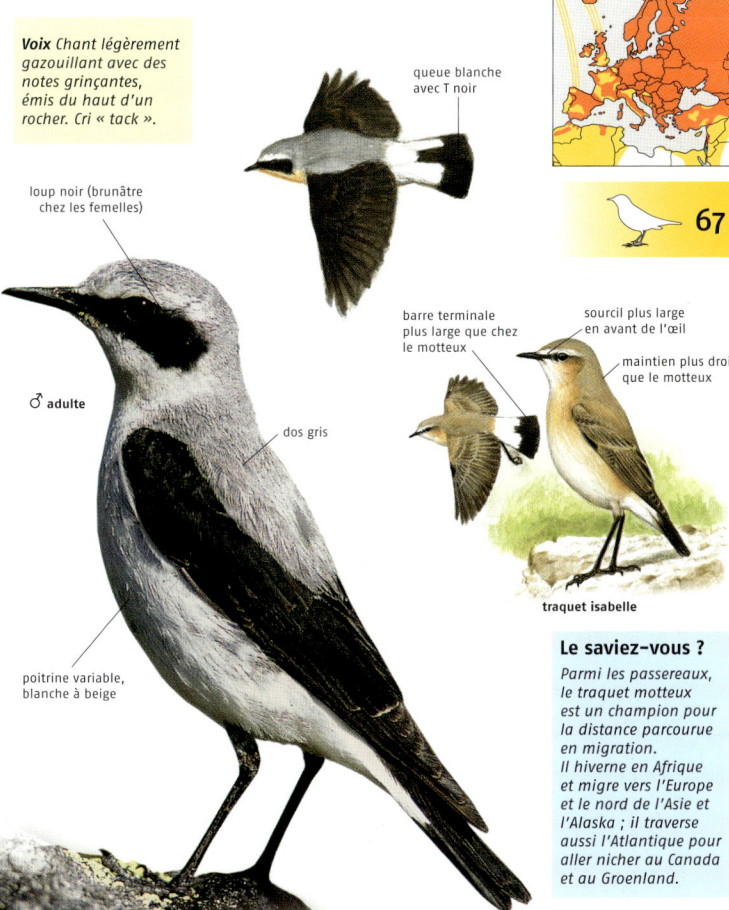

Traquet oreillard
Oenanthe hispanica (petits turdidés)
L 15 cm   enver. 25-27 cm   migrateur

Le traquet oreillard met à profit sa légèreté pour guetter les insectes et les araignées depuis une fine tige de plante. Il chasse plus à l'affût que le traquet motteux (p. 67) qui est plus lourd que lui. Dans la zone, qui s'étend du sud-est de l'Italie et des Balkans vers l'est, vit la sous-espèce *melanoleuca* dont le mâle est plus noir et blanc en été.

divers motifs de tête

♂

♀

♂

68

large plage blanche au croupion et sur la queue

barre terminale étroite

♂

♀

calotte et dos orange pâle

♂

race *melanoleuca*

♂

côtés de la tête noirs

Voix Chant composé de courtes strophes où se mêlent des notes dures à râpeuses.

Le saviez-vous ?

On trouve chez les mâles des races *hispanica* à l'ouest et *melanoleuca* à l'est 2 formes de plumage : la forme « oreillard » avec un loup noir (comme le t. motteux) ou la forme « stapazin » avec la gorge noire.

ventre, calotte et dos ocre roux

Traquet rieur

Oenanthe leucura (petits turdidés)
L 18 cm   enver. 26–29 cm   sédentaire

♀

plumage
brun–noir

Contrairement aux autres espèces
de traquets européens (p. 67-69),
le traquet rieur est sédentaire. En
hiver, il quitte les régions d'altitude pour redescendre en plaine.
Il installe son nid dans une cavité rocheuse ou un trou de mur
et construit à côté une plate-forme constituée
de centaines de petits cailloux.

Habitat *Milieux rocheux arides : falaises, gorges et semi-déserts, mais aussi les zones habitées.*

> Nidification mars-juill.
> 3–5 œufs bleuâtres tachetés de brun.
> 1–2 nichées par an.

♂

plumage noir mat

sous-caudales
blanches

Voix *Chant râpeux avec quelques notes claires flûtées, émis du haut d'un rocher ou d'un toit. Cri, « tchett-tchett ».*

Traquet pie

Oenanthe pleschanka (petits turdidés)
L 15–16 cm   enver. 26–28 cm   migrateur

queue blanche avec T noir

Les traquets pies nichent très près les uns des autres, mais
chaque couple a son propre territoire que le mâle délimite
en chantant depuis un rocher ou la cime d'un arbre.
En période de migration, l'espèce est assez
grégaire. On a déjà compté des
bandes d'une quarantaine
d'individus. La zone
d'hivernage se situe
en Afrique de l'Est.

poitrine
gris-brun

♀

♂

Habitat *Zones de collines steppiques parsemées de rochers ; en hiver, fréquente aussi les zones herbeuses buissonneuses.*

> Nidification mai-juill.
> 4–6 œufs bleu pâle à taches rougeâtres.
> 1 nichée par an.

calotte blanche

sourcil clair

dessous
nuancé
d'orange

jeune ♂

gorge
noire

♂

Voix *Chant composé de courtes strophes râpeuses : cris sifflants et claquants.*

Monticole bleu

Monticola solitarius (merles et grives)
L 20–23 cm   enver. 33–37 cm   sédentaire

queue
noirâtre

Habitat *Versants rocheux ensoleillés, gorges et côtes rocheuses ; niche aussi dans des ruines.*

> *Nidification avr.–juill.*
> *4–5 œufs bleu clair parfois tachetés.*
> *2 nichées par an.*

De loin, le plumage du monticole bleu apparaît presque entièrement sombre. De plus, quand on l'entend chanter, on pourrait croire qu'il s'agit d'un merle noir en milieu rocheux. Cet oiseau farouche niche dans des cavités de toutes sortes. En dehors de la période de reproduction, c'est un solitaire qui se tient souvent au sol pour y chercher des bestioles et des baies.

dessus brun ♀

dessous barré

plumage bleu

ailes noires

♂

Voix *Chant mélodieux et flûté très semblable à celui du merle noir.*

Monticole de roche

Monticola saxatilis (merles et grives)
L 16–19 cm   enver. 33–37 cm   migrateur

croupion blanc

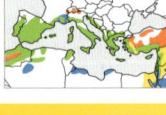

Habitat *Zones rocheuses de montagne à herbe rase et buissons épars.*

> *Nidification mai–août.*
> *4–5 œufs bleuâtres finement mouchetés.*
> *1–2 nichées par an.*

tête bleue

♂

Le mode de vie du monticole de roche ressemble beaucoup à celui du monticole bleu. Toutefois, en période de reproduction, il préfère généralement les zones d'altitude au-dessus de 1 500 m. Pour délimiter son territoire de nidification, il effectue d'impressionnants vols chantés. À la différence du monticole bleu, il migre en automne vers l'Afrique tropicale.

côtés de la queue orange

♀

dessous barré teinté de roux

poitrine orange

Voix *Chant composé de notes flûtées, parfois râpeuses, et de trilles, souvent émis en vol.*

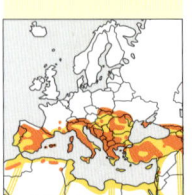

Panure à moustaches

Panurus biarmicus (panures)
L 13 cm   enver. 16–18 cm   sédentaire

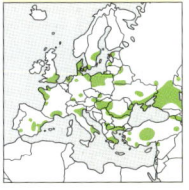

Les panures à moustaches sont des oiseaux grégaires : en automne et en hiver, elles vivent en bandes.

Elles nichent même en petites colonies lâches. Juste avant la ponte, le mâle surveille la femelle de près pour qu'elle ne soit pas fécondée par d'autres mâles. Mais, dans un habitat de roseaux, la tâche est difficile de sorte que bien des couvées sont l'œuvre d'un autre géniteur. En été, la nourriture des panures se compose d'insectes, en hiver surtout de graines de roseaux. Pour pouvoir les broyer dans leur gésier, elles avalent des petits graviers.

jeune ♂
tête brun ocre
dos noir
♀

Habitat Roselières en bordure d'étangs, lacs et marécages.

> *Nidification mai-août.*
> *4–6 œufs brunâtres tachetés de sombre.*
> *2–3 nichées par an.*

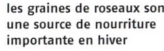

les graines de roseaux sont une source de nourriture importante en hiver

71

tête gris bleuâtre

moustaches noires

♂ adulté

longue queue

Le saviez-vous ?

Dès l'âge de quelques semaines, les panures à moustaches peuvent former un couple qui demeurera uni pour la vie. Il arrive parfois que ces couples soient composés de demi-frères et de demi-sœurs mais provenant de différentes nichées.

Voix *Cri nasal « ping » ; chant composé de trois sons semblables au cri, mais plus étouffés et discrets.*

Mésange à longue queue

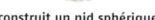

Aegithalos caudatus (m. à longue queue)
L 14 cm   enver. 16–19 cm   sédentaire

construit un nid sphérique

Habitat *Boisements de feuillus et mixtes, parcs et jardins.*

> *Nidification mars-juin.*
> *8–12 œufs blanchâtres tachetés de rougeâtre.*
> *1 nichée par an.*

Il est fréquent de voir les m. à longue queue s'ébattre en petits groupes dans la frondaison des arbustes et des arbres. En hiver, des groupes de 10-20 individus se regroupent pour défendre un territoire alimentaire commun contre des rivaux. L'élevage des jeunes est l'affaire des couples, mais il arrive que des adultes dont la nidification a échoué aident d'autres couples à élever leurs petits.

Voix *Fréquente répétition de « tsî » aigus et « tsèrrr » secs ; chant étouffé.*

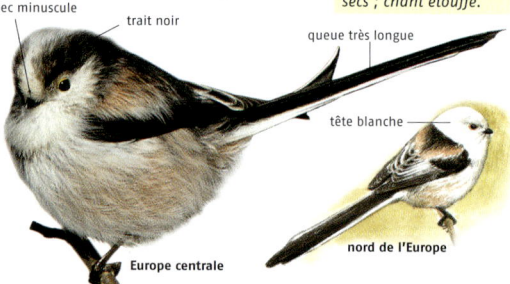

bec minuscule   trait noir   queue très longue   tête blanche

Europe centrale   **nord de l'Europe**

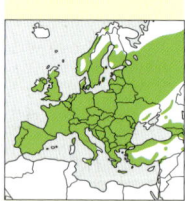

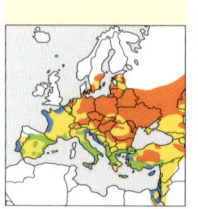

Rémiz penduline

nid

Remiz pendulinus (rémiz)
L 11 cm   enver. 16–17 cm   sédentaire/migratrice

masque noir étroit

Habitat *Niche en boisements clairs, souvent près de l'eau. Hors période de reproduction, généralement dans les roseaux.*

> *Nidification avr.-août.*
> *6–8 œufs blancs.*
> *1–2 nichées par an.*

Le mâle construit un nid en forme de bourse à l'extrémité d'un rameau en utilisant du duvet végétal, des poils et des fibres végétales. La femelle participe souvent aussi à sa réalisation. L'élevage des jeunes est assuré généralement par un seul parent tandis que l'autre fonde une nouvelle famille avec un autre adulte.

♀

tête brun uni   large masque noir   bec étroit et pointu

jeune   ♂

Voix *Cri très aigu descendant vers la fin (« psiih »), plus fin et étiré que chez le bruant des roseaux (p. 109).*

poitrine brun-roux

Mésange nonnette

Parus palustris (mésanges)
L 12 cm enver. 18–19 cm sédentaire

jeune volant

La mésange nonnette recherche des trous d'arbres avec un trou d'envol ou un espace intérieur très étroit. Elle essaie ainsi d'éviter d'entrer en concurrence avec les autres espèces de mésanges, mais l'inconvénient est que l'espace est souvent insuffisant pour une ponte complète. Par ailleurs, elle n'est pas à l'abri des prédateurs car les œufs et les oisillons sont souvent victimes des pics épeiches, des chats et martres.

calotte noire brillante

petite bavette noire

Habitat Niche en boisements de feuillus et mixtes ; en hiver aussi dans les jardins.

> *Nidification avr.-juill.*
> *4-12 œufs blanchâtres tachetés de brun-roux.*
> *1 nichée par an.*

Voix Cris crépitants ; chant, suite de notes monotones (« tiè-tiè-tiè-... »).

73

Mésange boréale

Parus montanus (mésanges)
L 12 cm enver. 17–20 cm sédentaire

grande bavette noire

dessous clair

Scandinavie

Au tout début du printemps, la mésange boréale se met à la recherche d'un arbre mort. À l'aide de son bec, petit mais puissant, elle fore une cavité dans le bois vermoulu au prix d'un travail de 1-2 semaines. La femelle en train de couver est ravitaillée de temps à autre par le mâle. Quand la nourriture est abondante, les mésanges boréales constituent des réserves en cachant des graines dans des fissures d'écorce en prévision des périodes de disette.

plage alaire blanche

Europe centrale et occidentale

dessous nuancé de brun

Habitat Forêts, affectionne les boisements de résineux et mixtes, en montagne et en zones boisées humides.

> *Nidification avr.-juill.*
> *5-10 œufs blanchâtres tachetés de brun-roux.*
> *1 nichée par an.*

Voix Cris comme la précédente, en plus lent (« dèèh-dèèh-dèèh ») ; chant, suite de notes sifflées descendantes.

Mésange noire
Parus ater (mésanges)
L 11 cm   enver. 17-21 cm   sédentaire

fréquente les mangeoires

La m. noire niche dans des trous d'arbre. Quand ceux-ci font défaut, elle se contente d'un trou dans un talus ou un mur. En dehors de la période de reproduction, elle vit en petites troupes, souvent en compagnie d'autres mésanges, de sittelles et de grimpereaux. En Sibérie, quand les graines d'épicéas viennent à manquer, on assiste, à l'automne, à des invasions de m. noires en Europe.

tache nucale blanche

deux barres alaires blanches

dessous brunâtre

Voix *Chant monotone « vitsé–vitsé–vitsé–… » ; cri nasal et étiré « tsui ».*

Mésange lugubre
Parus lugubris (mésanges)
L 13-14 cm   enver. 21-23 cm   sédentaire

dos brun rougeâtre

flancs brun-roux

mésange lapone

Dans son habitat montagnard, la mésange lugubre construit son nid dans des trous d'arbre ou des crevasses rocheuses. Quand elle recherche des insectes ou des graines, elle descend souvent jusqu'au sol, mais va toujours se percher sur une branche pour y consommer ses proies, apparemment pour être à l'abri des serpents. Dans la taïga du nord de la Scandinavie vit une autre espèce qui lui ressemble, la mésange lapone (*P. cinctus*).

Voix *Chant : suite monotone de notes rêches ; plusieurs cris similaires à ceux des m. charbonnière et bleue.*

dos gris foncé

gorge noire

ventre blanchâtre

Mésange bleue

Parus caerulus (mésanges)
L 12 cm   enver. 18–20 cm   sédentaire

ailes et queue bleues — dos vert

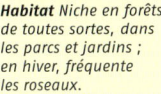

La mésange bleue nourrit ses petits avec des insectes. En hiver, par contre, sa nourriture est constituée principalement de graines de plantes qu'elle fait éclater à grands coups de bec. Elle n'est pas pour autant obligée de renoncer complètement à son régime insectivore, car elle est capable d'extraire les insectes dissimulés dans les tiges de roseaux.

jeune
face jaunâtre
dessous jaune pâle

Voix *Chant composé d'un long trille précédé de 2–3 notes aiguës ; cris crépitants (« tsèrrrrrr »).*

calotte bleue

barre alaire blanche

adopte les nichoirs

dessous jaune

Habitat *Niche en forêts de toutes sortes, dans les parcs et jardins ; en hiver, fréquente les roseaux.*

> **Nidification mars–août.**
> **6–14 œufs blancs tachetés de brun-roux.**
> **1–2 nichées par an.**

Mésange huppée

Parus cristatus (mésanges)
L 12 cm   enver. 17–20 cm   sédentaire

nid

Les couples de mésanges huppées sont unis pour la vie. En hiver, ils demeurent dans leur territoire, parfois en se mêlant à des bandes de mésanges d'autres espèces. Les jeunes s'accouplent de préférence avec des adultes dont le partenaire est mort. Pour nicher, elles creusent elles-mêmes une loge dans du bois mort, mais adoptent aussi des loges de pics ou des nichoirs.

huppe noir et blanc

dessus brun uni

gorge noire

Habitat *Forêts de résineux, parcs et grands jardins plantés de résineux.*

> **Nidification mars–juill.**
> **4–8 œufs blancs à tachetures rouille.**
> **1–2 nichées par an.**

Voix *Chant trillé composé de sons aigus et graves alternés (« si–si–durrr–durrr–… ») utilisés aussi comme cris.*

Mésange charbonnière

Parus majors (mésanges)
L 14 cm   enver. 23–25 cm   sédentaire

queue et ailes gris bleuâtre

rectrices externes blanches

Habitat *Tous types de milieux boisés, des forêts épaisses au cœur des villes.*

> **Nidification mars-août.**
> **6–12 œufs blanchâtres ponctués de brun-roux.**
> **1–2 nichées par an.**

La mésange charbonnière est un oiseau très polyvalent ne craignant pas la concurrence. Elle affiche sa supériorité dans la recherche de cavités de nidification en s'imposant face aux autres mésanges et espèces cavernicoles. En hiver, dans les rondes de mésanges auxquelles se mêlent des grimpereaux et des roitelets, elle occupe une position dominante. En moyenne, une mésange charbonnière vit 2 ans et demi, mais certaines peuvent atteindre un âge plus avancé, le record étant de 15 ans.

♀

bande ventrale noire étroite

dessous jaune

jeune

côtés de la tête jaunâtres

bande ventrale noire seulement esquissée

dessous jaune pâle

tête noire et joues blanches

♂

dessous jaune vif

large bande ventrale noire

Conseil d'observation

Facile à observer dans les jardins. Elle adopte souvent les nichoirs. En hiver, elle fréquente régulièrement les mangeoires où elle fait montre d'une grande habileté à décortiquer les graines de tournesol.

Voix *Nombreux cris, parfois sonores, parfois susurrés ; chant variable, souvent « tsi-tsi-bèh-tsi-tsi-bèh ».*

Sittelle torchepot

Sitta europaea (sittelles)
L 14 cm   enver. 23-27 cm   sédentaire

La sittelle torchepot niche dans des trous d'arbre qu'elle ne creuse pas elle-même à la différence des pics. Elle adopte volontiers d'anciennes loges de pics dont elle cimente partiellement le trou d'envol quand celui-ci est trop large. Si, par contre, la loge est trop étroite, elle l'agrandit à grands coups de bec. Toute l'année, la sittelle constitue des réserves. En été elle cache des insectes, des noisettes et d'autres fruits d'arbre dans des fissures d'écorces. Parfois, il lui arrive d'enterrer une proie.

dessus gris-bleu

♀

Europe centrale/
méridionale

flancs postérieurs roux vif

dessous jaune orangé

♂

Europe
septentrionale/
orientale

dessous blanc

bandeau noir sur l'œil

tête aplatie

bec fort

Habitat *Forêts de feuillus et mixtes, parcs et jardins plantés de grands et vieux arbres.*

> **Nidification mars-juin.**
> **5-9 œufs blanchâtres tachetés de brun.**
> **1 nichée par an.**

77

Voix *Très loquace, cris sonores, souvent émis en série « tiuktiuk-tiuktiuk » ; chant composé de cris et de sons sifflants.*

Conseil d'observation

La sittelle est le seul oiseau capable de descendre les troncs d'arbre la tête en bas. Comme les pics, elle possède un bec fort avec lequel elle taille le bois vermoulu à la recherche d'insectes. En automne et en hiver, elle se nourrit de graines d'arbres.

Sittelle de Neumayer

Sitta neumayer (sittelles)

L 14–15 cm   enver. 23–25 cm   sédentaire

sittelle corse

calotte noire

sourcil blanc

dessous
beige clair

Habitat *Milieux rocheux avec buissons et arbres épars.*

> **Nidification avr.-juill.**
> **8-10 œufs blancs tachetés de brun-roux.**
> **1-2 nichées par an.**

Pour installer son nid, la s. de Neumayer recherche une crevasse rocheuse ou une cavité dans un mur qu'elle revêt d'argile en ne laissant comme accès qu'un tunnel de 10 cm de long. Dans les forêts de pins de Corse vit la s. corse (*S. whiteheadi*) dont la population compte seulement environ 2 000 couples.

nourrissage au nid

bec long

dessous
blanchâtre

Voix *Chant composé d'une suite de longues notes sifflées et claires déclinant vers la fin.*

Tichodrome échelette

Tichodroma muraria (tichodromes)

L 17 cm   enver. 27–32 cm   sédentaire

dessus de l'aile
en grande partie rouge

Habitat *Zones rocheuses escarpées de haute montagne ; en hiver, descend en plaine et s'observe dans les carrières et sur les bâtiments.*

> **Nidification mai-août.**
> **3-5 œufs blancs mouchetés de brun-roux.**
> **1 nichée par an.**

Le tichodrome volette agilement çà et là le long de parois rocheuses à la recherche d'insectes qu'il extrait des fissures à l'aide de son long bec. Ce faisant, il n'arrête pas de déployer ses ailes. À l'occasion, il poursuit les papillons en vol. Il installe son nid de mousse, de lichen et de brins d'herbe dans une crevasse ou un trou de rocher où la femelle assurera seule la couvaison.

bec long et fin

♀

gorge
gris clair

♂

gorge
noire

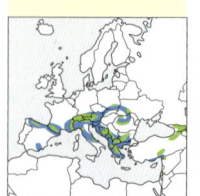

Voix *Chant composé de sifflements montants et descendants.*

Grimpereau des jardins

Certhia brachydactyla (grimpereaux)
L 13 cm enver. 17–20 cm sédentaire

flancs postérieurs nuancés de brun

dos faiblement moucheté

barre alaire régulière, sans décrochement

côte à côte au dortoir

Les 2 espèces de grimpereaux ont un plumage quasi identique et ne sont pratiquement différenciables qu'à l'ouïe. Chez le g. des jardins la griffe du pouce est courte. C'est pourquoi il préfère les troncs rugueux. La nuit, les grimpereaux aiment se blottir les uns contre les autres pour éviter les déperditions de chaleur.

étroit sourcil blanc

Voix Émet un « tut » sec ; chant perçant « tu–ti–tiluit ».

Habitat Forêts de feuillus et mixtes, petits bois, parcs et jardins, espaces verts des villes.

> Nidification mars–juill.
> 5–6 œufs blancs tachetés de brun-roux.
> 1–2 nichées par an.

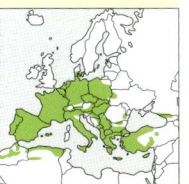

Grimpereau des bois

Certhia familiaris (grimpereaux)
L 13 cm enver. 18–21 cm sédentaire

large sourcil blanc

bec plus court que chez le grimpereau des jardins

Le grimpereau grimpe par saccades sur les troncs d'arbre et picore les insectes qu'il trouve dans l'écorce. Grâce à sa longue griffe du pouce, il peut monter le long des troncs à l'écorce lisse. Arrivé en haut, il s'envole au pied de l'arbre voisin et reprend son escalade. De cette façon, il peut parcourir jusqu'à 3 km à pied chaque jour.

bec fin et arqué

dessous blanc

dos moucheté de blanc

barre alaire avec décrochement

queue servant d'appui, à la manière des pics

Voix Chant fin, rappelant la mésange bleue (« si–si–drrrr–si–drrrr ») ; cris semblables à ceux des roitelets.

Habitat Forêts de feuillus, de résineux et mixtes ; aussi dans les parcs, mais rarement près des habitations.

> Nidification mars–août.
> 5–6 œufs blancs tachetés de brun-roux.
> 1–2 nichées par an.

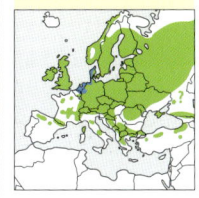

Pie-grièche écorcheur

Lanius collurio (pies-grièches)
L 17 cm   enver. 24-27 cm   migratrice

Habitat *Niche dans les haies et buissons des milieux ouverts cultivés.*

> *Nidification mars-août.*
> *4-7 œufs verdâtres ou rougeâtres tachetés de sombre.*
> *1 nichée par an.*

Le nid de la pie-grièche écorcheur est fait de rameaux, de tiges et de mousse. Elle le construit de préférence dans un buisson épineux qui lui sert en même temps de garde-manger. En effet, elle empale les insectes – coléoptères et criquets –, ainsi que les petits rongeurs qui sont en surplus sur des épines pour les consommer ultérieurement. Elle guette ses proies du haut d'un buisson ou d'un autre poste élevé. Elle est tout aussi capable de capturer des insectes en vol que des rongeurs ou autres animaux terrestres à la manière d'un rapace.

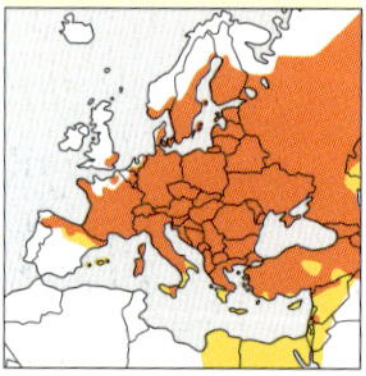

motif de la queue noir et blanc

calotte gris-brun
♀

dessus barré

dessous barré

jeune

masque noir

calotte grise

bec crochu

♂

dessus brun-roux

Le saviez-vous ?
Elle hiverne dans la partie sud de l'Afrique, jusqu'à la pointe sud. Elle effectue une migration en boucle. En automne, elle traverse l'Afrique en droite ligne vers le sud, mais au printemps, elle revient via l'Afrique de l'Est et la péninsule Arabique.

Voix *Cri « tchèèh » ou « tèck » enroué (aussi en série) ; chant, babil discret.*

Pie-grièche grise

Lanius excubitor (pies-grièches)

L 24–25 cm   enver. 30–34 cm   sédentaire

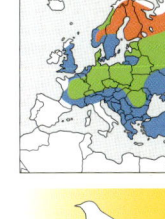

Dans le nord de l'Europe, la pie-grièche grise est migratrice. Les couples changent à chaque période de reproduction tandis que les couples non migrateurs d'Europe de l'Ouest sont généralement unis pour la vie, même si le mâle et la femelle occupent des territoires différents en hiver. Dans les zones sèches buissonneuses, steppiques et semi-désertiques du sud-ouest de l'Europe et d'Afrique du Nord vivent plusieurs formes au plumage un peu plus foncé considérées aujourd'hui comme faisant partie de l'espèce appelée pie-grièche méridionale (*L. meridionalis*).

Habitat *Milieux ouverts variés, parsemés de haies, de buissons et d'arbres.*

> **Nidification avr.–juin.**
> **4–7 œufs blanchâtres tachetés de brun.**
> **1 nichée par an.**

dessus gris foncé

dessous gris

pie-grièche méridionale

jeune

aile noire avec tache blanche

dessous légèrement barré

longue queue

masque noir

bec crochu fort

dessus gris clair

dessous blanc

81

Voix *Divers cris nasillards ou durs, évoquant aussi un sifflet à roulette ; chant court à tonalité métallique.*

P. g. à poitrine rose

Lanius minor (pies-grièches)
L 20 cm   enver. 32–34 cm   migratrice

ailes en grande partie noires

Habitat *Milieux secs et ouverts avec quelques buissons et arbres épars.*

> **Nidification mai-août.**
> **4–7 œufs verdâtres tachetés de brun.**
> **1 nichée par an.**

Dans son aire de répartition actuelle, la pie-grièche à poitrine rose est localement encore abondante. Perchée sur des fils électriques, elle guette les coléoptères ou petits rongeurs qu'elle capture après un vol bref. En France ne subsiste qu'une toute petite population dans le Languedoc.

front gris   calotte barrée

front noir

bec crochu épais

jeune

Voix *Pousse un « gvèht » criard ; chant, léger babil.*

poitrine blanche lavée de rose

P. g. à tête rousse

Lanius senator (pies-grièches)
L 18 cm   enver. 26–28 cm   migratrice

bas du dos blanc

Habitat *Milieux secs et ensoleillés avec buissons et arbres épars ; aussi les jardins.*

> **Nidification avr.-août.**
> **5–6 œufs verdâtres tachetés de brun.**
> **1–2 nichées par an.**

Chez les p. g. à tête rousse, mâle et femelle chantent en duo. Cela renforce la cohésion du couple et sert en même temps à délimiter le territoire vis-à-vis des couples voisins. La p. g. à tête rousse chasse les insectes, mais ne fait pas de réserves. Dans les forêts clairsemées du sud-est de l'Europe niche la p. g. masquée (*L. nubicus*).

♂

calotte et nuque marron

dessus noir et blanc

dessous blanc

dessus brunâtre

tache claire à l'épaule

jeune

dessous barré

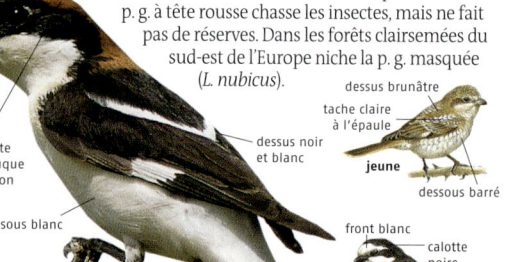

front blanc

calotte noire

flancs orange

pie-grièche masquée ♂

Voix *Chant fait de bavardages et d'imitations d'autres voix d'oiseaux ; séries de cris variés.*

Pie bavarde

Pica pica (corvidés)
L 44–46 cm   enver. 52–60 cm   sédentaire

queue très longue

ailes noir et blanc

L'habitat d'origine de la
pie bavarde composé de
milieux variés semi-ouverts a disparu de
bien des endroits. C'est pourquoi cet oiseau a
migré vers les villes et les villages où l'on peut
facilement l'observer en train de se nourrir d'insectes, de vers
et de charogne. Il lui arrive aussi de dérober des œufs et même
des oisillons dans les nids, d'où sa mauvaise réputation, bien
injuste, car elle n'a jamais
menacé les effectifs d'autres
espèces. Dans les forêts de
la péninsule Ibérique vit une
autre espèce de pies, la pie bleue
(*Cyanopica cyana*).

calotte
noire

pie bleue

queue et ailes
bleu clair

Habitat *Milieux semi-
ouverts parsemés de
buissons, d'arbres,
d'habitations, de parcs
et de jardins.*

> Nidification mars-août.
> 5-7 œufs verdâtres
> tachetés de brun foncé.
> 1 nichée par an.

83

tête et
poitrine
noires

ventre blanc

ailes et queue à
reflets métallisés

Voix *Jacassements
sonore fréquents,
mais aussi divers
autres sons.*

nid sphérique

Conseil
d'observation

*Au printemps, lorsque les
arbres n'ont pas encore
de feuilles. Observez les
pies bavardes en train
de construire leurs nids.
Il est fait de brindilles
et de branchages.
Avant l'incubation,
elles changent parfois
de site et réutilisent les
matériaux.*

Geai des chênes

Garrulus glandarius (corvidés)
L 34–35 cm   enver. 52–58 cm   sédentaire

croupion blanc

plage alaire blanche

Habitat *Forêt, parcs et jardins.*

> Nidification mars-août.
> 4-6 œufs verdâtres tachetés de brun.
> 1 nichée par an.

Le geai des chênes consomme aussi des insectes et d'autres petits animaux, mais son régime alimentaire se compose surtout de graines et de fruits. En automne, il collecte des milliers de glands et les enfouit dans le sol pour subsister pendant l'hiver et au printemps. Dans le nord de l'Europe, quand la nourriture fait défaut, les geais quittent leur territoire et migrent en masse vers l'Europe centrale.

moustache noire

plumage brun rosé

plage alaire barrée de bleu et de blanc

Voix *Cris d'alarme rêches ; pousse différents autres cris, imite notamment celui de la buse variable.*

Cassenoix moucheté

Nucifraga caryocatactes (corvidés)
L 32–33 cm   enver. 52–58 cm   sédentaire

liseré blanc

Habitat *Niche en forêts de résineux et mixtes ; visite aussi les jardins pour trouver de la nourriture.*

> Nidification mars-août.
> 3-4 œufs verdâtres à taches olivâtres.
> 1 nichée par an.

Le cassenoix moucheté se nourrit de graines de conifères et de noisettes. En période de fructification, il peut constituer 6 000 cachettes où il stockera jusqu'à 100 000 graines qui lui permettront de subsister le reste de l'année. Les graines non retrouvées germeront et donneront naissance à de nouveaux arbres. Le mésangeai imitateur (*Perisoreus infaustus*), plus petit, habite les forêts de conifères du nord de l'Europe.

calotte brun foncé

mésangeai imitateur

tête et dessus brun foncé

ventre orangé

plumage du corps moucheté de blanc

sous-caudales blanches

bords de la queue rouille

Voix *Cris grinçants, plus rauques et perçants que ceux du geai.*

Chocard à bec jaune

Pyrrhocorax graculus (corvidés)

L 38 cm   enver. 75–85 cm   sédentaire

grégaire, souvent en grandes bandes

Le chocard à bec jaune est un acrobate qui utilise les vents ascendants en montagne pour planer. Les ailes plaquées le long du corps, il effectue des piqués vertigineux le long des parois rocheuses en approchant 200 km/h. Il fréquente les stations de téléphérique et les refuges de montagne pour se nourrir de déchets. En temps normal, il consomme de petits animaux et des baies. Il niche dans des parois inaccessibles, parfois aussi sur un bâtiment.

bec jaune

plumage noir uni

pattes courtes

queue arrondie

Voix *Cris secs « srrru » ou sons sifflés à tonalité métallique.*

Habitat *Zone rocheuse de la haute montagne ; très rarement en plaine.*

> **Nidification** *avr.–août.*
> *2–5 œufs blanchâtres tachetés de brun.*
> *1 nichée par an.*

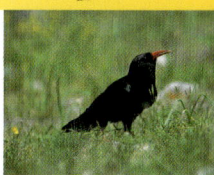

Crave à bec rouge

Pyrrhocorax pyrrhocorax (corvidés)

L 39–40 cm   enver. 73–90 cm   sédentaire

queue courte à bout carré

Le crave à bec rouge construit un nid de brindilles dans une crevasse rocheuse et l'occupe souvent plusieurs années de suite. Il est fréquent que plusieurs couples forment une petite colonie. Pour chercher sa nourriture, il sautille sur le sol et sonde celui-ci à la recherche d'insectes et de vers de terre. C'est un oiseau aux mœurs grégaires qui s'associe parfois aussi aux chocards.

adulte

jeune

bec jaunâtre

bec rouge arqué

pattes rouges

Voix *Cri ressemblant à celui du Choucas, mais en plus clair « tchiarr ».*

Habitat *Vit en haute montagne et aussi sur les côtes rocheuses.*

> **Nidification** *avr.–août.*
> *3–6 œufs blanchâtres tachetés de brun.*
> *1 nichée par an.*

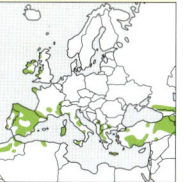

Choucas des tours

Corvus monedula (corvidés)
L 33-34 cm   enver. 67-74 cm   sédentaire

battement d'ailes plus rapide et plus ample que chez les corneilles

Habitat *Niche en ville et en zones boisées ; cherche sa nourriture dans les champs, prés et pelouses.*

> *Nidification avr.-juill.*
> *2-7 œufs bleuâtres tachetés de brun.*
> *1 nichée par an.*

Dans de nombreuses agglomérations, les choucas des tours nichent dans des cavités de bâtiments et se font remarquer par leurs cris caractéristiques. En d'autres lieux, ils nichent aussi dans des trous d'arbres. En forêt, ils marquent une préférence pour les anciennes loges de pics noirs, mais adoptent aussi les gros nichoirs. En hiver, ils se mêlent volontiers aux bandes de corbeaux freux.

nuque grise

bec court

œil clair

nid dans une cavité d'arbre

Voix *Pousse un « kiack » caractéristique ; chant, léger babil.*

Corbeau freux

Corvus frugilegus (corvidés)
L 44-46 cm   enver. 81-99 cm   sédentaire/migrateur partiel

queue arrondie

Habitat *Niche en colonie dans de grands arbres ; se nourrit en milieu ouvert.*

> *Nidification févr.-juill.*
> *3-6 œufs bleu-vert tachetés de brun.*
> *1 nichée par an.*

Le corbeau freux niche en colonies dans de grands arbres, souvent en pleine agglomération. Dans la campagne, on peut observer de grandes bandes de freux en train de se nourrir de vers, d'insectes et de céréales. En hiver, ils peuvent former des dortoirs imposants pouvant rassembler jusqu'à 150 000 oiseaux.

bec sombre

jeune

racine du bec emplumée

front obtus

bec clair et pointu

peau nue, grise à la base du bec

corbeautière

Voix *Pousse un « krraah » rauque, plus étiré et plus éraillé que la corneille noire.*

Corneille noire

Corvus corone (corvidés)
L 45–49 cm   enver. 93–104 cm   sédentaire

queue presque droite

La corneille noire a un régime alimentaire
extrêmement varié. De nos jours, elle trouve
largement de quoi se nourrir dans les milieux façonnés
par l'homme. Les déchets des décharges et les cadavres
d'animaux au bord des routes constituent
pour elle une véritable manne. Elle
niche dans les arbres ou sur des
pylônes. Par la suite, ses nids
sont souvent récupérés
par des faucons ou des
rapaces nocturnes.
Les oiseaux non-
nicheurs sont
grégaires.

front fuyant

gros bec
sombre

Habitat *Presque toutes
les campagnes ouvertes
à semi-ouvertes ; évite
les massifs forestiers.*

> *Nidification mars–juill.*
> *3–6 œufs verdâtres*
> *tachetés de sombre.*
> *1 nichée par an.*

Voix *Pousse un
« krrah » sonore et
rêche, aussi répété.*

Corneille mantelée

Corvus cornix (corvidés)
L 45–47 cm   enver. 93–104 cm   sédentaire

La corneille mantelée remplace la
précédente dans le nord et l'est de
l'Europe. Dans l'étroite zone de
chevauchement des deux
aires de répartition, les deux races
se côtoient et forment parfois des
couples mixtes. Chez les hybrides, le plumage
gris est moins étendu. Elle ne commence
à se reproduire que vers 3-5 ans.
En général, mâle et femelle restent
unis pour la vie.

dessous
gris-noir

tête noire

dos et ventre gris clair

Habitat *Presque toutes
les campagnes ouvertes
à semi-ouvertes ; évite
les massifs forestiers.*

> *Nidification mars–juill.*
> *3–6 œufs verdâtres*
> *tachetés de sombre.*
> *1 nichée par an.*

Voix *Pousse un
« krrah » sonore et
rêche, aussi répété.*

Grand corbeau

Corvus corax (corvidés)
L 64 cm   enver. 120–150 cm   sédentaire

Habitat *Niche en forêt et dans des falaises rocheuses ; s'alimente généralement en milieux ouverts.*

> *Nidification févr.–août.*
> *3-6 œufs bleus à verts tachetés de sombre.*
> *1 nichée par an.*

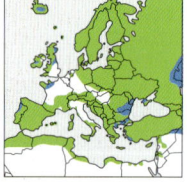

Le grand corbeau niche dans un arbre ou sur une corniche rocheuse ; c'est pourquoi on le rencontre aussi bien en plaine qu'en montagne. Les nicheurs rupestres construisent généralement plusieurs nids qu'ils occupent à tour de rôle au cours des années. Les grands corbeaux sont non seulement fidèles à leur territoire, où ils se nourrissent de charogne et de petits animaux, mais aussi à leur partenaire, et ce, toute leur vie durant. Il faut savoir à cet égard qu'un grand corbeau vit très longtemps : une vingtaine d'années dans la nature, et jusqu'à 69 ans en captivité.

queue cunéiforme

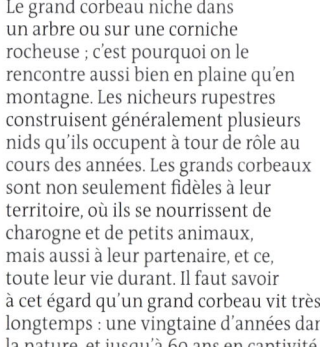

aime la charogne

bec très puissant

plumage noir uni

Voix *Pousse généralement un « grrorr » grave et croassant.*

Conseil d'observation

Le grand corbeau a la réputation d'être très joueur. Observez-le au printemps quand les couples effectuent des figures acrobatiques : vol en formation, courses-poursuites, piqués vertigineux et vol sur le dos.

Étourneau sansonnet

Sturnus vulgaris (étourneaux)

L 22 cm   enver. 37–42 cm   sédentaire

L'étourneau sansonnet niche dans des trous d'arbre et des nichoirs, mais aussi dans diverses cavités sur des bâtiments. Son régime alimentaire est assez éclectique : coléoptères, larves d'insectes, cerises et baies. Il capture aussi des fourmis volantes en vol. Contrairement aux grives (p. 36-38), qui sautillent sur le sol, l'étourneau marche. Il est remplacé dans la péninsule Ibérique par l'étourneau unicolore (*S. unicolor*) dont le plumage n'est tacheté qu'en hiver. En France, ce dernier est présent dans les Corbières et en Corse.

Habitat *Niche dans les forêts, petits bois, vergers et villages ; s'alimente aussi en milieu ouvert.*

> *Nidification mars–juill.*
> *4–6 œufs bleu verdâtre.*
> *1–2 nichées par an.*

ailes triangulaires

queue courte

étourneau unicolore

plumage non tacheté

bec noirâtre

plumage brun

jeune

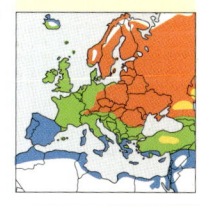

89

bec noirâtre

plumage internuptial

plumes de la tête souvent hérissées

plumage à reflets métallisés

bec jaune

dessous tacheté de blanc

Voix *Chant fait de grincements rêches et de sifflements mêlés d'imitations d'autres oiseaux. Cri composé d'un « èrr » éraillé.*

Conseil d'observation

Dès que les jeunes sont volants, les étourneaux se rassemblent en immenses troupes pouvant compter plusieurs dizaines de milliers d'individus. Le soir, on peut admirer les évolutions spectaculaires de ces immenses vols.

plumage nuptial

Étourneau roselin

Sturnus roseus (étourneaux)
L 22 cm   enver. 37–40 cm   migrateur

tête noire

dessous rose

Habitat Steppes,
campagnes cultivées
et vergers.

> **Nidification mars-juill.**
> **4–6 œufs bleu pâle.**
> **1 nichée par an.**

La présence de l'étourneau roselin est très
irrégulière. Il niche là où les sauterelles et criquets, sa nourriture
favorite, abondent. Il forme alors de grandes colonies et occupe
des cavités et trous dans le sol, sous des tas de
cailloux, dans des parois rocheuses ou dans les
arbres. Certains jeunes s'égarent en fin d'été
jusqu'en Europe de l'Ouest.

dos rose

bec rose

aile noire

bec fort,
jaune

dessus
brun clair

dessous
brunâtre

jeune

Voix Cris brefs et râpeux,
parfois répétés en série ;
chant, babil rugueux.

Loriot d'Europe

Oriolus oriolus (loriots)
L 24 cm   enver. 44–47 cm   migrateur

aile noire

Habitat Niche dans les
boisements de feuillus
à haute futaie ; aime
la proximité de l'eau.

> **Nidification mai-août.**
> **2–5 œufs blanchâtres
> tachetés de noir.**
> **1 nichée par an.**

Si ce n'était son chant mélodieux, qui trahit sa
présence, le loriot passerait inaperçu, car il vit
dissimulé dans la partie haute des arbres et s'y nourrit de fruits, de
baies et surtout de chenilles. Il niche aussi sur les hautes branches.
À l'issue des 5 semaines que dure l'élevage
des jeunes, la famille se sépare.
Jeunes et adultes migrent alors
séparément pour hiverner
en Afrique du Sud.

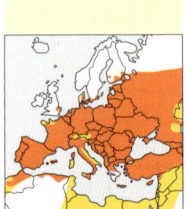

♀

dessus vert

dessous
blanchâtre strié

plumage du corps jaune

bec
rouge

♂

Voix Chant puissant
et mélodieux composé
de 3 à 5 notes claires
et flûtées ; cris éraillés
légèrement montants
(« vèèèk »).

Moineau domestique

Passer domesticus (moineaux)
L 14–15 cm   enver. 21–25 cm   sédentaire

Le moineau domestique niche
presque toujours dans des cavités
situées sur des bâtiments. Il
n'est pas rare que plusieurs
couples forment une petite
colonie et construisent
un grand nid collectif avec
plusieurs entrées. Pour se nourrir,
il recherche aussi la compagnie de
ses congénères, car le groupe est
une protection contre les attaques
de prédateurs, chats ou rapaces.
Son régime se compose
principalement de céréales et
d'autres graines de plantes.
Par contre, les jeunes sont
nourris uniquement
avec des insectes.

croupion gris

queue unie

sourcil clair

♀

dessous gris

calotte grise

joues blanches

face pâle

nuque brune

♂ en plumage
internuptial

gorge
noire

♂

Habitat *Villes et
villages ; aussi en
milieux ouverts pour
y chercher de la
nourriture.*

> **Nidification mars–sept.**
> **4–6 œufs blancs à nuance
> bleuâtre tachetés de brun.**
> **2–4 nichées par an.**

91

Conseil
d'observation

*Après la nidification,
le mâle mue
complètement. Sur
la tête, les nouvelles
plumes sont d'abord
pâles. Les couleurs
vives apparaissent
ensuite au fur et à
mesure de l'usure
des plumes jusqu'à
l'apparition du
plumage nuptial.*

Voix *Divers pépiements
et cris crépitants ;
chant composé d'une
suite de « chilp »
répétés lentement.*

Moineau friquet

Passer montanus (moineaux)
L 14 cm   enver. 20–22 cm   sédentaire

adultes
nourrissant au
nichoir

calotte brune

collier
blanc

tache
noire sur
la joue

Habitat *Villages et jardins ; plus souvent que le précédent en milieux ouverts.*

> **Nidification avr.-août.**
> **3-7 œufs blancs à verdâtres tachetés de brun.**
> **2-3 nichées par an.**

Comparé au moineau domestique (p. 91), le moineau friquet se montre plus craintif à l'égard des hommes. Lui aussi niche en zones habitées, entre autres dans des nichoirs. Il occupe une cavité dès l'automne, mais l'utilise seulement au début pour y passer la nuit. Il se nourrit de graines et se joint souvent pour cela à des groupes de fringilles et de bruants jaunes.

adulte

tache à la joue
juste esquissée

jeune

Voix Semblable au moineau domestique, mais cris souvent plus durs et rêches.

calotte brune

petite bavette
noire

moineau cisalpin

Moineau espagnol

Passer hispaniolensis (moineaux)
L 15 cm   enver. 23–26 cm   sédentaire

Habitat *Paysages ouverts et semi-déserts, aussi en agglomérations ; aime la proximité des lieux humides.*

> **Nidification avr.-août.**
> **4-6 œufs blanchâtres tachetés de sombre.**
> **2-3 nichées par an.**

Le moineau espagnol est grégaire et vit en colonies. Il est moins lié à l'homme que le moineau domestique (p. 91). Son nid se trouve souvent dans la partie basse d'un nid de cigognes (p. 165) ou de rapaces (p. 136-153). Dans le nord de l'Italie vit une forme intermédiaire entre le moineau domestique et le moineau espagnol, le moineau cisalpin (x *italiae*).

♀

calotte brune

♂

diffère de
la femelle
du m. domestique
par les flancs
striés de gris

poitrine
couverte de
tachetures
noires

Voix Pousse un « chilp » très proche de celui du moineau domestique.

Moineau soulcie

Petronia petronia (moineaux)
L 14 cm   enver. 28–32 cm   sédentaire

Le moineau soulcie niche surtout dans de profondes fissures rocheuses ou des trous, plus rarement dans des ruines. Il occupe aussi des trous d'arbre. La femelle laisse parfois le mâle assurer seul l'élevage des jeunes pour s'accoupler avec un autre mâle et élever une seconde nichée. Il aime les climats secs et se rencontre essentiellement dans le sud de l'Europe.

sourcil blanchâtre

bec fort bicolore

tache jugulaire jaune

dessous pâle fortement rayé

Voix *Cri nasal et montant « dvèèi » ; le chant est un mélange de cris et sons nasillards faisant penser à un verdier.*

Habitat Paysages cultivés ou steppiques assez secs et souvent assez rocheux, aussi en agglomérations.

> *Nidification avr.-août.*
> *4-6 œufs blancs nuancés de brunâtres et tachetés de brun.*
> *1-2 nichées par an.*

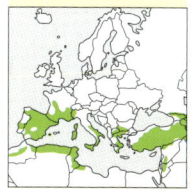

Niverolle alpine

Montifringilla nivalis (moineaux)
L 17 cm   enver. 34–38 cm   sédentaire

ailes noir et blanc

La niverolle vit en été en haute montagne où elle se nourrit d'insectes. En hiver, elle redescend à plus basse altitude et se nourrit de graines sur des surfaces libres de neige, mais ne descend que rarement dans les vallées. Le nid est installé dans une paroi rocheuse ou sous un tas de pierres, ainsi que sur des refuges ou des pylônes de remontées mécaniques.

tête grise

gorge et bec noir

bec jaune

plumage nuptial

plumage internuptial

dos brun

dessous blanc

Voix *Chant composé de séries de sons clairs entrecoupés de trilles rauques ; divers cris clairs.*

Habitat Vit en haute montagne au-dessus de la limite des arbres en zone rocheuse.

> *Nidification mai-août.*
> *3-5 œufs blancs.*
> *1 nichée par an.*

Pinson des arbres

Fringilla coelebs (fringilles)
L 14 cm   enver. 25-28 cm   sédentaire

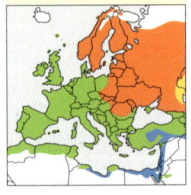

Habitat *Forêts, parcs, jardins et autres zones boisées.*

> **Nidification** *avr.-août.*
> *3-6 œufs rougeâtres à bleuâtres tachetés.*
> *1-2 nichées par an.*

Avec env. 200 millions de couples, le pinson des arbres est l'espèce d'oiseau dont la population est de loin la plus importante d'Europe. La moitié environ vit dans le nord et l'est de l'Europe et migre vers le sud du continent en automne. Chez nous, la plupart sont sédentaires parce qu'il trouve suffisamment de nourriture sous la forme de graines et de faines. En été, ils se nourrissent plutôt d'insectes.

deux barres alaires blanches

croupion vert olive

94

Conseil d'observation

Quand il chante, le mâle se perche sur une branche dégagée en exposant sa poitrine brun-rose. Son chant sonore fait de notes percutantes est facilement reconnaissable.

Voix *Chant allant decrescendo, terminé par une fioriture ; cris divers : « pink », « rrrup » râpeux et « tyup » en vol.*

♂ en plumage internuptial

plumage pâle

♀

dessus gris verdâtre

dessous gris

calotte et nuque gris-bleu

♂ en plumage nuptial

dessous brun-rose

Pinson du Nord
Fringilla montifringilla (fringilles)
L 14 cm   enver. 25–26 cm   migrateur

L'aire de répartition des pinsons du Nord varie fortement d'un hiver à l'autre. Elle dépend de l'abondance des faines, leur principale source de nourriture. Certaines années, les pinsons du Nord peuvent se faire rares, tandis que les années d'abondance, on peut assister à des invasions de grande ampleur. Au printemps, la pointe pâle des plumes du mâle en livrée internuptiale s'use progressivement, de sorte que lorsqu'il revient dans son aire de nidification, son plumage resplendit de couleurs... sans aucune mue !

♂ **en plumage nuptial**

bec noir

♂ **en plumage internuptial**
tête gris–noir

tête grise

♀

Habitat *Niche dans des forêts claires de résineux et de bouleaux ; en hiver, fréquente les forêts de hêtres et les jardins.*

> *Nidification mai–août.*
> *5-7 œufs rougeâtres à bleuâtres tachetés de sombre.*
> *1 nichée par an.*

95

croupion blanc

tête et haut du dos noirs

deux étroites barres alaires blanches

♂

poitrine orange

ventre blanc

Conseil d'observation

En migration et en hiver, le pinson du Nord se joint volontiers à des bandes de pinsons des arbres. Quand il vole, il se fait remarquer à ses cris nasillards et aussi à son croupion blanc que l'on entrevoit par moments.

Voix *Chant monotone et descendant : « rrrrruh » rauque (semblable à la strophe finale du verdier) ; cri nasillard.*

Verdier d'Europe

Carduelis chloris (fringilles)
L 15 cm   enver. 25–27 cm   sédentaire

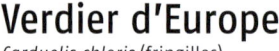

Habitat *Bois, bosquets, parcs et jardins ; aussi en zones habitées et en lisières de forêts.*

> **Nidification mars–août.**
> **3–7 œufs blanc bleuâtre tachetés de brun.**
> **1–2 nichées par an.**

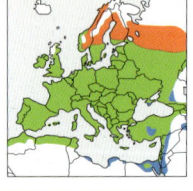

96

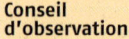

Les couples se forment dès l'hiver alors que les verdiers forment encore des bandes. Au printemps, la femelle recherche un site de nidification favorable dans un buisson, un arbre ou une plante grimpante le long d'un bâtiment et construit le nid toute seule. Les jeunes sont nourris par les deux parents, au début avec des pucerons, puis avec des graines prédigérées dans le jabot des adultes. Ils s'envolent à un peu plus de 2 semaines, mais demeurent encore plusieurs semaines avec les parents. En été et en automne, les verdiers se repaissent de préférence de fruits d'églantiers.

bord de la queue jaune

plage alaire vert-jaune

dessus légèrement strié

jeune

♀

dessous gris verdâtre

dessous blanchâtre rayé

Conseil d'observation

En hiver, le verdier aime venir aux mangeoires. Observez, quand il mange des graines de tournesol, avec quelle habileté il les décortique pour ne consommer que l'intérieur.

♂

bec fort, gris rosé

dessous vert jaunâtre

Voix *Chant semblant haché, composé de trilles et de gazouillis, finissant par une longue note rêche.*

Serin cini

Serinus serinus (fringilles)
L 12 cm   enver. 20-23 cm   migrateur partiel

Le serin, qui est originaire du bassin méditerranéen, a progressé vers le nord-est de l'Europe au cours des 2 siècles derniers. Il se nourrit sur le sol où il est assez discret. Par contre, il se signale à l'attention de son entourage par son chant sonore. Il se tient alors au sommet d'un arbre ou sur une antenne, ou effectue un vol chanté papillonnant.

croupion vert-jaune

dessin de la tête peu contrasté

dessin de la tête contrasté

bec court et épais

♀

dessous blanc jaunâtre rayé

♂

poitrine jaune rayée

Voix *Chant précipité, grinçant et crépitant ; cris trillés.*

Habitat *Parcs, jardins et zones habitées, aussi en forêts de résineux claires dans le sud de l'Europe.*

> Nidification avr.-août.
> 3-6 œufs bleuâtres tachetés de brun.
> 2 nichées par an.

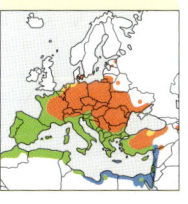

Venturon montagnard

Serinus citrinella (fringilles)
L 12 cm   enver. 23-24 cm   sédentaire

large barre alaire vert-jaune

Dans les montagnes au climat rude, le v. construit son nid sur le côté protégé d'un conifère. Il arrive au printemps qu'une reprise de l'hiver l'oblige à interrompre la couvaison et empêche une seconde nidification. La forme de Corse et de Sardaigne, au dos brun, le v. corse (*S. corsicana*), est considérée comme une espèce à part entière.

face jaune

tête grise

♂

♀

dos gris rayé

dos brun rayé

dessous vert jaunâtre

venturon corse

Voix *Émet un « tèh » dur ; chant, gazouillis aigu rapide, plus grave que celui du serin cini.*

Habitat *Lisières de forêts de montagne.*

> Nidification avr.-août.
> 2-5 œufs bleuâtres tachetés de brun.
> 1-2 nichées par an.

Tarin des aulnes

Carduelis spinus (fringilles)
L 12 cm   enver. 20–23 cm   migrateur partiel

croupion vert–jaune

large barre alaire jaune

Habitat *Niche en forêts de résineux et mixtes ; hors de la période de reproduction, aussi en boisements de feuillus.*

> **Nidification** févr.-août.
> 4–5 œufs bleuâtres tachetés de brun.
> 1–2 nichées par an.

En hiver, on observe souvent le tarin des aulnes dans des positions acrobatiques, pendu la tête en bas en train de se nourrir de graines d'aulne qu'il extrait habilement de son bec pointu. Il consomme aussi des graines d'épicéas et de bouleaux. Les bandes de tarins en vol semblent très compactes car ils volent très près les uns des autres.

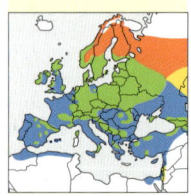

dessus gris verdâtre rayé ♀

dessous blanc rayé

front et gorge noirs ♂

Voix *Le chant est un fin gazouillis finissant par un bourdonnement ; cris fins mélancoliques.*

bec pointu

poitrine jaunâtre

Sizerin flammé

Carduelis flammea (fringilles)
L 12–14 cm   enver. 20–25 cm   migrateur partiel

barre alaire blanchâtre peu marquée

Habitat *Forêts de bouleaux et de résineux, parfois aussi les zones habitées dans les parcs et jardins.*

> **Nidification** avr.-août.
> 4–6 œufs bleuâtres tachetés de roux.
> 2 nichées par an.

La couleur de fond du plumage varie du brun chaud chez les oiseaux d'Europe occidentale et centrale au gris-brun pâle chez les individus de l'Europe septentrionale. Dans le nord de la Scandinavie vit le sizerin blanchâtre (*C. hornemanni*) qui est encore plus pâle.

petit bec jaune

front rouge ♂

♀ tache frontale peu étendue

poitrine blanchâtre

stature plus massive que le sizerin flammé

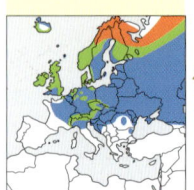

croupion blanc

sizerin blanchâtre

poitrine rouge

Voix *Émet un « tchètt » dur (généralement répété) ; chant comprenant ces mêmes cris et des trilles râpeux.*

Chardonneret élégant

Carduelis carduelis (fringilles)
L 12 cm   enver. 21–25 cm   sédentaire

Le chardonneret élégant niche volontiers en petites colonies
lâches comptant jusqu'à une dizaine de couples. Pour chercher
leur nourriture, les chardonnerets se groupent en petites
bandes. Les individus étrangers au groupe ne sont pas
tolérés dans son territoire d'alimentation. Tandis
que les adultes se consacrent à une deuxième
nichée, les jeunes volants vagabondent çà
et là. En hiver, les chardonnerets se
rassemblent en grandes troupes
où se forment les couples
qui nicheront la saison
suivante. Vers la fin de
l'hiver, les mâles
commencent
à rechercher
un site de
nidification
adéquat.

dos brun clair

large barre alaire jaune

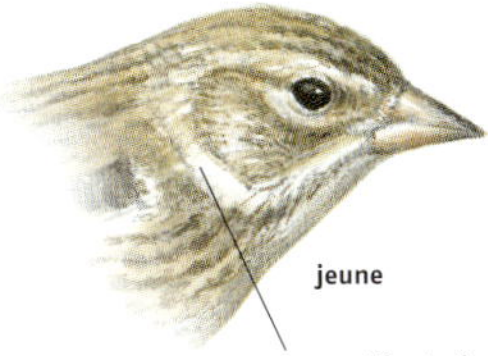

jeune

sans motif coloré

tête rouge-blanc-noir

bec long
et pointu

Habitat *Niche en forêts
et boisements clairs ;
recherche sa nourriture
le long des chemins
et dans les friches.*

> **Nidification avr.–sept.**
> **4–6 œufs bleuâtres
> tachetés de brun-roux.**
> **2–3 nichées par an.**

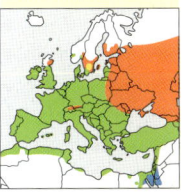

 **99**

Conseil d'observation

*Le chardonneret
mérite bien son nom
car on le rencontre
sur les chardons
en train de se nourrir
de graines qu'il extrait
avec dextérité grâce
à son bec, assez long
pour un fringille.*

Voix *Cri trisyllabique
cliquetant « sti-gue-
litt » ; chant léger et
gazouillant intégrant
quelques cris.*

Linotte mélodieuse

Carduelis cannabina (fringilles)
L 13 cm   enver. 21-25 cm   sédentaire

pas de barre alaire

Habitat *Paysages ouverts parsemés de buissons et d'arbustes touffus ; vit aussi dans les zones habitées.*

> **Nidification avr.-août.**
> **4-6 œufs bleuâtres tachetés de sombre.**
> **1-3 nichées par an.**

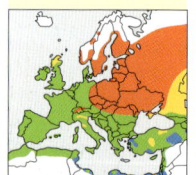

La linotte mélodieuse a perdu nombre de sites de nidification en raison de l'arrachage des haies. C'est un oiseau heureusement capable de s'adapter qui niche aussi dans les zones d'habitat humain. Elle y construit son nid dans des arbustes d'ornement. Par contre, elle se nourrit en dehors des agglomérations, au bord des chemins et dans les terrains en friche.

Voix *Cris di- ou trisyllabiques, plus doux que le verdier (p. 96) « tu-guitt » ; chant composé de cris, de pépiements et de trilles.*

front rouge ♂
bec gris
poitrine rouge
tête grise
dessus légèrement strié
♀
dos uniformément brun

Linotte à bec jaune

Carduelis flavirostris (fringilles)
L 14 cm   enver. 22-24 cm   migratrice

croupion rose
pas de barre alaire nette

Habitat *Niche dans les landes et la toundra ; en hiver, dans les prés salés en bord de mer et dans les friches.*

> **Nidification mars-août.**
> **5-6 œufs bleuâtres tachetés de brun-roux.**
> **1-2 nichées par an.**

En hiver, la linotte à bec jaune fréquente le littoral. Elle vit alors en bandes et se nourrit de graines de plantes de prés salés échouées sur le rivage. Dans son territoire de nidification, son régime est aussi presque uniquement granivore. Les graines sont prédigérées dans le jabot des adultes et régurgitées aux jeunes. En hiver, les bandes de linottes se répandent de temps à autre dans les villes.

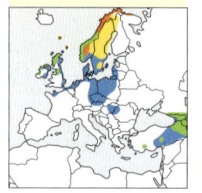

bec gris foncé
plumage nuptial

bec jaune
dessus très rayé
poitrine brunâtre à rayures sombres
plumage internuptial

Voix *Le chant est un trille rapide ; cris pépiants et légèrement montants « tvèiid », mais aussi un « tyètt » doux.*

Grosbec casse-noyaux

Coccothraustes coccothraustes (fringilles)

L 18 cm   enver. 29-33 cm   sédentaire

corps en forme de cigare

aile noir et blanc

Le grosbec casse-noyaux, comme son nom l'indique, se sert de son bec puissant pour casser des graines de plantes, voire des noyaux de cerise. Cet oiseau vit surtout dans la partie haute des arbres et n'est donc pas visible quand les arbres se couvrent de feuilles au printemps. On peut l'observer occasionnellement quand il va boire à une flaque d'eau.

tête brun orangé vif

bec très fort

plumage plus pâle que le ♂

collier nucal gris

♂

♀

Habitat *Niche en forêts de feuillus et mixtes ; fréquente aussi les parcs et les jardins.*

> **Nidification avr.-août.**
> **4-6 œufs gris mouchetés de brun sombre.**
> **1 nichée par an.**

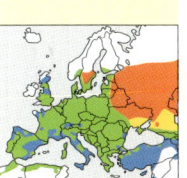

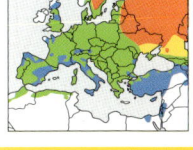

Voix *Émet un « tsick » sec ; le chant, calme et discret, est un mélange de cris secs et de sons étirés.*

101

Bouvreuil pivoine

Pyrrhula pyrrhula (fringilles)

L 15-17 cm   enver. 22-29 cm   sédentaire

croupion blanc

Les couples de bouvreuils pivoines se forment souvent dès l'automne. Le mâle et la femelle mènent ensemble une vie erratique et se mettent en quête d'un site de nidification à partir de mars. Ils ont un régime végétarien et se délectent de bourgeons de pruniers et d'érables, ainsi que de graines d'orties et d'érables. Les jeunes sont cependant nourris avec des insectes.

bec fort, très court

calotte noire

♀

sans calotte noire

jeune

dessous rose brunâtre

♂

dessous rouge rosé

barre alaire blanche

Habitat *Niche en forêts à essences mixtes et dans les parcs ; en hiver, fréquente aussi les jardins.*

> **Nidification avr.-juill.**
> **4-6 œufs bleu pâle mouchetés de noir.**
> **2 nichées par an.**

Voix *Cris mélancoliques légèrement descendants « dîu » ; chant fait de légers sifflements et trilles.*

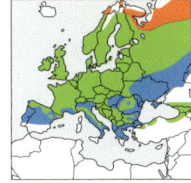

Roselin cramoisi

Carpodacus erythrinus (fringilles)
L 15 cm   enver. 24-26 cm   migrateur

Habitat *Niche dans divers milieux buissonneux généralement humides.*

> *Nidification mai-juill.*
> *4-6 œufs bleu-vert tachetés de brun.*
> *1 nichée par an.*

Les roselins cramoisis restent fidèles chaque année à leur site de nidification. Les jeunes vont nicher souvent très loin du nid familial. Il se peut que ce comportement ait contribué à ce que cette espèce, qui hiverne en Inde, étende son aire de répartition vers l'ouest.

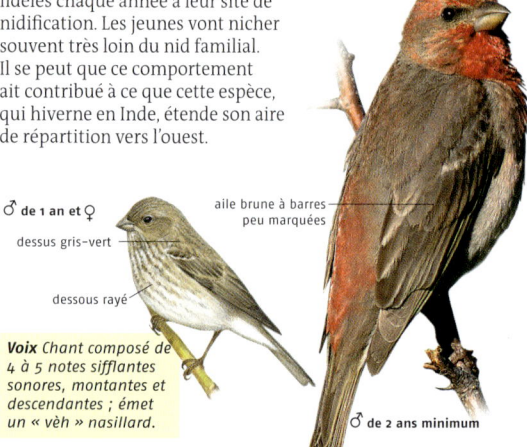

tête et poitrine rouges

♂ de 1 an et ♀

aile brune à barres peu marquées

dessus gris-vert

dessous rayé

Voix Chant composé de 4 à 5 notes sifflantes sonores, montantes et descendantes ; émet un « vèh » nasillard.

♂ de 2 ans minimum

Durbec des sapins

Pinicola enucleator (fringilles)
L 18 cm   enver. 31-35 cm   migrateur partiel

♀

tête et poitrine vertes nuancées d'orange

Habitat *Forêts de résineux et mixtes clairsemées.*

> *Nidification mai-août.*
> *3-4 œufs bleu clair tachetés de noir.*
> *1 nichée par an.*

Quand il est en quête de bourgeons et graines, le durbec des sapins se fait très discret. Il est donc difficile à observer dans son aire de nidification. En automne et en hiver, il se nourrit beaucoup de baies et est donc plus visible. En cas de pénurie de nourriture, les durbecs se déplacent vers le sud de la Scandinavie, mais rarement au-delà.

bec crochu fort et arrondi

plus orangé que la ♀, surtout à la tête

jeune ♂

étroite barre alaire blanche

Voix Chant vibrant et rapide composé de notes claires et douces ; cris flûtés sonores.

♂

tête et poitrine rouges

Bec-croisé des sapins

Loxia curvirostra (fringilles)
L 16 cm   enver. 27–30 cm   sédentaire

Le bec-croisé des sapins est un véritable nomade. Il niche ici et là, en fonction de l'abondance des cônes d'épicéas. Les épicéas ne donnant pas de fruits tous les ans, la nourriture peut devenir insuffisante, on assiste alors à des migrations invasionnelles. Si les cônes sont surabondants, il peut même nicher en hiver. Dans ces conditions, les jeunes sont capables de se reproduire dès 5 mois. En Écosse vit une autre espèce de bec-croisé très semblable, le bec-croisé d'Écosse (*L. scotica*).

stature massive

Habitat Forêts de résineux et mixtes, de préférence avec boisements d'épicéas.

> **Nidification** déc.-sept.
> **3-5 œufs** bleuâtres tachetés de brun.
> **1-2 nichées par an.**

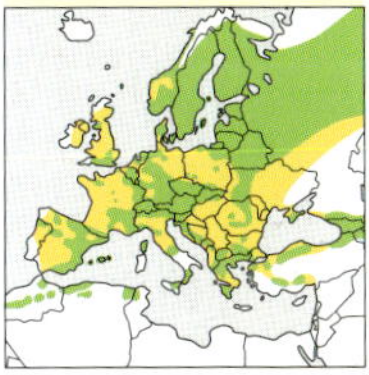

103

plumage du corps gris-vert

♀

bec croisé

très rayé

jeune

♂

aile généralement sans barre

plumage du corps rouge

Voix Pousse un « guipp » sonore et clair ; chant sonore composé de notes dures.

bec-croisé d'Écosse

bec un peu plus fort

Conseil d'observation

Hormis par ses cris audibles de loin, le bec-croisé des sapins trahit aussi sa présence par les cônes d'épicéas dépouillés de leurs graines que l'on trouve sur le sol. Pour accéder aux graines, l'oiseau arrache les écailles à l'aide de son bec croisé.

Bec-croisé perroquet

Loxia pytyopsittacus (fringilles)
L 17 cm   enver. 31–33 cm   sédentaire

bec croisé
très fort

Habitat *Forêts de résineux, de préférence plantées de pins.*

> **Nidification déc.-août.**
> **3–5 œufs bleuâtres tachetés de brun.**
> **1–2 nichées par an.**

Grâce à son bec très puissant, le bec-croisé perroquet est en mesure de décortiquer les grosses pommes de pin et d'en extraire les graines. Les pins fructifient régulièrement de sorte que la nourriture lui fait rarement défaut. C'est pourquoi il est rarement obligé de quitter momentanément son aire de répartition.

♂

plumage du corps rouge

♀

Voix *Cris un peu plus graves et sourds que ceux du bec-croisé des sapins (« kupp »), mais peu différenciables.*

aile noirâtre sans barre

plumage du corps gris-vert

plumage du corps vert

♀

dos tacheté de noir

Bec-croisé bifascié

Loxia bifasciata (fringilles)
L 15 cm   enver. 26–29 cm   sédentaire

bec croisé très aplati

plumage du corps rouge

Habitat *Forêts de résineux uniquement.*

> **Nidification févr.-sept.**
> **3–5 œufs bleuâtres tachetés de brun.**
> **1–2 nichées par an.**

De tous les becs-croisés, le bec-croisé bifascié est celui qui a le plus petit bec. C'est pourquoi son régime alimentaire est composé principalement de cônes de mélèze. Certes, il vagabonde çà et là dans son aire de reproduction, mais ne la quitte que rarement. Pour nicher, il arrive que plusieurs couples se groupent.

♂

deux larges barres alaires d'un blanc pur

jeune

très rayé

Voix *Cris rappelant ceux du pinson des arbres (p. 94) ; cri trompettant et nasal typique.*

Bruant proyer

Emberiza calandra (bruants)
L 18 cm   enver. 26–32 cm   sédentaire

en vol, souvent
avec les pattes
pendantes

Le mâle marque son territoire par son chant perçant, mais les femelles n'en tiennent aucun compte, si bien que certains mâles ont plusieurs femelles tandis que d'autres restent célibataires. Les effectifs de bruants proyers ont fortement décliné du fait de l'agriculture intensive.

bec fort
jaunâtre

dessus gris-brun
rayé de sombre

chante depuis
un poste élevé

poitrine
blanchâtre
rayée de
sombre

Voix Chant à sonorité
métallique ; cris bas,
presque atone « tck ».

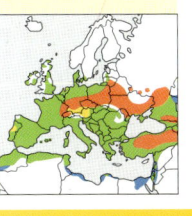

Habitat Champs
et milieux ouverts
peu cultivés.

> **Nidification mai-août.**
> **4-5 œufs rougeâtres
> tachetés de noir.**
> **1-2 nichées par an.**

Bruant fou

Emberiza cia (bruants)
L 16 cm   enver. 22–27 cm   sédentaire

Le bruant fou a un mode de vie très discret. Il cherche sa nourriture en se tenant caché dans les fourrés ou en se déplaçant discrètement sur le sol. Le nid est construit généralement au sol, sous un buisson ou dans une fissure rocheuse. La deuxième, voire la troisième nichée est commencée avant que les petits de la précédente ne soient volants.

tête grise à
rayures noires

♂

dos à rayures
brunes
et noires

♀

plumage plus
pâle que chez
le ♂

Voix Chant clair et
rythmé, pouvant
sembler martelé ;
cris aigus « tsip ».

longue queue

dessous brun
rougeâtre

Habitat Niche en
montagne sur des
versants abrupts,
souvent rocheux, plantés
de buissons épars.

> **Nidification avr.-août.**
> **2-5 œufs gris-blanc
> tachetés de brun.**
> **2-3 nichées par an.**

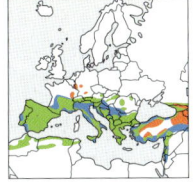

Bruant zizi

Emberiza cirlus (bruants)
L 16 cm   enver. 22–25 cm   sédentaire

côtés de la tête plus rayés
que chez le bruant jaune

Le mâle marque son territoire
en chantant, territoire qu'il quitte
rarement, même en hiver.
La femelle et les jeunes errent
pendant encore quelques
semaines après la période de nidification,
mais se dispersent en hiver. La culture intensive
de la vigne et un climat plus humide en certaines
régions ont conduit à un déclin de cette
belle espèce.

tête rayée de
noir et jaune

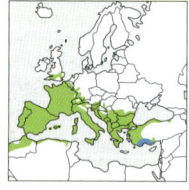

gorge
noire

bande pectorale
grise

Voix Chant plus rapide
et plus grave que chez
le bruant jaune et sans
le motif final ; cri aigu
« tsip ».

Bruant mélanocéphale

Emberiza melanocephala (bruants)
L 16-17 cm   enver. 26-30 cm   migrateur

ventre jaunâtre

sous-caudales jaunes

Le bruant mélanocéphale, qui hiverne en Inde, n'est présent
dans son aire de nidification que d'avril à août. Il nourrit ses jeunes
d'insectes pouvant atteindre la taille d'un criquet. En automne, les
bruants mélanocéphales deviennent granivores et peuvent, quand
ils se rassemblent en grandes bandes, mettre
à mal les champs de céréales.

dessus de la tête
finement rayé

dessus gris-
brun rayé de
sombre

poitrine
brunâtre

jeune

Voix Strophes du
chant courtes et
gazouillantes ; divers
cris râpeux ou durs.

tête noire

dos brun
roussâtre

dessous or

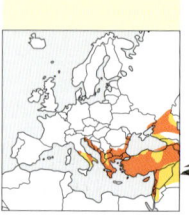

Bruant jaune

Emberiza citrinella (bruants)
L 16–17 cm   enver. 23–29 cm   sédentaire

En février et en mars, le mâle en premier, puis la femelle quittent le groupe d'hivernants dont ils faisaient partie pour aller occuper un territoire. Le nid est construit à couvert dans la végétation ou, quand la nidification est précoce, au pied d'un buisson. Dans ce cas, la couvée est victime des prédateurs. La ponte de remplacement a plus de chance de succès, car le nid est alors dissimulé par les feuilles. Les parents nourrissent leurs jeunes avec des insectes. En automne, ils changent de régime et consomment des graines. Il est alors fréquent de les voir se joindre à des groupes de fringilles (p. 94-104) et de moineaux friquets (p. 92).

croupion brun-roux

rayures jaunes à la tête

♀

tête jaune or

♂

dessous très rayé

dessus rayé de brun et noir

bande pectorale
brun-roux

Habitat *Paysages ouverts parsemés de buissons et de haies ; lisières de forêts et clairières.*

> Nidification avr.-sept.
> 3–5 œufs blanchâtres à motifs sombres.
> 1-3 nichées par an.

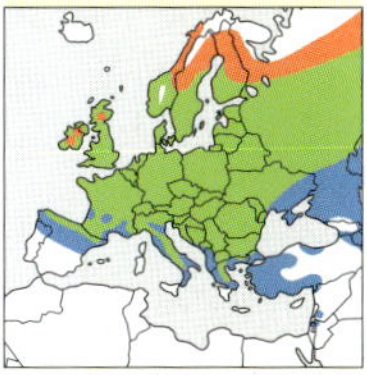

107

Voix *Chant composé de plusieurs sons courts et d'un motif final étiré ; cri rêche « trutt ».*

Conseil d'observation

Les soirs d'été dans la campagne buissonneuse, on peut entendre un doux chant répété inlassablement, c'est celui du bruant jaune. Suivant les régions, la note finale, grave et traînante, peut varier.

Bruant ortolan

Emberiza hortulana (bruants)

L 16–17 cm   enver. 23–29 cm   migrateur

♀ plumage plus pâle que le ♂

♂ gorge et moustache rousses — tête gris bleuâtre

bruant cendrillard

Habitat Milieux ouverts et variés, parsemés de buissons et d'arbres ; affectionne les terrains secs.

> Nidification mai-juill.
> 3-6 œufs gris tachetés de sombre.
> 1 nichée par an.

Le bruant ortolan aime certes les milieux variés, mais niche généralement au sol dans un champ de céréales. Vu que le bord de la coupe du nid affleure le sol, le nid est fortement menacé par fortes pluies. Les couvées sont elles aussi souvent victimes de prédateurs. La zone d'hivernage de l'ortolan se trouve au sud du Sahara. En Afrique du Nord-Est et en Arabie hiverne le bruant cendrillard (*E. caesia*) qui est très semblable.

jeune

poitrine très rayée

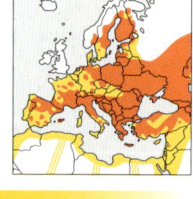

♀ plumage plus pâle que le ♂

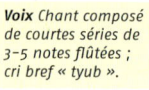

108

tête gris verdâtre

bec rose

♂ gorge et moustache jaunes

Voix Chant composé de courtes séries de 3-5 notes flûtées ; cri bref « tyub ».

Le saviez-vous

En raison d'une humidité croissante en certaines régions et de la disparition de son habitat, le bruant ortolan est devenu très rare. S'ajoutent les actes de braconnage dont il est victime à cause de sa chair réputée délicieuse.

Bruant des roseaux

Emberiza schoeniclus (bruants)
L 15–16 cm   enver. 21–28 cm   sédentaire

La femelle construit le nid au
milieu de vieux roseaux ou
dans une touffe de grandes
herbes qui, en retombant, le
dissimule bien. Les nids installés au-
dessus de l'eau sont encore mieux protégés
des prédateurs. En automne, les populations
du Nord migrent vers le bassin méditerranéen.
Le bruant rustique (*E. rustica*), qui, en Europe,
niche uniquement dans les forêts de résineux et
mixtes de Suède et de Finlande, migre jusqu'en Chine.

dos rayé de sombre

Habitat *Niche dans
les roselières, les fossés
et les zones de friches
humides.*

> *Nidification avr.–août.*
> *4–5 œufs brunâtres
> tachetés de noir.*
> *2 nichées par an.*

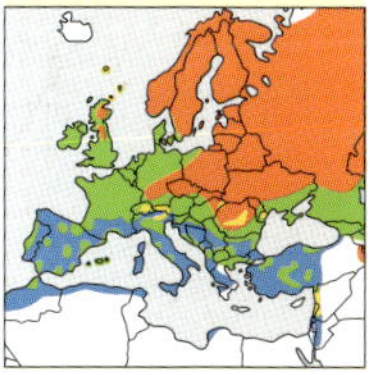

côtés de la tête brun chaud

sourcil brun
clair

jeune

côtés de la tête
brun noirâtre

sourcil
blanchâtre

♀

109

sourcil blanc

flancs tachetés
de brun-roux

tête et gorge noires

♂ **bruant rustique**

collier nucal
blanc

♂

dessous blanchâtre avec
rayures sur les flancs

Conseil
d'observation

*Avec les fauvettes
paludicoles (p. 41–46),
ce bruant est un
habitant typique des
roselières. Le mâle à
la tête noire est facile
à observer quand il
chante perché à la
pointe d'un roseau
ou à la cime d'un
buisson.*

Voix *Chant composé
de notes individuelles
émises sur un rythme
lent ; cri étiré « psuuu »,
légèrement descendant.*

Bruant nain
Emberiza pusilla (bruants)
L 13–14 cm   enver. 22–33 cm   migrateur

Habitat *Niche en forêts claires de résineux et de bouleaux ; en dehors de la période de reproduction, aussi en milieu ouvert.*

> **Nidification juin–août.**
> **4–6 œufs verdâtres tachetés de sombre.**
> **1–2 nichées par an.**

L'aire d'hivernage du bruant nain s'étend du nord de l'Inde à la Chine. Là, il fréquente les champs et les prairies en bandes de plusieurs centaines d'individus. Lors de la migration d'automne, quelques-uns mettent le cap vers le sud-ouest et atteignent l'Europe centrale et occidentale. Le dessin de la tête est différent de celui du bruant des roseaux (p. 109).

Voix *Le chant commence comme celui du bruant jaune (p. 107), mais le final est court et variable ; cri bref et fin « tick ».*

cercle oculaire blanc — raie sommitale brun-roux — bec plus fin que le bruant des roseaux — côtés de la tête marron — poitrine finement striée

Bruant lapon
Calcarius lapponicus (bruants)
L 15–16 cm   enver. 26–28 cm   migrateur

Habitat *Niche dans la toundra ; hiverne dans les steppes et sur les côtes.*

> **Nidification mai–août.**
> **4–7 œufs blanc jaunâtre tachetés.**
> **1 nichée par an.**

Les bruants lapons nichant en Scandinavie suivent deux axes migratoires différents. La plupart migrent vers le sud-est et hivernent depuis les steppes ukrainiennes jusqu'au Moyen-Orient. Une minorité opte pour le sud-ouest et vient hiverner sur les côtes de la mer du Nord. Cet oiseau se faufile discrètement à travers les herbes. Il attire l'attention surtout par ses cris en vol.

Voix *Cris trillés durs, souvent suivis d'un « pyu » doux ; chant, courte strophe faite de notes tintinnabulantes.*

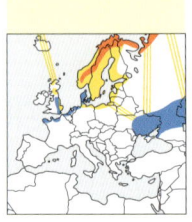

face et gorge claires — ♀

bec jaune — nuque marron — ♂ — face et gorge noires — tête brun roussâtre — **jeune** — plage alaire marron

Bruant des neiges

Calcarius nivalis (bruants)
L 16–17 cm enver. 32–38 cm migrateur

Le bruant des neiges renouvelle son
plumage sans mue, mais uniquement par
usure de l'extrémité des plumes. C'est
ainsi que le plumage d'hiver brunâtre se
métamorphose en une splendide
livrée blanche. C'est un bon
camouflage dans un habitat où
les zones enneigées abondent.
En été, il se nourrit principalement
d'insectes qui pullulent dans la
toundra. En hiver, il se nourrit
des graines qu'il trouve sur la
laisse de mer. Les populations
du Groenland suivent une route migratoire
surprenante. En effet, elles traversent
l'Atlantique nord pour gagner la Norvège
et aller hiverner dans la steppe russe.

jeune ♀

peu de blanc sur l'aile

zone de
blanc très
étendue

♂ adulte
en plumage
internuptial

bec jaune

plage alaire blanche

poitrine
brun orangé

♂ en plumage
internuptial

♀ en plumage
internuptial

ventre blanc

tête et ventre blancs

♂ en plumage nuptial

dos noir

pointe de l'aile noire

Habitat Niche dans
les zones arides
et rocheuses de la
toundra ; hiverne sur
le littoral et en milieu
steppique.

> **Nidification** mai-août.
> 5-6 œufs blanc verdâtre
> tachetés de brun-roux.
> 1-2 nichées par an.

111

Conseil d'observation

*Les bruants des neiges
se reconnaissent de
loin au blanc de leurs
ailes. De plus près,
on constate que la
zone blanche des ailes
est plus ou moins
étendue suivant les
individus : beaucoup
de blanc chez les vieux
mâles, peu chez les
jeunes femelles.*

Voix *Cris trillés doux,
souvent suivis d'un
« pyu » mélancolique ;
chant, gazouillis fait
de notes claires et
râpeuses.*

Ganga cata

Pterocles alchata (gangas)
L 31-39 cm   enver. 54-65 cm   sédentaire

Habitat *Déserts
et semi-déserts,
aussi en zones cultivées
arides et sèches.*

> **Nidification avr.-août.**
> **3 œufs brunâtres**
>**peu tachetés.**
> **1 nichée par an.**

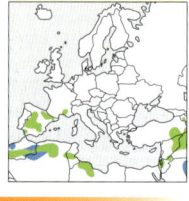

Le plumage couleur sable
du ganga cata est un excellent
camouflage. Dans son habitat
aride, le ganga se nourrit
de graines, de feuilles
et de bourgeons.
Sur la cuvette creusée
dans le sol qui lui sert
de nid, la femelle est quasi
invisible. La nuit, elle est
relevée par le mâle. Dans les zones
semi-désertiques et autres biotopes
arides vit une autre espèce
de gangas, le ganga unibande
(*P. orientalis*).

ganga unibande

queue
courte

ventre noir

long filet
caudal

dessus à motif
gris-brun

ventre
blanc

♀

tête brun
orangé

♂

dessus gris verdâtre
tacheté de jaune

Conseil d'observation

*Pour boire, les gangas
doivent parcourir
de longues distances
matin et soir jusqu'au
point d'eau le plus
proche. Pour ravitailler
leurs poussins, ils se
gorgent les plumes
du ventre d'eau.*

Voix *Cri nasillard
« gao » ou série
de « ang-ang-ang ».*

Pigeon ramier

Columba palumbus (pigeons et tourterelles)
L 41–45 cm   enver. 75–80 cm   migrateur partiel

Le pigeon ramier fait partie des espèces les mieux adaptées à nos paysages de cultures. Il trouve aussi dans les arbres des agglomérations suffisamment de sites de nidification adéquats. Les grains subsistants dans les champs, en particulier le maïs, lui offrent une nourriture abondante. Cette abondance de nourriture l'a rendu sédentaire dans une grande partie de l'Europe occidentale et centrale. En hiver et lors de la migration, on peut voir de petites troupes de ramiers, et parfois aussi des vols de plusieurs milliers d'individus.

Habitat *Forêts, parcs, jardins et autres milieux boisés ; se nourrit aussi dans les champs.*

> *Nidification avr.–oct.*
> *2 œufs blancs.*
> *1–3 nichées par an.*

pas de barres alaires noires

marques blanches

Conseil d'observation

Le roucoulement et les vols nuptiaux du mâle lui servent à marquer son territoire et à séduire la femelle. Le vol comprend une phase ascendante (claquement d'ailes) et un lent plané.

Voix *Roucoulement sourd pentasyllabique « grouh-grou-grou-gou-gou ».*

jeune

pas de tache blanche au cou

œil jaunâtre

nuque à reflets verts

tache blanche

113

Pigeon biset, biset urain

Columba livia (pigeons et tourterelles)
L 31–34 cm   enver. 63–70 cm   sédentaire

dos et dessus
de l'aile gris clair

Habitat Parois rocheuses
et agglomérations ;
se nourrit aussi
dans les champs.

> **Nidification mars-sept.**
> **1-2 œufs blancs.**
> **2-6 nichées par an.**

nuque
vert brillant

À cause de sa faculté à retrouver son gîte, même
à grande distance, le pigeon biset a été très tôt utilisé
comme pigeon voyageur. Les pigeons des villes sont
des croisements de pigeons domestiques retournés
à la vie sauvage et de pigeons bisets. Les vrais pigeons
bisets se trouvent dans les régions montagneuses.

vol de bisets urbains

bec noir

2 larges barres
alaires noires

bisets urbains de colorations
différentes

Voix Roucoulement
grave, parfois rauque,
en diverses variantes.

dos et dessus
de l'aile
gris foncé

Pigeon colombin

Columba oenas (pigeons et tourterelles)
L 32–34 cm   enver. 63–69 cm   migrateur partiel

Habitat Niche en forêts
et dans de petits bois,
aussi sur le littoral
dans les dunes ;
se nourrit de préférence
en paysages ouverts.

> **Nidification mars-oct.**
> **2 œufs blancs.**
> **3 nichées par an.**

Cette espèce niche dans des trous d'arbre, de préférence
dans d'anciennes loges de pics noirs (p. 124). Comme les grands arbres
font souvent défaut en bord de mer, il niche alors dans des terriers
de lapins et autres trous dans le sol. Il est plus facile de l'observer
quand il se nourrit dans les champs ou pendant
la migration.

bec
jaune

jeune

reflets verts

pas de tache
à reflets verts

niche dans
des trous
d'arbre

Voix Chant composé
de séries de « hou »
brefs et sourds.

2 étroites
barres alaires
noires

Tourterelle turque

dos semblant uni

barre terminale blanche

Streptopelia decaocto (pigeons et tourterelles)

L 30-32 cm   enver. 47-55 cm   sédentaire

Depuis les Balkans, cette tourterelle s'est
répandue rapidement dans toute l'Europe
à partir des années 1920 et y est devenue sédentaire.
Elle se nourrit de graines d'herbes et de céréales subsistant
dans les champs récoltés. Son nid fait de
quelques branchages est généralement
construit dans les arbres, à l'occasion
sur un bâtiment.

collier noir

plumage gris-beige

**souvent en bandes
pour se nourrir**

Habitat Villages et villes
plantés de quelques
bouquets d'arbres.

> *Nidification mars-oct.*
> *2 œufs blancs.*
> *2-6 nichées par an.*

Voix Roucoulement fort
et clair « hou-houou-
hou » (2ᵉ syllabe
accentuée) ; à l'envol
« vèèèèh » enroué.

115

Tourterelle
des bois

dos semblant bigarré
barre terminale
blanche

Streptopelia turtur (pigeons et tourterelles)

L 26-28 cm   enver. 47-53 cm   sédentaire

La tourterelle des bois n'est pas seulement la plus petite espèce de
columbidé d'Europe, elle est aussi celle dont le mode de vie est le
plus discret. Son nid est bien dissimulé dans la frondaison.
Même quand elle se nourrit au sol, elle est difficile à
observer. C'est le seul columbidé à hiverner au sud
du Sahara.

tache noir et blanc

ailes brun-rouille

poitrine rosée

jeune

tache absente

Habitat Niche en lisières
de forêt et dans de petits
bois ; se nourrit
en terrains découverts
de toutes sortes.

> *Nidification mai-sept.*
> *2 œufs blancs.*
> *1-2 nichées par an.*

Voix Roucoulement
composé de séries
de « gourrrrr » étirés.

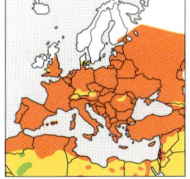

Perruche à collier
Psittacula krameri (perruches)
L 37–43 cm   enver. 42–48 cm   sédentaire

aile vert
et noir
longue queue

Habitat En Europe, vit
dans les parcs et jardins
boisés.

> **Nidification mars-juill.**
> **3-4 œufs blancs.**
> **1 nichée par an.**

Originaire d'Afrique, la perruche à collier niche
dans différentes régions d'Europe et d'Asie.
Elle a été introduite volontairement ou s'est
échappée de captivité. Elle vit surtout
dans les régions aux hivers doux. Elle
côtoie parfois la perruche Alexandre
(*P. Eupatria*), qui est nettement
plus grande.

barre alaire
rouge violacé

perruche Alexandre

bec rouge

dessus
de l'aile
vert uni

Voix Sonore et criarde,
« krî-ack ».

barres alaires
blanches

longue queue

Coucou geai
Clamator glandarius (coucous)
L 35–40 cm   enver. 58–61 cm   migrateur

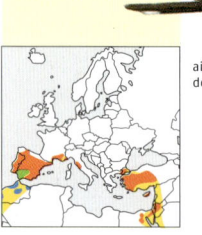

Habitat Bouquets
d'arbres au milieu
des champs et des prés.

> **Nidification avr.-juill.**
> **Œufs verdâtres à taches**
> **brunes à grises.**
> **Jusqu'à 18 œufs par femelle.**

Au printemps, le coucou geai occupe un territoire, mais ne construit
pas de nid. Le mâle détourne l'attention des pies bavardes, tandis que
la femelle pond rapidement 1 à 2 œufs dans leur nid en
prenant soin d'en retirer le même nombre. Les parents
adoptifs élèvent les jeunes coucous. Leurs propres
petits ne survivent que s'ils éclosent suffisamment
tôt avant les jeunes coucous.

calotte grise
huppée

gorge jaunâtre

jeune

tête noire

aile bordée
de brun-roux

dessous
non barré

Voix Séries
de caquètements ;
chant du mâle, séries
de « kiouou » étirés
descendants.

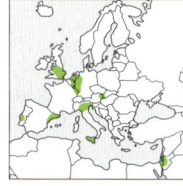

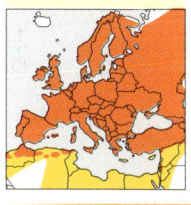

Coucou gris
Cuculus canarus (coucous)
L 32–34 cm   enver. 55–60 cm   migrateur

Le coucou est connu pour son chant caractéristique et son mode de reproduction. La femelle pond son œuf dans le nid d'une autre espèce qui assurera la couvaison et l'élevage du jeune. Le coucou parasite entre 50 et 100 espèces d'oiseaux différentes, dont la bergeronnette grise (p. 29) et la rousserolle effarvatte (p. 43). Juste après être sorti de l'œuf, le jeune coucou jette les autres œufs hors du nid. Début août, jeunes et adultes migrent vers leurs quartiers d'hiver africains.

les jeunes coucous sont nettement plus gros que leurs parents adoptifs (ici, une rousserolle effarvatte)

Habitat *Divers milieux : forêts, campagnes ouvertes et zones de roseaux près de l'eau.*

> Nidification avr.-sept.
> Coloration des œufs adaptée à ceux de l'oiseau hôte.
> 9 à 25 œufs par femelle.

117

longue queue

aile étroite et pointue

petit bec noir

certaines femelles ont un plumage brun

poitrine grise

ventre barré

Le saviez-vous ?

Le coucou fait partie des quelques espèces consommant de grosses chenilles velues. Il se nourrit en outre de bien d'autres insectes. La femelle mange aussi les œufs des espèces parasitées.

Voix *Chant du mâle bien connu : « coucou » ; émet aussi des sortes de gloussements.*

Huppe fasciée

Upupa epops (huppes)
L 26–28 cm   enver. 42–46 cm   migratrice

aile rayée de noir et blanc

Habitat *Forêts claires, vergers, vignoble et campagne cultivée parsemée de bouquets d'arbres dans les régions sèches.*

> **Nidification avr.-août.**
> **5-8 œufs gris blanchâtre.**
> **1-2 nichées par an.**

Le régime alimentaire de la huppe est très sélectif, car il se compose uniquement de gros insectes, comme les grillons et les coléoptères de grande taille.
Pour cela, elle doit fréquenter des biotopes avec peu de végétation au sol. Elle a aussi besoin de cavités adéquates pour y nicher : trou dans un vieil arbre, fente de rocher ou cavité dans un tas de pierres.

grande huppe érectile
long bec fin
tête et cou brun orangé

niche généralement dans une cavité d'arbre

Voix *Séries de « houp-houp-houp » caverneux et souvent trisyllabiques.*

118

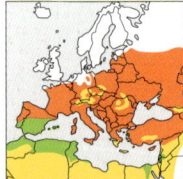

Rollier d'Europe

Coracias garrulus (rolliers)
L 29–34 cm   enver. 66–73 cm   migrateur

aile noir et bleu

Habitat *Vieilles forêts, petits bois et autres boqueteaux ; niche aussi dans des parois abruptes ou de vieux murs.*

> **Nidification mai-août.**
> **3-5 œufs blancs.**
> **1 nichée par an.**

Le rollier d'Europe est un oiseau coloré que l'on peut observer à découvert, posé sur un piquet ou des fils. De son poste de guet, il s'élance pour capturer coléoptères, vers ou lézards.
Il niche dans des trous d'arbre, parfois dans des anfractuosités de rocher ou un terrier. Le mâle marque son territoire en effectuant des vols acrobatiques : il monte en chandelle pour retomber en piqué.

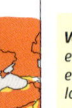
plumage pâle

jeune

dos brun-roux

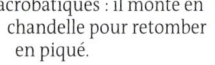

tête et ventre bleu turquoise

Voix *Cris stridents et grinçants émis en séquences rapides lors du vol de parade.*

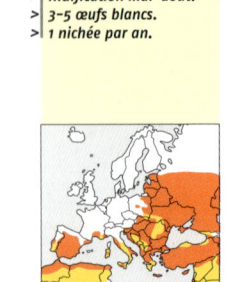

Engoulevent d'Europe

Caprimulgus europeus (engoulevents)
L 25–28 cm   enver. 57–64 cm   migrateur

Pendant la journée, l'engoulevent
d'Europe repose immobile
sur une branche ou au sol et fait
entièrement confiance à sa livrée
de camouflage. Il s'active au crépuscule
et vole en tenant le bec grand ouvert pour
capturer des papillons de nuit et autres
insectes volants. La femelle pond ses œufs sur le
sol, sans aucune préparation, et assure une grande partie
de la couvaison, relayée pendant de brèves périodes par le
mâle. Dans les zones sablonneuses d'Espagne vit une autre
espèce : l'engoulevent à collier roux (*C. ruficollis*) qui hiverne
aussi au sud du Sahara.

♂
coin blanc
longue queue
aile étroite
avec tache blanche

Habitat *Forêts
clairsemées, landes
et tourbières à sol sec.*

> **Nidification juin–août.**
> **2 œufs blancs tachetés
> de brun.**
> **1–2 nichées par an.**

engoulevent à collier roux
collier brun–roux
poignet gris

tache jugulaire
blanche
poignet noirâtre
♂

119

bec minuscule,
mais très grand gosier

Le saviez-vous ?

*En plus
du ronronnement,
l'engoulevent fait
parfois entendre
des claquements d'ailes
la nuit. Ils se produisent
quand le mâle relève
les ailes au–dessus
du dos au cours
d'un vol de parade.
Ils servent aussi
à éloigner les rivaux.*

♀

plumage couleur écorce

Voix *Le chant est
un ronronnement
étouffé de plusieurs
minutes seulement
audible la nuit.*

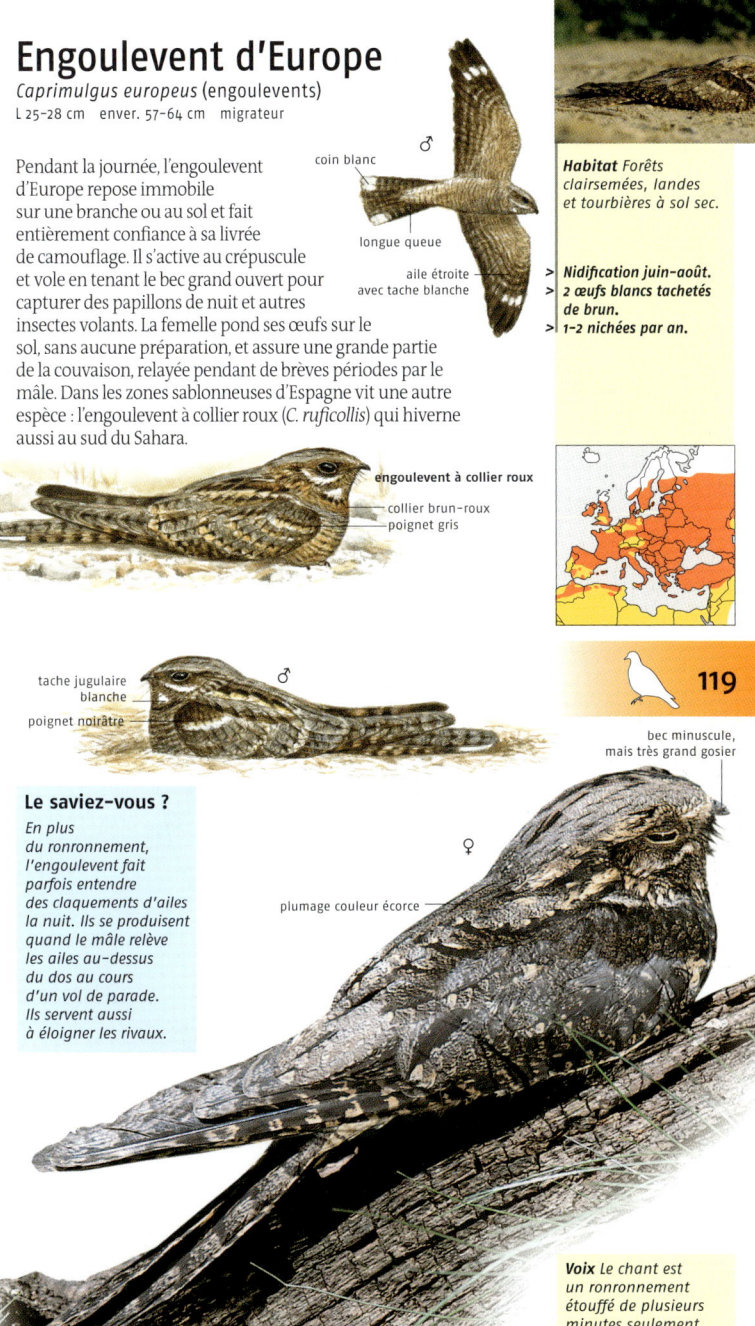

Martinet à ventre blanc

Apus melba (martinets)
L 20–22 cm   enver. 54–60 cm   migrateur

aile longue et étroite

queue échancrée

ventre blanc

Habitat Zones
rocheuses (surtout en
montagne) et villes ;
chasse au-dessus des
milieux les plus divers.

> **Nidification mai-août.**
> **1-3 œufs blancs.**
> **1 nichée par an.**

Le martinet à ventre blanc passe une bonne
partie de sa journée en l'air à chasser
les insectes. Il vole entre 60 et 100 km/h.
Il niche en colonies et construit dans une
cavité de bâtiment ou une anfractuosité
de rocher un nid constitué de quelques
tiges et plumes collées par de la salive.
À la différence du martinet noir (p. 121), il ne
passe pas la nuit en vol, mais dans son nid
en période de reproduction.

Voix *Cris, trilles stridents
rappelant parfois
des cris de faucons.*

dessus brun

gorge blanche

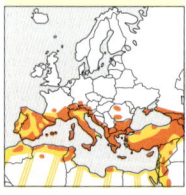

Martinet pâle
Apus pallidus (martinets)
L 16–17 cm   enver. 42–46 cm   migrateur

Habitat Niche en villes,
de préférence à faible
altitude.

> **Nidification avr.-oct.**
> **2-3 œufs blancs.**
> **1-2 nichées par an.**

Le martinet pâle vit dans le même
habitat que le martinet noir. Vu
son mode de vie similaire, on peut
le considérer comme une variante
méridionale de celui-ci.
Il niche aussi
sur des bâtiments,
est continuellement
en l'air et chasse
les insectes.
Les 2 adultes arrivent à apporter aux petits
jusqu'à 20 000 insectes par jour.

ventre à motifs
écailleux pâles

tache
jugulaire
blanche

Voix *Cris stridents
un peu plus graves
et doux que ceux
du martinet noir.*

dessus de l'aile
plus clair que le dos

dessous
de l'aile
plus contrasté
que le M. noir

extrémité de l'aile
plus émoussée
que le M. noir

Martinet noir

Apus apus (martinets)

L 16–17 cm   enver. 42–48 cm   migrateur

Excepté pendant l'incubation des œufs, le martinet noir passe tout son temps en l'air. Il y passe la nuit, s'y accouple et boit en rasant la surface de l'eau. En période de mauvais temps, quand les insectes font défaut, il peut s'éloigner de plusieurs centaines de kilomètres pour ne revenir dans son aire de reproduction que quelques jours plus tard. Pendant ce temps, les jeunes abaissent la température de leur corps et peuvent ainsi survivre à 1-2 semaines de pénurie.

gorge blanchâtre

plumage brun–noir uni

aile étroite en forme de faucille

queue échancrée

nid

Habitat Niche dans les villes, plus rarement en forêts ; chasse les insectes en vol dans tous les milieux.

> Nidification mai–sept.
> 2–3 œufs blancs.
> 1 nichée par an.

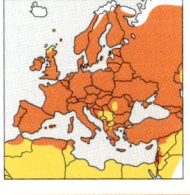

121

Voix Cris caractéristiques, stridents et étirés, émis en vol (« srííí »).

Conseil d'observation

La hauteur de vol des martinets noirs dépend des proies et donc du temps. Quand il fait chaud, les insectes et les martinets volent haut ; par temps froid ou de pluie, on les voit raser le sol et les plans d'eau.

Martin-pêcheur d'Europe

Alcedo atthis (martins-pêcheurs)
L 16-17 cm enver. 24-26 cm sédentaire

Habitat *Rivières, étangs et lacs comportant des berges abruptes pour qu'il puisse y creuser une galerie et y nicher.*

> **Nidification mars-sept.**
> **6-7 œufs blancs.**
> **2-4 nichées par an.**

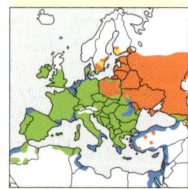

Le martin-pêcheur, que l'on pourrait comparer à une « pierre précieuse volante », guette les petits poissons depuis une branche surplombant la surface de l'eau. Il les capture en plongeant. Pendant les hivers rigoureux, où les étendues d'eau sont prises par les glaces, beaucoup de martins-pêcheurs meurent. Les survivants compensent les pertes par des nichées prolifiques.

long bec

dessus bleu turquoise

dessous orange

queue courte

Voix *Pousse un cri aigu et perçant « tîît ».*

Guêpier d'Europe

Merops apiaster (guêpiers)
L 27-29 cm enver. 44-49 cm migrateur

Habitat *Paysages variés parsemés d'arbres et comportant des pans de grève.*

> **Nidification mai-août.**
> **5-7 œufs blancs.**
> **1 nichée par an.**

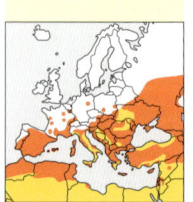

Le guêpier d'Europe est un chasseur habile qui capture des insectes volants. Avant de consommer sa proie, il la fracasse contre son perchoir. Il niche généralement en colonies dans des galeries atteignant jusqu'à 2 m de profondeur et creusées en 2 semaines environ par le couple dans une paroi argileuse. Le guêpier est une espèce grégaire aussi bien en chasse que durant la migration.

longues rectrices médianes

dessous clair

jeune

dessus verdâtre

adulte près d'une galerie

gorge jaune

dos jaune à brun-roux

bec long et légèrement arqué

dessous bleu turquoise

Voix *Cris roulés caractéristiques (« prrutt ») que l'oiseau en vol émet presque toujours.*

Torcol fourmilier

Jynx torquilla (pics)
L 16–17 cm   enver. 25–27 cm   migrateur

Le plumage du torcol, couleur d'écorce, est un excellent camouflage quand l'oiseau est posé sur une branche. Il trouve en revanche sa nourriture surtout au sol. Du bec, il éventre les fourmilières et y introduit sa longue langue poisseuse pour y capturer fourmis adultes et larves. Il niche dans des trous d'arbre et y détruit occasionnellement les pontes de petits passereaux qui s'y trouvent. Ses effectifs ont fortement décliné depuis que les vieux arbres fruitiers et les fourmis se font de plus en plus rares.

longue queue

Habitat *Niche dans de petits bois, des parcs et des vergers, aussi en lisière de forêt.*

> **Nidification mai–août.**
> **7–10 œufs blancs.**
> **1–2 nichées par an.**

adulte près de sa loge

Voix *Caquètements composés de 10 à 15 notes nasillardes.*

dessus à motifs gris-brun

gorge rayée

123

Le saviez-vous ?
Il doit son nom au comportement qu'il adopte en cas de danger : il tend le cou et le tord d'un côté et de l'autre. Il semble ainsi imiter l'attitude menaçante d'un serpent face à un ennemi.

Pic noir
Dryocopus martius (pics)
L 45-57 cm   enver. 64-68 cm   sédentaire

Habitat *Vit en forêts de résineux, de feuillus et d'essences mixtes, et niche dans les boisements de vieux arbres.*

> *Nidification mars-août.*
> *3-5 œufs blancs.*
> *1 nichée par an.*

124

Pour nicher, le pic noir commence par creuser une loge mesurant jusqu'à 50 cm de profondeur. Il y rembourre le fond de copeaux. Il lui arrive aussi de réoccuper une loge de l'année précédente. En creusant chaque année une loge neuve, il rend service aux autres espèces cavernicoles, dont le pigeon colombin (p. 114) et le choucas des tours (p. 86). C'est un oiseau très utile pour la sylviculture car il se nourrit non seulement de fourmis, mais aussi de larves de coléoptères xylophages.

œil clair

calotte rouge

♂

♀ nourrissant les jeunes au nid

Conseil d'observation
Parmi les pics européens, le pic noir est celui dont les séquences de tambourinage sont les plus longues, entre 2 et 3 s. Le tambourinage, qui compte une cinquantaine de coups de bec, lui sert à marquer son territoire.

aile plus large et queue plus étroite que celles de la corneille

♀

rouge seulement à l'arrière de la tête

Voix *Séries de « kvi-kvi-kvi... » ou de « krru-krru-krru... » rauques, aussi un « klièèh » plaintif ; au printemps, tambourinages.*

Pic vert

Picus viridis (pics)

L 31–33 cm   enver. 40–42 cm   sédentaire

croupion vert-jaune

rouge très étendu

calotte rouge

tour de l'œil noir

♀

nuque verte

moustache noire

♀

moustache rouge

♂

Le pic vert creuse sa loge dans du bois vermoulu. Pour se nourrir, il martèle moins le bois que les autres espèces de pics, car il est plus souvent posé sur le sol. Pour capturer les fourmis, il utilise son bec de diverses façons : en creusant des trous dans le sol, en déblayant la neige ou en enlevant la mousse obturant les interstices entre les pavés.

Habitat *Petits bois et forêts avec clairières, parcs et jardins boisés (aussi en zones habitées).*

> *Nidification avr.-août.*
> *5–8 œufs blancs.*
> *1 nichée par an.*

Voix *Séries de cris ricanants et gloussants, émises sans baisse d'intensité « kyu-kyu-kyu-kyu… ».*

Pic cendré

Picus canus (pics)

L 25–27 cm   enver. 38–40 cm   sédentaire

croupion vert-jaune

♂

tête grise

étroite moustache noire

Dès que la température s'adoucit en février ou mars retentissent les séries de cris mélancoliques du mâle. Il marque ainsi son territoire en même temps qu'il essaie d'attirer une femelle. Le couple travaille jusqu'à 3 semaines à la construction de la loge. Comme pour le pic vert, sa nourriture est composée essentiellement de fourmis.

Habitat *Préfère les forêts de feuillus et mixtes, fréquente aussi les parcs, les jardins et les allées d'arbres.*

> *Nidification avr.-juill.*
> *7–9 œufs blancs.*
> *1 nichée par an.*

♀ front gris

♂ front rouge

Voix *Série de cris descendant graduellement (« ku-ku-kûh-kûûh ») ; longs tambourinages.*

Pic mar
Dendrocopos medius (pics)
L 20–22 cm   enver. 33–34 cm   sédentaire

Habitat *Forêts de feuillus et mixtes, de préférence avec des boisements de chênes ;
aussi dans les parcs et jardins.*

> *Nidification avr.-août.*
> *5-6 œufs blancs.*
> *1 nichée par an.*

Le pic mar ne quitte pas son territoire de toute l'année, mais vit très retiré, même en période nuptiale. La loge qu'il a creusée lui-même est occupée plusieurs années de suite. Pour trouver des insectes, il pique dans le bois vermoulu. En automne et en hiver, il se nourrit surtout de noisettes, glands et autres fruits d'arbres.

calotte rouge

ventre strié

collier noir non fermé à la nuque

tache arrondie blanche à l'épaule

Voix *Pousse un « gvèh » nasillard et râpeux, et aussi des caquètements ; tambourinages rares.*

Pic épeichette
Dryobates minor (pics)
L 14–16 cm   enver. 25–27 cm   sédentaire

ailes barrées de blanc
milieu du dos blanchâtre

Habitat *Forêts claires de feuillus, petits bois, parcs, jardins et allées d'arbres.*

> *Nidification mars-août.*
> *5-7 œufs blancs.*
> *1 nichée par an.*

♂
ventre rayé

C'est le plus petit pic d'Europe. Il est si léger qu'il peut se poser sur de grandes touffes pour y chercher de la nourriture.
Le plus souvent, il séjourne dans la partie haute des arbres. Il creuse sa loge dans un tronc ou une grosse branche latérale. Il n'est pas rare que les femelles aient 2 mâles et qu'elles déposent une ponte dans chaque loge.

dessus barré de blanc

calotte noire
♀

calotte rouge
♂

Voix *Caquètements de faucon (« ki-ki-ki-ki... ») ; généralement 2 tambourinages rapides à la suite.*

Pic épeiche

Dendrocopos major (pics)
L 20-24 cm enver. 34-39 cm sédentaire

Le pic épeiche est éclectique
dans le choix de son milieu de vie
et de sa nourriture. En été, il se nourrit
de préférence d'insectes, mais n'hésite pas
à éventrer des cavités où nichent de petits
passereaux pour dévorer les œufs
ou les oisillons. En hiver,
les graines de conifères
constituent sa principale
nourriture qu'il complète

tache scapulaire
blanche allongée

avec des noisettes et des faines. Il suce aussi
volontiers la sève des arbres. Le pic syriaque (*D. syriacus*),
une autre espèce très ressemblante, vit dans le sud-est de l'Europe.

Habitat Forêts, petits
bois, parcs et jardins.

> *Nidification* avr.-août.
> 4-7 œufs blancs.
> 1 nichée par an.

127

collier nucal noir fermé

pas de collier nucal fermé

pic syriaque

♂

dos noir

arrière de la tête
noir

♀

sous-
caudales
rouges

rouge
à l'arrière de la tête

♂

jeune
calotte rouge

Voix Cri sec « kick »
ou série de « krrk-
krrk-krrk... » ;
tambourinage plus
rapide et plus court
que le Pic noir.

Conseil
d'observation

*Dans les parcs et
jardins, il martèle les
troncs d'arbres à la
recherche de larves
d'insectes. Il bloque
les cônes de conifères
dans des enfourchures
pour mieux les
dépouiller.*

Pic à dos blanc

Dendrocopos leucotos (pics)
L 24–26 cm   enver. 38–40 cm   sédentaire

croupion blanc

aile fortement barrée de blanc

collier noir non fermé sur la nuque

♂

ventre rayé

Habitat *Forêts de feuillus et mixtes avec un pourcentage élevé d'arbres morts.*

> *Nidification avr.-juill.*
> *3-5 œufs blancs.*
> *1 nichée par an.*

Le pic à dos blanc attaque les souches d'arbre vermoulues à coups de bec pour y trouver des larves d'insectes. Dans son habitat enneigé du nord et de l'est de l'Europe, ou en montagne, il est souvent obligé de se nourrir sur les troncs. S'il trouve suffisamment de nourriture dans son territoire de nidification, il ne le quitte pas, sinon il vagabonde çà et là.

calotte rouge

♂

calotte noire

♀

dessus fortement barré

Voix *Cri bref « kuck » ; longs tambouri-nages accélérant sur la fin.*

Pic tridactyle

Picoides tridactylus (pics)
L 20–24 cm   enver. 32–35 cm   sédentaire

dos barré de noir et blanc

Habitat *Forêts de résineux comportant de nombreux arbres morts ou vermoulus.*

> *Nidification mai-sept.*
> *3-4 œufs blancs.*
> *1 nichée par an.*

tête rayée de noir et blanc

dessous très tacheté

Le pic tridactyle se nourrit principalement de larves et de chrysalides de coléoptères qu'il trouve sous l'écorce d'arbres morts, dont la présence est donc indispensable. Cet oiseau est absent des forêts de production. Il trouve des conditions de vie favorables dans les zones forestières ravagées par la tempête.

♀

calotte jaune

♂

calotte blanchâtre

♀

Voix *Pousse un « kuck » bref, parfois aussi en série ; tambourinage plus long et plus lent que le pic épeiche.*

Effraie des clochers

Tyto alba (effraies)
L 33-35 cm   enver. 85-93 cm   sédentaire

Les effectifs d'effraies peuvent varier fortement en l'espace de quelques années. Ils dépendent de l'abondance des petits rongeurs et de la rigueur de l'hiver. Les années où les rongeurs abondent, l'effraie peut élever 3 nichées. S'ils font défaut, les nichées sont réduites ou alors il n'y a pas de reproduction. Si la couche de neige recouvre le sol pendant une assez longue période, les rongeurs sont inaccessibles pour les effraies et nombreuses sont celles qui ne survivent pas. Beaucoup aussi périssent au cours de leurs sorties nocturnes.

en Europe centrale et orientale, ventre brun orangé

disque facial blanc en forme de cœur

dessous de l'aile très clair

en Europe occidentale et méridionale, dessous blanc

Habitat Niche souvent dans les villages en bordure de zones ouvertes parsemées de haies et de fossés et offrant de bons terrains de chasse.

> Nidification mars-déc.
> 4-12 œufs blancs.
> 1-2 nichées par an.

129

Voix Chuintements et gémissements près du site de nidification.

famille dans un nichoir

Conseil d'observation

L'effraie niche dans les greniers, les granges et les clochers d'église dotés d'un trou d'envol. Les nichoirs adéquats lui facilitent la recherche d'un site de nidification approprié et lui offrent une bonne protection contre les fouines.

Chouette hulotte

Strix aluco (chouettes et hiboux)
L 37-42 cm   enver. 90-104 cm   sédentaire

aile large
et ronde

Habitat *Niche dans de vieux arbres en forêts, parcs, jardins et autres boisements ; chasse de nuit aussi en terrain découvert.*

> **Nidification févr.-août.**
> **3-5 œufs blancs.**
> **1 nichée par an.**

Le hululement du mâle que l'on entend dans les films d'épouvante retentit en automne et au début du printemps. La hulotte niche dans de grandes cavités d'arbre. Les jeunes sortent du nid et se posent dans les arbres ou au sol dès 4 semaines. Dans le Nord et dans les forêts du sud-est de l'Europe vit la chouette de l'Oural (*S. uralensis*), plus grosse.

œil sombre

grosse tête
avec raies
blanches

Voix *Le mâle pousse un long hululement et la femelle des « kouitt » secs.*

jeune non volant

face
unicolore

plumage
pâle barré

**chouette
de l'Oural**

longue queue

queue courte

130

Chouette lapone

Strix nebulosa (chouettes et hiboux)
L 62-70 cm   enver. 134-158 cm   sédentaire

face grise
avec
2 cernes
blancs

grosse tête
yeux jaunes

Habitat *Épaisses forêts de conifères parsemées de clairières.*

> **Nidification avr.-sept.**
> **3-6 œufs blancs.**
> **1 nichée par an.**

C'est la plus grosse chouette d'Europe. Elle niche dans d'anciennes aires de rapaces diurnes. Les jeunes quittent le nid à l'âge de 3-4 semaines, mais sont encore nourris pendant 5 mois par les parents. En raison de la durée du nourrissage, de nombreux couples ne se reproduisent pas tous les ans. Quand les campagnols se font rares, il peut ne pas y avoir de nichée.

plage alaire
brun clair

cou épais

jeune non volant
face sombre

Voix *Mâle : hululement grave composé de « ho » brefs ; femelle : cris miaulants.*

Chevêche d'Athéna

Athene noctua (chouettes et hiboux)
L 21–23 cm   enver. 54–58 cm   sédentaire

En général, la chevêche reste fidèle à son territoire pendant toute sa vie. Les jeunes, qui quittent le territoire parental à l'âge de 2-3 mois, s'installent à quelques kilomètres seulement de leur lieu de naissance. Dans le Nord, la chevêche niche de préférence dans des trous d'arbre, vieux saules têtards et arbres fruitiers, tandis que dans le Sud, elle préfère les cavités rocheuses ou les bâtiments. Là où les sites de nidification font défaut, on peut installer des nichoirs spécialement adaptés.

tête sombre

jeune

Habitat Paysages ouverts avec rangées d'arbres, dans certaines régions aussi en agglomérations.

> **Nidification mars-août.**
> **3-5 œufs blancs.**
> **1 nichée par an.**

cou allongé

queue courte

131

calotte mouchetée de blanc

œil jaune

face large

jeunes devant la cavité natale

Voix Pousse un puissant « ouououh », généralement répété.

Conseil d'observation

Au crépuscule, la chevêche se met en chasse. Elle se poste en hauteur pour guetter une proie, puis pique vers le sol pour capturer une souris, un petit oiseau ou un ver de terre.

Chouette de Tengmalm

grosse tête

Aegolius funereus (chouettes et hiboux)
L 24–26 cm   enver. 53–62 cm   sédentaire

tête carrée   air « étonné »
œil jaune

Habitat Forêts
de résineux,
généralement
en montagne.

> **Nidification mars-sept.**
> **3-6 œufs blancs.**
> **1-2 nichées par an.**

Pour chasser la nuit, la chouette de
Tengmalm se perche sur une branche
et écoute. Si elle perçoit à proximité un
bruissement causé par un rongeur ou un
petit oiseau, elle se précipite sur sa proie
dans un silence complet. Pour nicher, elle
choisit presque toujours une loge de
pic noir. En été comme en hiver,
ces loges lui servent d'entrepôt
de nourriture.

adulte
dans
sa cavité

Voix Le chant du mâle
est une série de « hou-
hou-hou-hou »
légèrement montants ;
la femelle émet
de petits cris secs.

plumage
brun foncé

jeune

Chevêchette d'Europe

queue
courte

Glaucidium passerinum (chouettes et hiboux)
L 16–19 cm   enver. 34–38 cm   sédentaire

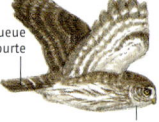

tête allongée

Habitat Forêts de
résineux et de boisements
mixtes, généralement
en montagne.

> **Nidification avr.-août.**
> **4-7 œufs blancs.**
> **1 nichée par an.**

C'est la plus petite chouette d'Europe. Elle est active dès le début
du crépuscule. Ses proies favorites sont les petits passereaux,
mais elle chasse aussi les petits
rongeurs en période de nidification.
À partir de février, le mâle
présente plusieurs cavités
à la femelle qui en choisira une
pour y nicher.

tête ronde

coup d'œil
hors
de la cavité

étroites
rayures
pectorales

jeune

dos à peine tacheté

Voix Chant commençant
par une note percutante
suivie d'autres plus
légères (« tuh-dududu-
du ») ; également des
cris étirés.

flancs
brun
foncé

Chouette épervière

Surnia ulula (chouettes et hiboux)
L 36–41 cm   enver. 74–81 cm   sédentaire

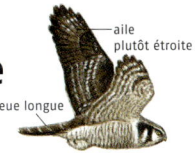
aile plutôt étroite
queue longue

face cernée de noir

Par son aspect et son vol, la chouette épervière fait penser à un rapace diurne. Elle est surtout active pendant la journée et se perche bien en évidence au sommet d'un arbre. Elle repère les rongeurs et petits oiseaux grâce à son excellente ouïe et à sa vue perçante. Elle niche dans des trous d'arbre naturels ou des loges de pics. Lorsque la nourriture est abondante, elle élève 2 nichées.

dessous barré

Habitat *Forêts claires de conifères, lisières et bouquets d'arbres, même à proximité des habitations.*

> **Nidification mars-août.**
> **5-10 œufs blancs.**
> **1-2 nichées par an.**

jeune non volant
dessous diffusément barré

Voix *Chant du mâle et de la femelle composé de trilles roulés.*

Petit-duc scops

Otus scops (chouettes et hiboux)
L 18–20 cm   enver. 49–54 cm   migrateur

aigrettes

dessous rayé

bande scapulaire blanche

Il est très difficile de repérer le petit-duc dans la frondaison en raison de son plumage couleur d'écorce. Il s'active seulement quand il fait complètement noir et entonne alors son chant monotone. Son régime alimentaire se compose de petits rongeurs et d'insectes. Il niche dans des trous d'arbre ou de mur et hiverne en Afrique, au sud du Sahara.

Habitat *Milieux secs à boisements d'essences variées ; est absent toutefois des massifs forestiers.*

> **Nidification avr.-août.**
> **3-5 œufs blancs.**
> **1 nichée par an.**

Voix *Chant monotone fait de « tiou... tiou... tiou... » à la sonorité un peu triste.*

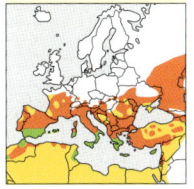

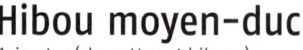

Hibou moyen-duc

Asio otus (chouettes et hiboux)
L 35-40 cm   enver. 90-100 cm   sédentaire

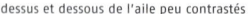
dessus et dessous de l'aile peu contrastés

grandes aigrettes généralement dressées

œil orange

Habitat *Niche en lisière de forêt, dans de petits bois et bouquets d'arbres ; chasse en terrain découvert.*

> *Nidification mars-août.*
> *3-8 œufs blancs.*
> *1 nichée par an.*

Le hibou moyen-duc occupe d'anciens nids de corneilles ou de rapaces diurnes. Il marque son territoire par son chant et ses vols de parade au cours desquels il produit des claquements d'ailes quand celles-ci se rejoignent au-dessous du corps. En hiver, les moyens-ducs se regroupent en dortoirs diurnes dans des résineux sous lesquels on peut trouver des pelotes de réjection.

jeune
non
volant

petites aigrettes

Voix *Le mâle émet des « hou » sourds répétés ; les jeunes poussent des cris aigus et plaintifs.*

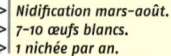

Hibou des marais

Asio flammeus (chouettes et hiboux)
L 34-42 cm   enver. 95-100 cm   migrateur partiel

pointe de l'aile fortement barrée sur le dessous

dessus de l'aile contrasté

Habitat *Milieux humides et ouverts (tourbières, dunes, prairies humides).*

> *Nidification mars-août.*
> *7-10 œufs blancs.*
> *1 nichée par an.*

Le hibou des marais est actif non seulement de nuit, mais aussi de jour. Comme un busard (p. 146), il patrouille dans la campagne au ras du sol d'un vol chaloupé et s'abat brutalement dès qu'il aperçoit un rongeur. La femelle creuse une petite dépression dans le sol à un endroit bien dissimulé entre des touffes d'herbe.

œil jaune

petites aigrettes à peine visibles

jeune
de 3 semaines

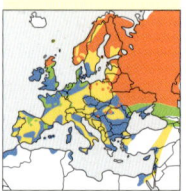

Voix *Le mâle pousse un hululement grave montant « bou-bou-bou-bou ».*

Grand-duc d'Europe

Bubo bubo (chouettes et hiboux)
L 60–75 cm   enver. 160–188 cm   sédentaire

aspect puissant
de rapace diurne

Le grand-duc est le plus grand des rapaces nocturnes. Il peut
capturer des proies de la taille d'un renard
ou d'un héron. En Europe, il avait disparu
de maintes régions. Grâce à des mesures de
protection, ses effectifs ont crû à nouveau.
Il niche dans d'anciennes aires de rapaces
diurnes. Les adultes nourrissent
les jeunes jusqu'à 5 mois.

aigrettes étroites

œil
orange

poitrine
très tachetée

face claire

**jeune
de 2 mois**

Habitat *Milieux
très variés, niche
dans des parois
rocheuses ou de grands
arbres.*

> **Nidification févr.–juill.**
> **2–4 œufs blancs.**
> **1 nichée par an.**

Voix *Hululement
du mâle grave et sourd
« ou-ho » avec accent
sur la première syllabe.*

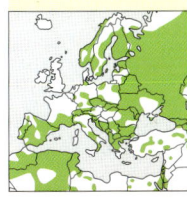

Harfang des neiges

Bubo scandiacus (chouettes et hiboux)
L 53–66 cm   enver. 142–166 cm   migrateur partiel

barre terminale plus
ou moins prononcée

grosse
tête

Le harfang des neiges niche souvent à même le sol. Il défend
son nid avec une telle véhémence contre les renards polaires
que les bernaches cravants viennent nicher à proximité. En période
de nidification, il se nourrit essentiellement de lemmings.
Quand ceux-ci font défaut, il ne se reproduit pas.

Habitat *Vit
dans la toundra,
de préférence
près du littoral.*

> **Nidification mai–sept.**
> **4–9 œufs blancs.**
> **1 nichée par an.**

œil jaune

♂

plumage presque
entièrement blanc

♀

presque toutes
les plumes
à pointe noire

**jeune
de 7 semaines**

duvet gris foncé

Voix *Le hululement
du mâle est une suite
monotone de sons
rauques rappelant
des jappements.*

Vautour fauve
Gyps fulvus (accipitridés)
L 95-105 cm   enver. 2,40-2,80 m   sédentaire

dessous de l'aile contrasté

queue arrondie

tête et cou
nus gris clair

collerette brune (blanche
chez les adultes)

Le vautour fauve bat peu des ailes
et ne s'envole qu'après le lever du soleil.
Il a besoin des ascendances thermiques
pour prendre de l'altitude. À une hauteur
de près de 3 000 m, il inspecte son
immense territoire à la recherche
de cadavres d'animaux. Il niche en
colonies dans des falaises rocheuses.

dos
brun clair

jeune

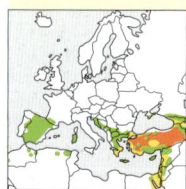

Voix *Grognements
et caquètements,
notamment
lors d'une curée.*

Vautour moine
Aegypius monachus (accipitridés)
L 98-107 cm   enver. 2,50-2,95 m   sédentaire

Contrairement au vautour fauve, le vautour moine
recherche les charognes en volant à basse hauteur.
Il est moins grégaire que le précédent et niche
généralement isolé. Il construit un
énorme nid de grosses branches
dans un arbre. L'œuf est couvé
pendant 7-8 semaines.
Le jeune reste
jusqu'à 4 mois
au nid, mais
continue
à être nourri
ensuite.

dessus
de la tête clair

collerette
gris-brun

cou nu noir

corps et ailes
brun foncé

Voix *Silencieux,
mais grognements
près d'une carcasse.*

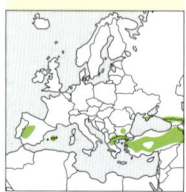

Gypaète barbu

Gypaetus barbatus
(accipitridés)
L 100–115 cm   enver. 2,50–2,82 m   sédentaire

adulte   jeune

tête
brun-
noir

ventre
brun
orangé

Pour trouver sa nourriture, le gypaète barbu patrouille en planant à basse et à grande hauteur. Des cadavres, il prélève non seulement la chair, mais aussi les os. Pour casser les plus gros et les carapaces de tortue, il les emporte en l'air et les laisse tomber au sol. Le couple demeure uni toute la vie et construit plusieurs nids dans des parois rocheuses.

tête claire
et barbe noire

dessus
noirâtre

queue
cunéiforme

ventre
brun

Habitat *Régions rocheuses, surtout en haute montagne.*

> **Nidification déc.-août.**
> **1-2 œufs brunâtres.**
> **1 nichée par an.**

Voix *Généralement silencieux, sifflements et sons trillés.*

Vautour percnoptère

Neophron percnopterus (accipitridés)
L 15–70 cm   enver. 1,55–1,80 m   migrateur

Ce vautour consomme de la charogne et des déchets de toutes sortes. Pour se nourrir sur un gros cadavre d'animal, il est obligé d'attendre que les plus grandes espèces de charognards l'aient éventré. Une fois les autres vautours rassasiés, il peut accéder à la carcasse. En Afrique, où il hiverne, il utilise une pierre pour casser les œufs d'autruche.

fin bec crochu

face nue jaune

Habitat *Milieux ouverts, niche dans des falaises rocheuses.*

> **Nidification mars-juill.**
> **2 œufs clairs tachetés de brun.**
> **1 nichée par an.**

queue
cunéiforme

dessous
brun foncé

dessous
blanc
et noir

adulte   jeune

Voix *Peu loquace, en cas d'inquiétude pousse des sifflements, grognements et trilles.*

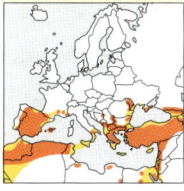

Balbuzard pêcheur

Pandion haliaetus (pandionidés)
L 55–58 cm   enver. 1,45–1,70 m   migrateur

Habitat *Près de cours et étendues d'eau poissonneux bordés de grands arbres ; également en bord de mer.*

> **Nidification mars-août.**
> **3 œufs blancs tachetés de brun.**
> **1 nichée par an.**

C'est toujours un spectacle captivant que de voir un balbuzard pêcheur se précipiter vers la surface de l'eau pour y pêcher un gros poisson. En temps normal, 2 prises lui suffisent par jour pour couvrir ses besoins alimentaires. Cependant, pendant les 3 mois que dure le nourrissage des jeunes, il multiplie les sorties. Dès août, il repart vers l'Afrique.

tête blanche
à bandeau noir

dessus
brun-noir

bande pectorale
brune

barre alaire noire
en dessous de l'aile

ventre blanc

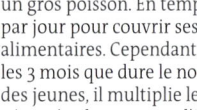

Voix *Divers cris brefs et aigus, généralement en série.*

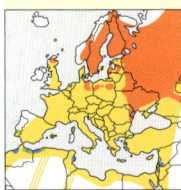

Élanion blanc

Elanus caerulus (accipitridés)
L 31–35 cm   enver. 75–87 cm   sédentaire

extrémité noire étendue

vol sur place

Habitat *Milieux secs et ouverts à boisements clairsemés ; aussi dans les champs et prairies.*

> **Nidification mars-août.**
> **3-5 œufs clairs fortement tachetés de brun.**
> **1 nichée par an.**

L'élanion blanc ne compte que 2 000 couples en Europe, ce qui en fait l'une des espèces nicheuses les plus rares du continent. Il niche dans une aire installée dans un arbre. Sa nourriture se compose de rongeurs, de lézards et de petits oiseaux. Il chasse à l'affût, en patrouillant à la façon des busards, ou en voletant sur place comme une crécerelle.

œil cerclé
de noir

tête
blanche

épaules noires

poitrine brunâtre

jeune

dessus
écailleux

dos gris

adulte

Voix *Cris enroués et miaulants.*

Pygargue à queue blanche

Haliaeetus albicilla (accipitridés)
L 69-92 cm   enver. 2-2,45 m   sédentaire

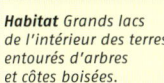

Le pygargue à queue blanche doit attendre l'âge de 4 ans pour se reproduire. Les couples sont unis pour la vie et ne quittent pour ainsi dire pas leur territoire de toute l'année. L'aire, qui mesure jusqu'à 1 m de diamètre, est construite en haut d'un arbre avec de gros branchages et est réutilisée plusieurs années de suite. Ce chasseur polyvalent pêche de gros poissons et capture des oiseaux d'eau à la surface de l'eau ou en l'air. Il lui arrive aussi de consommer de la charogne (cadavres de cygnes morts de faim en hiver).

Habitat *Grands lacs de l'intérieur des terres entourés d'arbres et côtes boisées.*

> *Nidification févr.-août.*
> *2 œufs blancs.*
> *1 nichée par an.*

pointe du bec foncée

tête et cou brun foncé

queue sombre

jeune

queue blanche légèrement cunéiforme

adulte

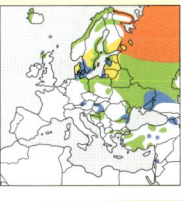

139

bec jaune, très fort

tête et cou brun clair

Voix *En période nuptiale, séries de cris clairs (aussi en duo), plus graves.*

Le saviez-vous ?

La chasse, les dérangements sur les sites de nidification et le taux élevé de substances toxiques dans ses proies avaient entraîné un fort déclin des effectifs. Depuis une vingtaine d'années, l'espèce est à nouveau en expansion grâce aux mesures de protection et à l'interdiction des produits toxiques.

Aigle royal

Aquila chrysaetos (accipitridés)

L 77–90 cm   enver. 1,90–2,10 m   sédentaire

plage alaire brun doré

Habitat *Niche en montagne ; en hiver, se rencontre aussi à basse altitude.*

> **Nidification mars-août.**
> **2 œufs blanchâtres.**
> **1 nichée par an.**

L'aigle royal, qui est le rapace caractéristique des massifs montagneux, capture principalement des marmottes, lapins et jeunes chamois, ainsi que des lapopèdes et autres oiseaux. Il ne se reproduit qu'à partir de 5 ans et construit une aire sur un éperon rocheux ou un arbre.

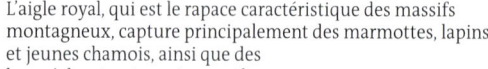

tête brun doré

bord d'attaque des ailes brun doré

grandes plages alaires blanches

barre terminale

barres indistinctes à la queue

jeune

adulte

Voix *Cris caquetants et miaulants rarement audibles.*

dessous de l'aile très sombre

jeune

gris-brun jaunâtre

adulte

milieu de la queue clair

Aigle impérial

Aquila heliaca (accipitridés)

L 77–84 cm   enver. 1,85–2,20 m   migrateur partiel

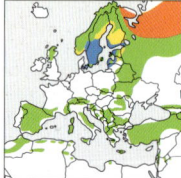

Habitat *Steppes boisées et zones cultivées ouvertes.*

> **Nidification mars-août.**
> **2-3 œufs blanchâtres tachetés de brun.**
> **1 nichée par an.**

Il niche sur un arbre isolé. Son territoire de chasse et de nidification peut couvrir 50 km². Il mange des petits mammifères ne dépassant pas la taille d'un lièvre. Hamsters et sousliks sont ses proies favorites. Autrefois considéré comme une race de l'aigle impérial, l'aigle ibérique (*A. adalberti*) vit dans le sud et le centre de l'Espagne.

tête brun doré clair

tache blanche à l'épaule

Voix *Jappements lors des parades nuptiales, cris trillés.*

jeune

adulte

bord d'attaque de l'aile blanchâtre

dessous brun-roux

aigle ibérique

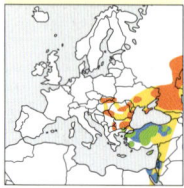

Aigle criard

Aquila clanga (accipitridés)
L 62–75 cm   enver. 1,55–1,82 m   migrateur

plage alaire pâle diffus
base de la queue claire
jeune

bec fort

plumage du corps brun foncé

Il est très difficile de différencier l'aigle criard de l'aigle pomarin. L'aigle criard a une constitution un peu plus robuste et un plumage plus foncé. Quand il vole à la recherche de rongeurs ou de batraciens, il se montre fort discret et il lui arrive souvent de chasser « à pied ». Vers la fin septembre, il migre vers ses quartiers d'hiver.

Habitat *Vit en forêts, mais chasse aussi en terrain découvert.*

> **Nidification** avr.–sept.
> **2 œufs blancs parfois tachetés de brun.**
> **1 nichée par an.**

jeune

petite tache alaire claire

dessous très sombre

adulte

aile plus large que chez le pomarin

zone sous-caudale brun clair

Voix Jappements et cris éraillés.

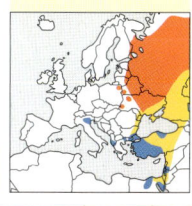

Aigle pomarin

Aquila pomarina (accipitridés)
L 57–66 cm   enver. 1,34–1,70 m   migrateur

tache blanche plus nette que chez le Criard
couvertures sus-alaires brun clair
jeune

Grâce à ses hautes pattes, l'aigle pomarin peut marcher sans difficulté dans l'herbe des prairies. Il y capture de petits rongeurs, des batraciens et de gros insectes. Pour chasser, cet oiseau discret ne s'éloigne guère à plus de 1 à 2 km de son aire. Dans son aire d'hivernage, dans la moitié sud de l'Afrique, il parcourt un territoire de 25 000 km².

Habitat *Niche en forêts et chasse dans les clairières, les prairies et champs environnants.*

> **Nidification** avr.–août.
> **1–2 œufs blancs tachetés de brun ou violet.**
> **1 nichée par an.**

couvertures sous-alaires brun chaud contrastant avec les primaires noires

jeune

bec plus fin que le criard
plumage brun plus chaud que chez le criard
zone sous-caudale claire

adulte

Voix Puissants cris clairs, souvent émis en séries.

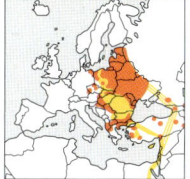

Aigle botté

Aquila pennata (accipitridés)
L 45–53 cm   enver. 1–1,21 m   migrateur

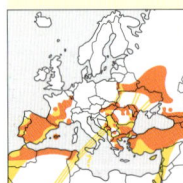

Son mode de chasse est caractéristique. Il se tient quasiment immobile en l'air et tourne la tête de-ci, de-là. Dès qu'il aperçoit une proie, un lapin, un lézard ou un oiseau, il plonge en piqué pour s'en saisir. Cette espèce se présente sous 2 formes de plumage : claire et sombre. L'aigle de Bonelli (*H. fasciatus*), qui est beaucoup plus rare, vit dans les régions méditerranéennes.

forme claire
dessous de l'aile noir et blanc

forme sombre

dessous de l'aile brun foncé

ventre brun foncé

forme claire

petite tache blanche à l'épaule

dessous blanchâtre et poitrine striée

aigle de Bonelli
dessous brun roussâtre

large barre alaire noire

adulte

jeune

barre terminale noire

orteils non emplumés

Voix Longues séries de cris, surtout à proximité de l'aire.

Circaète Jean-le-Blanc

Circaetus gallicus (accipitridés)
L 62–67 cm   enver. 1,70–1,85 m   migrateur

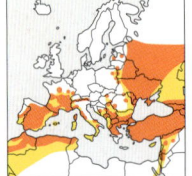

Le circaète se nourrit principalement de serpents. Il capture aussi des lézards et des batraciens. En général, il rapporte sa proie à l'aire, qui se trouve dans un arbre, en la tenant dans le bec. Pour élever son unique petit, il lui faut capturer plus de 200 reptiles. C'est pourquoi, son aire de répartition est limitée aux régions riches en serpents.

Voix Le cri du mâle est composé de notes aiguës et graves (« hii-yoo »), émis généralement en séries.

aile longue et large

queue barrée

dessous de l'aile très barré

grosse tête

poitrine sombre, ventre tacheté

Milan royal

Milvus milvus (accipitridés)
L 60–66 cm   enver. 1,75–1,95 m   migrateur partiel

aile généralement anguleuse

zone blanche à la main et bout de l'aile noir

queue brun-roux très échancrée

Ce charognard se nourrit volontiers des animaux victimes de la circulation routière. Il patrouille à assez basse hauteur. En période de reproduction, chaque couple a son propre territoire, mais le reste du temps, les milans royaux sont assez sociables. On les rencontre en groupe sur les dépôts d'ordures.

tête gris clair

bande pâle sur le dessus de l'aile

Voix Sons sifflés montants et descendants « viouou-viou-viou-viou ».

Habitat *Niche en forêts et dans de petits bois ; cherche sa nourriture en milieu ouvert.*

> *Nidification avr.–août.*
> *2–3 œufs blancs tachetés de brun.*
> *1 nichée par an.*

143

Milan noir

Milvus migrans (accipitridés)
L 55–60 cm   enver. 1,60–1,80 m   migrateur

main légèrement claire

queue brun foncé peu échancrée

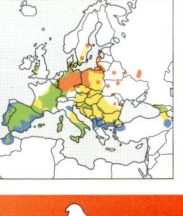

C'est le rapace dont l'aire de répartition est la plus étendue. Il est présent en Europe, mais aussi en Afrique, en Asie et en Australie. Comme le milan royal, il se nourrit essentiellement de charogne, mais recherche volontiers les étendues d'eau pour pêcher des poissons morts. Les milans noirs d'Europe hivernent au sud du Sahara.

calotte pâle

plumage du corps brun foncé

bande pâle tranchant légèrement sur le dessus plus sombre

Voix *Longs sifflements finissant par un trille ; mâle et femelle chantent en duo près de l'aire.*

Habitat *Niche en forêts et petits bois ; cherche sa nourriture en milieu ouvert au-dessus de l'eau.*

> *Nidification avr.–août.*
> *2–3 œufs blancs tachetés de brun.*
> *1 nichée par an.*

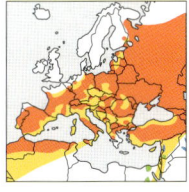

Buse pattue
Buteo lagopus (accipitridés)
L 50–61 cm   enver. 1,20–1,50 m   migratrice partielle

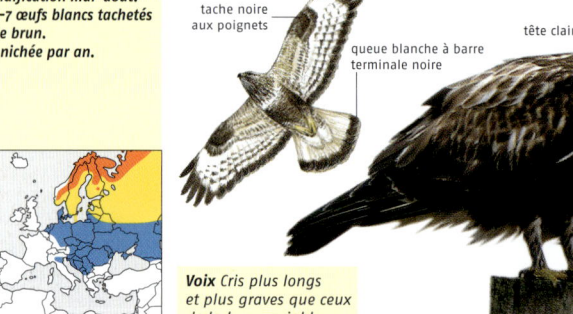

chasse souvent en volant sur place

Habitat *Niche dans la toundra et en montagne ; en hiver, fréquente les prés et autres milieux ouverts.*

> *Nidification mai–août.*
> *2–7 œufs blancs tachetés de brun.*
> *1 nichée par an.*

L'abondance des campagnols et lemmings, qui constituent les principales proies de cette buse, varie fortement d'une année sur l'autre. La buse adapte donc la taille de sa ponte à la ressource alimentaire, ne se reproduit pas, ou niche à un autre endroit. Son nid est installé sur des rochers ou dans les arbres et sur le sol dans la toundra.

tache noire aux poignets

queue blanche à barre terminale noire

tête claire

ventre brun–noir

tarses emplumés jusqu'aux doigts

Voix Cris plus longs et plus graves que ceux de la buse variable.

Bondrée apivore
Pernis apivorus (accipitridés)
L 52–60 cm   enver. 1,30–1,50 m   migratrice

adultes (plumage variable)
tache noire au poignet
dessous de l'aile très barré
petite tête

Habitat *Niche en forêts, mais cherche sa nourriture aussi en milieu ouvert.*

> *Nidification mai–août.*
> *2 œufs blanchâtres tachetés de brun.*
> *1 nichée par an.*

Postée à l'affût, la bondrée observe les guêpes qui se dirigent vers leur nid. Une fois l'emplacement repéré, elle gratte le sol avec ses griffes, dévore les larves sur place ou apporte le gâteau de cire à ses petits au nid. La bondrée migre vers l'Afrique en grandes troupes.

jeune
queue plus longue que la buse variable

tête grise
œil jaune

poitrine tachetée

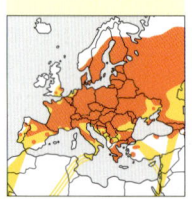

Voix Jeunes très loquaces, cris trisyllabiques « du-li-luh » ; émet aussi de nombreux autres cris.

Buse variable

Buteo buteo (accipitridés)
L 50–57 cm   enver. 113–128 cm   sédentaire

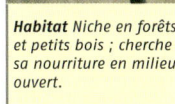

Comme son nom l'indique, cette buse possède un plumage extrêmement variable qui peut aller du brun-noir uni au blanc presque pur. Elle se nourrit de campagnols et autres petits animaux. Elle construit son nid dans les arbres. Sa population de près d'un million de couples en fait l'espèce de rapace diurne la plus commune d'Europe. Dans les Balkans existe une autre espèce de buse au plumage brun-roux, la buse féroce (*B. rufinus*), qui ressemble à la sous-espèce vulpinus d'Europe nord-orientale.

Habitat Niche en forêts et petits bois ; cherche sa nourriture en milieu ouvert.

> Nidification mars-août.
> 2-3 œufs blancs tachetés de brun.
> 1 nichée par an.

queue courte et arrondie, finement barrée, barre terminale sombre

dans le nord-est de l'Europe, plumage brun-roux

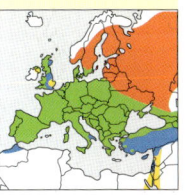

145

Voix Le cri est un « kièèh » très sonore.

Conseil d'observation

Pour trouver sa nourriture, la buse variable se pose sur un piquet de clôture et observe les champs et prés environnants. Elle se laisse aussi porter par des ascendances thermiques pour scruter le sol d'en haut.

stature ramassée

tache noire au poignet

buse féroce

queue brun-roux uni

patte non emplumée jaune

plumage variable

Busard Saint-Martin

Circus cyaneus (accipitridés)
L 43–52 cm   enver. 99–121 cm   sédentaire

Habitat *Niche dans les tourbières, landes, dunes et clairières ; chasse aussi dans les prés et les champs.*

> **Nidification** avr.-août.
> 3-7 œufs blanchâtres parfois tachetés.
> 1 nichée par an.

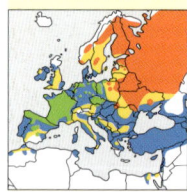

Le busard saint-martin hiverne seulement dans des endroits où il peut trouver des rongeurs pour se nourrir. De jour, il patrouille au-dessus des prés et des champs ; le soir, il se réfugie généralement dans une roselière pour y passer la nuit en compagnie d'autres individus de la même espèce. Son nid est composé de brindilles et de branchages.

tête, poitrine et dessus gris

jeune

croupion blanc ♀

aile plus large que le busard cendré

♂

ventre blanc non tacheté

♂

bout de l'aile noir

Voix *Peu loquace ; en vol de parade, pousse des caquètements et sifflements.*

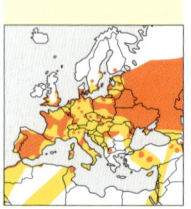

Busard cendré

Circus pygargus (accipitridés)
L 43–47 cm   enver. 1,05–1,20 m   migrateur

Habitat *Niche et chasse dans les tourbières, prairies et champs de céréales.*

> **Nidification** mai-août.
> 3-5 œufs bleuâtres à taches rousses.
> 1 nichée par an.

Le busard cendré niche au sol, parfois en petites colonies. Il hiverne en Afrique. En plus des rongeurs, il capture de gros insectes, des lézards et de petits oiseaux. Le busard pâle (*C. macrourus*), qui niche à l'est de la mer Noire, est aussi svelte que lui et son plumage a la même coloration.

collier blanchâtre ♀

dessous de l'aile sombre

en coin

collier clair

jeune

busard pâle

♂

collier pâle esquissé

étroit croupion blanc

barre alaire noire

aile très étroite

♀

jeune

♂

tête, poitrine et dessus gris

ventre strié de brun-roux

Voix *Caquètements du mâle en vol de parade.*

Busard des roseaux

Circus aeruginosus (accipitridés)
L 48–56 cm   enver. 1,10–1,30 m   migrateur partiel

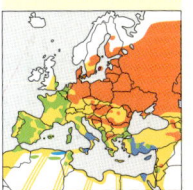

Dès son retour dans son territoire de nidification, le mâle parade dans le ciel en poussant des cris sanglotants. Le nid est surtout l'œuvre de la femelle, le mâle se chargeant d'apporter les matériaux. Le régime du busard des roseaux se compose de rongeurs et de petits oiseaux, et en période de reproduction d'œufs et d'oisillons d'autres espèces. Si la nourriture est abondante, le mâle peut s'attacher 2 femelles, mais doit alors nourrir 2 familles.

Habitat *Niche dans les roselières et les champs de céréales ; chasse en terrain découvert, de préférence près de l'eau.*

> *Nidification avr.–août.*
> *4–5 œufs blanc bleuâtre parfois tachetés.*
> *1 nichée par an.*

poussins au nid

aile brun foncé, bord d'attaque jaunâtre

♀

jeune

tête brun clair

brun noirâtre uni sauf la tête

♂

aile brun-gris-noir

147

Voix *Cris nasillards lors du vol de parade du mâle. Caquètements en cas de danger.*

dos brun

♂

Conseil d'observation

Comme tous les busards, le busard des roseaux a un vol chaloupé. En vol, il tient ses ailes relevées en V. Il parcourt son territoire à basse hauteur et roule constamment autour de son axe. S'il aperçoit une proie, il fait demi-tour sur place et s'abat au sol.

longues pattes

Autour des palombes

Accipiter gentilis (accipitridés)
L 48–62 cm   enver. 1,35–1,65 m   sédentaire

dessus brun
dessous roussâtre à stries brunes

jeune

Habitat *Niche en forêts ; chasse de préférence en lisière, mais aussi en milieux semi-ouverts.*

> *Nidification mars–juill.*
> *2–5 œufs blanchâtres.*
> *1 nichée par an.*

Le mâle est nettement plus petit que la femelle. La taille des proies, chassées en vol, est en conséquence. Tandis que le mâle capture des oiseaux de la taille d'un pigeon, la femelle est capable de tuer de gros gallinacés. En hiver, les autours se nourrissent aussi de rongeurs et de lapins.

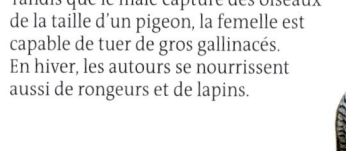

dessus gris foncé

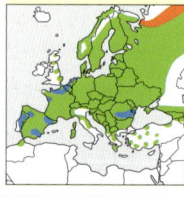

adulte ♀
dessous barré
stature forte

jeune ♂

dessous blanc barré de noir

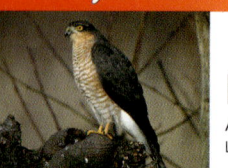

longue queue
dessous strié

Voix *Au nid, crie comme la buse ; en cas de danger, longues séries de « guik-guik-guik… ».*

148

Épervier d'Europe

Accipiter nisus (accipitridés)
L 28–38 cm   enver. 55–70 cm   sédentaire

épervier à pieds courts

♂   ♀

pointe de l'aile noire

Habitat *Niche en forêts de résineux et petits bois ; chasse de préférence en milieu assez fermé, mais aussi en terrains semi-ouverts.*

> *Nidification avr.-août.*
> *4–6 œufs blanc bleuâtre tachetés de sombre.*
> *1 nichée par an.*

Comme l'autour, le mâle et la femelle d'épervier diffèrent par leur taille. Leur technique de chasse est l'attaque par surprise. Ils volent masqués par les buissons et les arbres et surgissent à l'improviste pour capturer de petits oiseaux. Plus à l'est vit une autre espèce d'épervier, à l'œil sombre : l'épervier à pieds courts (*A. brevipes*).

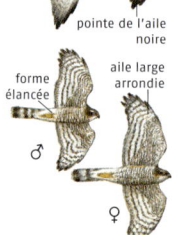

forme élancée

aile large arrondie

♂

♀

œil jaune
♀
dessous blanc barré de noir

dessus gris-brun

Voix *Longues séries de « gui-gui-gui-gui… », plus rapides en cas de danger.*

♂
dessus gris bleuâtre

dessous barré de brun-roux

Faucon crécerelle

Falco tinnunculus (faucons)

L 32–39 cm   enver. 65–82 cm   sédentaire

Dans le choix de son site de nidification, le faucon crécerelle est très éclectique. Il réutilise d'anciens nids de corvidés situés dans des arbres ou sur des pylônes électriques, mais niche aussi dans des cavités rocheuses ou de bâtiments. En ville, il s'installe dans des clochers et autres bâtiments, mais chasse dans les champs. Il arrive que plusieurs couples nichent en colonies, chacun possédant cependant son propre territoire alimentaire. Le faucon crécerellette *(F. naumanni)*, qui vit dans le bassin méditerranéen, est un oiseau grégaire qui niche en véritables colonies.

vol stationnaire

149

Voix Cris perçants « ki-ki-ki-ki-ki... ».

♀   tête brunâtre

♂

♂   queue grise

bande terminale noire

tête grise

♂   dessus brun-roux tacheté de sombre

dessus brun-roux non tacheté

faucon crécerellette ♂
plage alaire grise

poitrine très tachetée

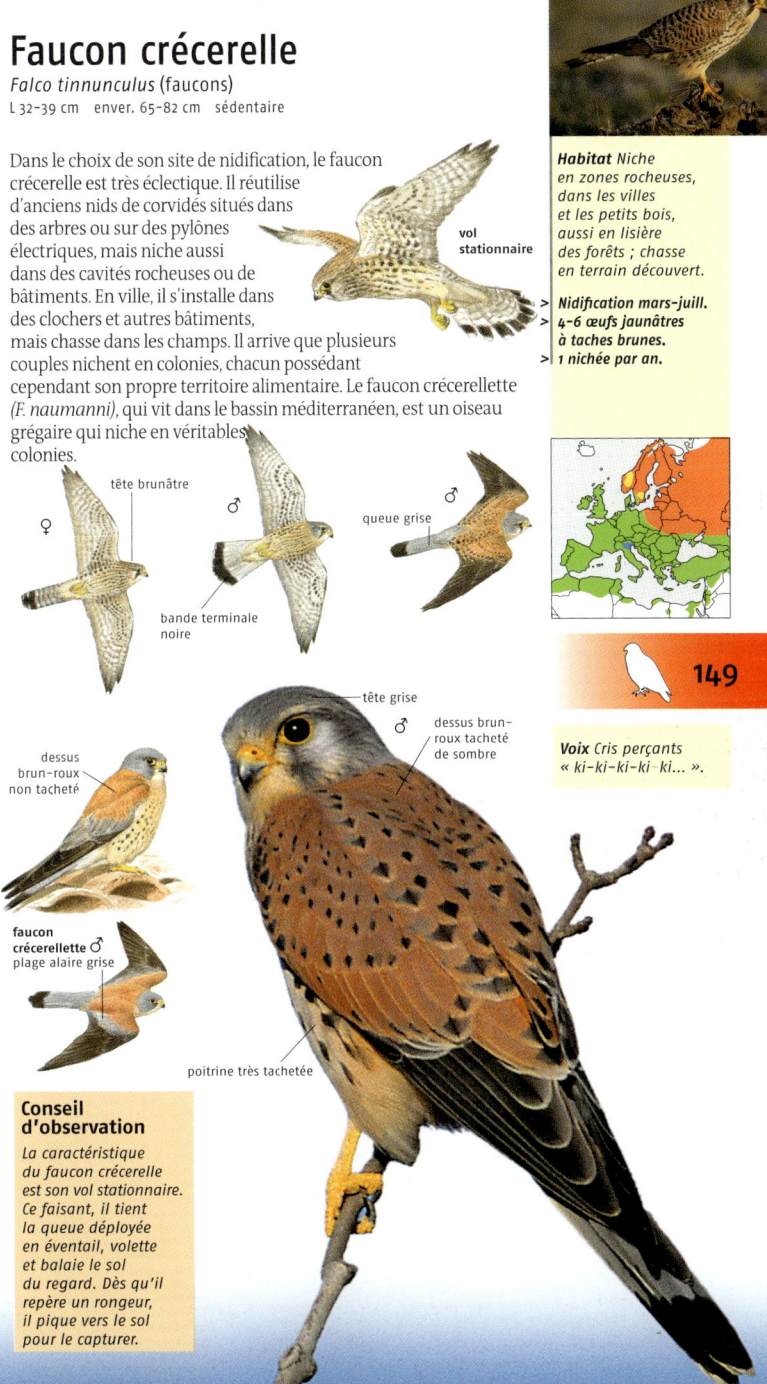

Conseil d'observation

La caractéristique du faucon crécerelle est son vol stationnaire. Ce faisant, il tient la queue déployée en éventail, volette et balaie le sol du regard. Dès qu'il repère un rongeur, il pique vers le sol pour le capturer.

Faucon émerillon

Falco columbarius (faucons)
L 25-30 cm   enver. 50-67 cm   migrateur

ailes plus pointues que l'épervier

queue barrée

D'un vol rapide, le faucon émerillon rase le sol pour surprendre et capturer des petits oiseaux. Même en migration au-dessus de la mer, il procède de la même façon avec les oiseaux qui migrent comme lui. En période de nidification, c'est surtout le mâle qui chasse et apporte les proies à la femelle qui les dépèce pour les petits.

♀ motif de la tête peu contrasté

dessus brun

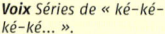

dessous à grosses rayures brunes ♀

dessous à nuance orangée ♂

Voix *Séries de « ké-ké-ké-ké… ».*

150

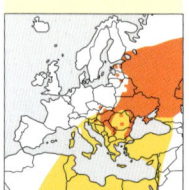

Faucon kobez

Falco vespertinus (faucons)
L 28-31 cm   enver. 65-78 cm   migrateur

dessous de l'aile noir ♂

ventre et dessous de l'aile brun orangé ♀

Ce faucon est un rapace grégaire qui chasse souvent en groupe et niche généralement en colonies. Il guette les insectes depuis son perchoir. Les sauterelles et rongeurs sont capturés au sol. En automne, il migre vers l'Afrique du Sud. Au retour, certains individus s'écartent de leur route et font une apparition en Europe de l'Ouest.

♂ âgé de 1 an bande pectorale brun-roux

calotte brun orangé ♀

dessous rayé de brun

dessus brun foncé **jeune**

plumage gris foncé ♂

♂ âgé de + de 1 an   dessous brun orangé

culottes et sous-caudales rousses

Voix *Crie comme la crécerelle (p. 149). « Gu-gu-gu-gu-… » un peu nasillards.*

Faucon hobereau

Falco subbuteo (faucons)
L 28–36 cm   enver. 74–84 cm   migrateur

Le hobereau élève ses petits dans un nid
de corvidés. Il chasse de préférence
dans les airs, notamment les hirondelles,
les martinets et d'autres oiseaux. C'est aussi un amateur
d'insectes. En cas de mauvais temps prolongé, il se peut
que les parents ne puissent plus nourrir les jeunes par
manque de proies.

aile étroite
et pointue

bas-ventre rouille

dessous de l'aile
clair

Habitat *Niche en forêts
et petits bois ; chasse
de préférence
près de l'eau
et en milieu ouvert
humide.*

> *Nidification mai-août.*
> *2–4 œufs blanchâtres
> tachetés de brun-roux
> sombre.*
> *1 nichée par an.*

tête à motif contrasté

jeune

dessus gris foncé

dessus
brun

dessous rayé
sur fond
jaunâtre

dessous rayé
de noir

Voix *Cris semblables
à ceux de la crécerelle,
aussi en duo.*

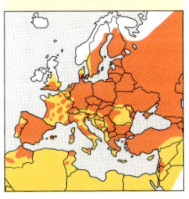

151

Faucon d'Éléonore

Falco eleonorae (faucons)
L 36–42 cm   enver. 1,10–1,30 m   migrateur

Le faucon d'Éléonore est un chasseur
qui a adopté les méthodes des brigands
de grand chemin. Posté dans des îles
de Méditerranée, il guette le passage des oiseaux
migrateurs en route vers l'Afrique. Il ne commence à nicher
qu'en automne qui est la période où la ressource alimentaire
est la plus abondante. Migre une fois les jeunes élevés.

dessous
de l'aile
sombre

poitrine
à stries
serrées

motif de la tête
noir et blanc

bas-ventre
rouille
forme claire

forme sombre

Habitat *Niche
sur les côtes rocheuses,
mais de préférence
sur de petites îles
rocheuses.*

> *Nidification juill.-oct.*
> *2–3 œufs clairs tachetés
> de brun-roux.*
> *1 nichée par an.*

dessus brun-noir

dessus brun
d'aspect écailleux

motif
moins net

jeune

Voix *Séries de « guè-
guè-guè-guè... »
plus graves que ceux
de la crécerelle (p. 149).*

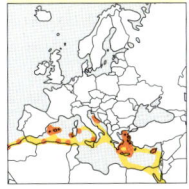

Faucon gerfaut

Falco rusticolus (faucons)
L 48–60 cm   enver. 1,30–1,60 m   sédentaire

Habitat *Toundra et côtes rocheuses abruptes ; en hiver, aussi en milieu ouvert.*

> **Nidification** *avr.-août.*
> *3-4 œufs jaunâtres tachetés de brun-roux.*
> *1 nichée par an.*

152

Le faucon gerfaut niche dans des falaises rocheuses. Il utilise aussi d'anciens nids de buse pattue et de grand corbeau. Les adultes passent généralement l'hiver dans leur territoire de nidification, tandis que certains jeunes mènent une vie erratique qui les conduit jusque dans le nord de l'Europe centrale. Le faucon sacre (*F. cherrug*), qui vit dans les steppes et semi-déserts du sud-est de l'Europe, est un peu plus petit et un peu plus brun chaud. Il peut capturer des proies de la taille d'un lièvre et même des hérons en vol.

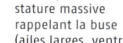

stature massive
rappelant la buse
(ailes larges, ventru)

dessus brun foncé
Groënland

dessous strié
de brun foncé
Scandinavie

adulte

jeune

motif de la tête peu contrasté

tête claire à moustache étroite

faucon sacre

dessus
brun chaud

dessous tacheté
de noirâtre

« culottes »
brunes

Voix *Séries de « kya-kya-kya-kya... » plus graves que ceux du faucon pèlerin.*

Le saviez-vous ?

Le faucon gerfaut est le plus grand faucon d'Europe. C'est un chasseur de petits mammifères très prisé des fauconniers. En raison des prix très élevés offerts sur le marché noir pour la capture de ces oiseaux, l'espèce s'est trouvée menacée.

Faucon pèlerin

Falco peregrinus (faucons)

L 36–48 cm   enver. 80–120 cm   sédentaire

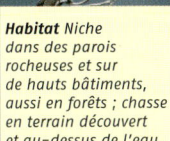

dessous
de l'aile
clair

queue
assez courte
pour un
Faucon

Le faucon pèlerin chasse les oiseaux de la taille d'une grive (p. 36-38) à celle d'une mouette (p. 193-202). En Europe, il a failli disparaître, victime du dénichage et des pesticides. Grâce à des mesures de protection et à l'interdiction de certains produits chimiques, les effectifs de pèlerins ont connu une remontée notable de sorte que l'on trouve à présent des couples nichant en villes dans les clochers. Le faucon lanier (*F. biarmicus*), une autre espèce de grand faucon, vit en Italie et en Grèce.

Habitat *Niche dans des parois rocheuses et sur de hauts bâtiments, aussi en forêts ; chasse en terrain découvert et au-dessus de l'eau.*

> **Nidification mars-juin.**
> **3-4 œufs jaunâtres tachetés de brun.**
> **1 nichée par an.**

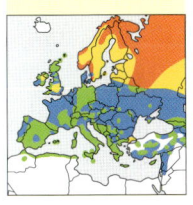

153

dessus brun

dessous rayé

nuque rouille

jeune

moustache étroite

adulte

dessous barré

faucon lanier

tête à capuchon noir

jeune

dessus
brun foncé

Voix *Séries de « grè-grè-grè-grè... » plus rauques que ceux de la crécerelle (p. 149).*

Le saviez-vous ?

Le faucon pèlerin est l'un des oiseaux les plus rapides. Quand il repère une proie alors qu'il décrit des orbes dans le ciel, il replie ses ailes et atteint en piqué 300 km/h.

dessus gris
ardoise

dessous
barré
de sombre

dessous brun-jaune
à larges rayures
brun foncé

Tétras lyre

Tetrao tetrix (gallinacés)
L 32–39 cm   enver. 65–80 cm   sédentaire

petit bec ♀

cou
et ventre
barrés

Habitat *Landes
et tourbières
à proximité de forêts.*

> **Nidification avr.–sept.**
> **6-10 œufs brun-jaune
> tachetés.**
> **1 nichée par an.**

Au printemps, les mâles
se rassemblent au petit matin et le soir
dans une « arène », où ils paradent en
vue d'obtenir les faveurs des femelles
qui assistent au spectacle. Les mâles vainqueurs peuvent
s'accoupler à plusieurs femelles, mais ne participent pas
à la couvaison ni à l'élevage.

rosette rouge écarlate

Voix *Pendant
la parade : mâles :
sons roucoulants
et sifflants ; femelles :
caquètements.*

plumage noir à reflets
bleutés

♂

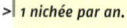

Gélinotte des bois

Tetrastes bonasia (gallinacés)
L 35–40 cm   enver. 48–54 cm   sédentaire

bande blanche du front
à la poitrine

Habitat *Forêts
à végétation variée,
à sous-bois touffu
où abondent les baies.*

dessus
barré

> **Nidification avr.–juill.**
> **7-11 œufs jaunâtres
> tachetés de brun.**
> **1 nichée par an.**

La gélinotte vit cachée dans les sous-bois.
Il faut être très chanceux pour l'observer.
Elle se nourrit au sol de baies, de
bourgeons et de feuilles, mais aussi
sur les arbres, quand la neige recouvre
le sol. La femelle assure seule la couvaison
et l'élevage des jeunes, qui peuvent
voler à l'âge de 2 semaines et se
nourrissent alors seuls.

♀   ♂

gorge
noire

gorge barrée

Voix *Le mâle marque son
territoire par des sifflements
polysyllabiques ; il émet aussi
des gloussements.*

Grand tétras

Tetrao urogallus (gallinacés)
L 54-95 cm enver. 87-125 cm sédentaire

Dans de nombreux endroits, l'exploitation forestière intensive, la chasse et les mammifères prédateurs ont causé la disparition de ce gros gallinacé. Le climat humide ne lui convient pas non plus. Les poussins sont en effet sensibles à l'humidité et au froid. Jusqu'à 2 à 3 semaines, la femelle doit encore les tenir au chaud sous ses plumes. En plus des bourgeons et des baies, le grand tétras consomme des aiguilles de conifères qu'il sectionne de son bec coupant et réduit en bouillie dans son estomac à l'aide de petits cailloux qu'il ingurgite.

bec fort
♀
gorge et poitrine brun orangé

Habitat Forêts tranquilles de résineux et à boisements mixtes entrecoupées de clairières.

> **Nidification avr.-août.**
> **5-11 œufs jaunâtres tachetés de sombre.**
> **1 nichée par an.**

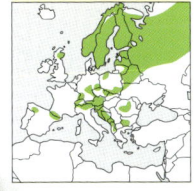

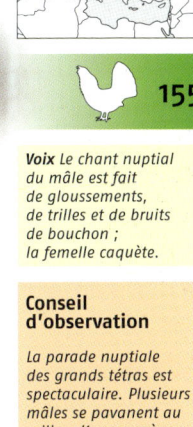

155

allure massive
♀

rosette de peau rouge au-dessus de l'œil

dos brun
♂

longue queue

Voix Le chant nuptial du mâle est fait de gloussements, de trilles et de bruits de bouchon ; la femelle caquète.

Conseil d'observation

La parade nuptiale des grands tétras est spectaculaire. Plusieurs mâles se pavanent au milieu d'une « arène » avec le cou dressé et la queue déployée en éventail.

Lagopède des saules
Lagopus lagopus (gallinacés)
L 37–42 cm   enver. 55–66 cm   sédentaire

Habitat *Zones
de landes
et de tourbières
dans la toundra
et milieux similaires ;
aussi en forêts.*

> **Nidification avr.–juill.**
> **5–12 œufs jaunâtres
tachetés de brun.**
> **1 nichée par an.**

Les lagopèdes des saules passent l'hiver en groupes.
Au printemps, ils se dispersent par couple pour rejoindre
un territoire. La femelle assure la nidification
et le mâle reste à proximité pour monter la garde.
Ce lagopède se nourrit de bourgeons
et de rameaux de saules nains.

caroncule rouge enflée
en période nuptiale

dos, cou et poitrine
brun rougeâtre

Écosse

nord
de l'Europe

ventre brun

ventre et pattes blancs

Voix *Jappements
poussés en vol
et trilles émis
depuis un perchoir ;
nombreux autres cris
connus.*

aile blanc pur

Lagopède alpin
Lagopus muta (gallinacés)
L 33–38 cm   enver. 54–60 cm   sédentaire

Habitat *Vit
dans la toundra
et en montagne
au-dessus de la limite
des arbres.*

> **Nidification mai–sept.**
> **5–8 œufs brunâtres
tachetés.**
> **1 nichée par an.**

Le plumage du lagopède alpin se fond dans le milieu environnant
dominant. En été, il est gris-brun comme les rochers environnants.
En hiver, il est blanc comme la neige. Pendant la saison hivernale,
pour accéder aux feuilles et bourgeons, l'oiseau creuse des galeries
dans la neige. Pour se protéger
du froid glacial, il passe la nuit
dans des abris sous la neige.

dos, cou et poitrine gris-brun

♀ en train de couver,
bien camouflée au sol

été

ventre blanc

Voix *Chant composé
de grincements
et de jappements ;
autres cris rugueux
et secs.*

Perdrix grise

Perdix perdix (gallinacés)
L 29–31 cm   enver. 45–48 cm   sédentaire

queue brun-roux

Les jeunes perdrix grises deviennent
rapidement autonomes, mais demeurent
au sein de la famille jusqu'à la fin de l'hiver. L'agriculture
intensive rend la vie dure aux perdrix grises. Les haies
arrachées en maints endroits les privent de sites
de nidification et d'abris. Les pesticides
et les labours précoces réduisent
la ressource en insectes
et en graines.

face
brun-roux

aile tachetée de brun

poitrine
grise

les poussins
se nourrissent
tôt par eux-
mêmes

Habitat *Steppes, zones
de cultures, friches
et landes, de préférence
parsemées de buissons
et de haies.*

> *Nidification avr.-oct.*
> *10-20 œufs brunâtres.*
> *1 nichée par an.*

Voix *Le cri territorial du
mâle est un « kirrrèk »
rauque (accentué
sur la 2ᵉ syllabe).*

Caille des blés

Coturnix coturnix (gallinacés)
L 16–18 cm   enver. 32–35 cm   migratrice

dessus rayé

aile large

La caille des blés est le plus petit gallinacé d'Europe.
Comme elle se faufile dans les champs et les prés,
il est très difficile de la voir. Par contre, on peut
l'entendre de très loin. Les jeunes grandissent extrêmement vite
et peuvent se reproduire à l'âge de 4 mois. On suppose
que des jeunes issus du bassin méditerranéen migrent en été
vers l'Europe centrale pour y nicher.

♀

dessus rayé de jaune

♂

centre de la
gorge noir

gorge claire

Habitat *Champs
de céréales, prairies
et friches au sol
pas trop sec.*

> *Nidification mars-oct.*
> *7-13 œufs jaunâtres
> tachetés de sombre.*
> *1-2 nichées par an.*

Voix *Chant du mâle :
« pic-ve-ric »
mécanique, répété,
émis aussi de nuit.*

Perdrix rouge

Alectoris rufa (gallinacés)
L 32–34 cm   enver. 47–50 cm   sédentaire

poussin en plumage
de camouflage

Habitat *Milieux ouverts
et variés, vit aussi
dans les champs.*

> Nidification avr.–sept.
> 10–16 œufs jaunes
> tachetés de brun-roux.
> 1–2 nichées par an.

large sourcil
blanc

La perdrix rouge est surtout une espèce de plaine,
commune dans les milieux ouverts, secs
et caillouteux, à végétation basse. Elle a été
introduite dans certaines régions comme gibier.
La perdrix gambra (*A. barbara*), espèce nord-
africaine, vit aussi en Sardaigne où la perdrix
rouge est absente.

dos brun

collier noir
grossièrement
tacheté

gorge gris clair

collier brun
perlé de blanc

dos gris
brunâtre

**perdrix
gambra**

Voix *Chant fait de
« tchoc » durs ; cris
d'envol évoquant une
lame que l'on aiguise.*

158

Perdrix bartavelle

Alectoris graeca (gallinacés)
L 32–35 cm   enver. 46–53 cm   sédentaire

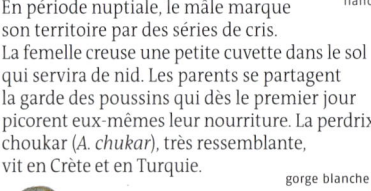

flancs fortement
rayés

queue
rouille

Habitat *Versants secs
et caillouteux
des montagnes ;
parfois aussi en forêts
claires.*

> Nidification mai–sept.
> 8–10 œufs brun-jaune
> à points rouges.
> 1 nichée par an.

En période nuptiale, le mâle marque
son territoire par des séries de cris.
La femelle creuse une petite cuvette dans le sol
qui servira de nid. Les parents se partagent
la garde des poussins qui dès le premier jour
picorent eux-mêmes leur nourriture. La perdrix
choukar (*A. chukar*), très ressemblante,
vit en Crète et en Turquie.

noir à la racine
du bec

gorge blanche

dos gris-brun

gorge jaunâtre

perdrix choukar

Voix *Sons durs évoquant
une lame que l'on aiguise.*

Faisan de Colchide

Phasianus colchicus (gallinacés)
L 53–89 cm   enver. 70–90 cm   sédentaire

Le faisan cherche sa nourriture, composée de graines, pousses,
vers et insectes, au sol. La nuit, il se sent plus en sécurité
dans les arbres ou les buissons. En période nuptiale, le mâle
s'attache un harem de plusieurs femelles qu'il attire par ses cris.

La couvaison est l'affaire
de la femelle qui choisit
un emplacement abrité
dans l'épaisse végétation où elle
pondra ses œufs dans une petite
dépression au sol. Les poussins
peuvent voler dès l'âge
de 2 semaines, mais restent
avec les parents pendant au
moins 3 mois.

poussin

queue très longue

♀

caroncule rouge sur les côtés de la tête

♂

plumage brun clair à taches sombres

tête bleue à reflets verts

corps brun roussâtre
barré de noir

Habitat *Champs et prés
parsemés de buissons,
roseaux et petits bois
lui offrant des abris.*

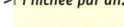

> *Nidification avr.-sept.*
> *8-10 œufs gris-brun.*
> *1 nichée par an.*

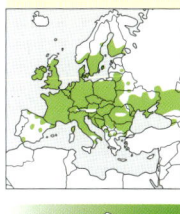

159

Le saviez-vous ?

*Depuis très longtemps,
le faisan de Colchide est
chassé comme gibier.
Il fut probablement
introduit en Europe
dans l'Antiquité
romaine. Aujourd'hui
encore, des milliers
d'individus d'élevage
sont lâchés dans la
nature, pour la chasse.*

Voix *Cri du mâle :
« greû-gueuck » sonore
suivi d'un battement
d'ailes vrombissant.*

Butor étoilé

Botaurus stellaris (hérons)
L 64–80 cm   enver. 1,25–1,35 m   migrateur partiel

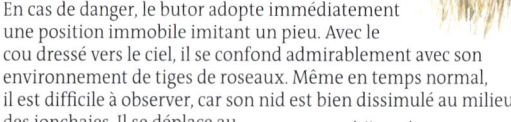

Habitat *Vastes étendues de roseaux ; en hiver, se rencontre parfois aussi dans des fossés.*

> **Nidification mars-sept.**
> **5–6 œufs olivâtres.**
> **1 nichée par an.**

En cas de danger, le butor adopte immédiatement une position immobile imitant un pieu. Avec le cou dressé vers le ciel, il se confond admirablement avec son environnement de tiges de roseaux. Même en temps normal, il est difficile à observer, car son nid est bien dissimulé au milieu des jonchaies. Il se déplace au crépuscule et pendant la nuit pour pêcher des poissons et autres batraciens.

calotte sombre

cou rentré

cou replié épais

pattes courtes

Voix *En période nuptiale, « oummmp » caverneux audibles de très loin.*

160

Blongios nain

plage alaire brun clair

Ixobrychus minutus (hérons)
L 33–38 cm   enver. 52–58 cm   migrateur

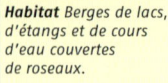

Habitat *Berges de lacs, d'étangs et de cours d'eau couvertes de roseaux.*

> **Nidification mai-oct.**
> **5–6 œufs blancs.**
> **1–2 nichées par an.**

Bien qu'il soit plus actif pendant la journée que le butor étoilé, le blongios nain n'est pas pour autant plus facile à apercevoir. Il passe le plus clair de son temps dans les roselières. Là se trouvent son nid et sa nourriture. En septembre, il quitte son territoire pour migrer vers l'Afrique et hiverner au sud du Sahara.

calotte noire

dos brun-noir

dos noir

♂

♀

cou rayé

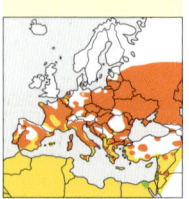

Voix *Cris rauques du mâle audibles surtout au crépuscule et pendant la nuit, en période nuptiale.*

jeune

Héron cendré

Ardea cinerea (hérons)
L 90–98 cm   enver. 1,75–1,95 m   sédentaire

cou replié épais

Le héron cendré niche en colonies
dont il peut s'éloigner d'une quarantaine de kilomètres
pour aller chercher de la nourriture. À terre, il capture surtout
des petits rongeurs, dans l'eau des poissons. Pour les capturer,
il s'approche imperceptiblement
ou se tient à l'affût, puis
déploie soudainement son
cou et donne un violent
coup de bec.

tête noir et blanc

bec fort,
jaune

vue partielle
d'une héronnière

Voix *Cris rauques
étirés (« rrrrèèck »).*

Habitat *Niche dans
des bois proches de
l'eau ; se nourrit dans
les champs et les prés,
et les étendues d'eau
peu profondes.*

> *Nidification févr.–août.*
> *3–5 œufs bleu clair.*
> *1 nichée par an.*

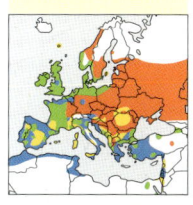

161

Héron pourpré

Ardea purpurea (hérons)
L 78–90 cm   enver. 1,20–1,50 m   migrateur

longs doigts   cou épais rayé

À la différence du héron cendré,
le héron pourpré se tient volontiers caché dans les roseaux.
Grâce à ses longs doigts, il peut saisir plusieurs tiges et grimper.
Son comportement rappelle celui du butor étoilé (p. 160)
et, comme lui, il se fige en cas de danger. Il hiverne dans la steppe
africaine.

Habitat *Vastes étendues
de roseaux et bordures
de cours d'eau
et d'étangs.*

> *Nidification avr.–août.*
> *4–5 œufs bleu-vert.*
> *1 nichée par an.*

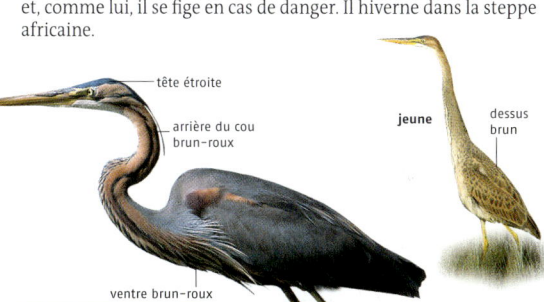

tête étroite

arrière du cou
brun-roux

jeune

dessus
brun

ventre brun-roux

Voix *Cris rauques,
un peu plus aigus que
ceux du héron cendré.*

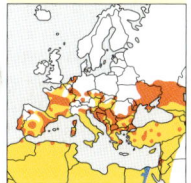

Bihoreau gris

Nycticorax nycticorax (hérons)
L 56–65 cm   enver. 1,05–1,12 m   migrateur

aile grise
cou court épais

Habitat *Niche dans des boisements touffus en bordure de lacs et de grandes rivières, parfois dans les roseaux.*

> **Nidification** *avr.–sept.*
> *3-5 œufs bleu-vert.*
> *1-2 nichées par an.*

Ce petit héron est surtout actif au crépuscule et la nuit. En journée, il se tient caché dans la frondaison d'arbustes ou d'arbres. Quand on le voit, c'est surtout en vol lorsqu'il quitte la colonie pour aller se nourrir. Pour cela, il peut parcourir jusqu'à une vingtaine de kilomètres.

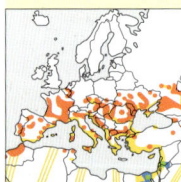

plumage brun tacheté de clair

jeune

calotte noire
dos noir
adulte
dessous gris clair

Voix *Pousse des « kvâck » nasillards caractéristiques sur le nid et en vol.*

Héron garde-bœuf

Bubulcus ibis (hérons)
L 46–56 cm   enver. 88–96 cm   sédentaire

plumage internuptial
bec jaune

Habitat *Niche dans de petits arbres et recherche sa nourriture dans les prés, les champs et les marécages.*

> **Nidification** *avr.–août.*
> *4-5 œufs blancs ou bleuâtres.*
> *1-2 nichées par an.*

Ce héron doit son nom au fait qu'il se tient volontiers près du bétail dont il profite de la présence en se nourrissant des insectes effarouchés. Il lui arrive aussi de se poser sur le dos des gros mammifères. Le crabier chevelu (*Ardeola ralloides*), une espèce semblable, vit dans le sud de l'Europe.

calotte orangée
plumage nuptial
bec orange
poitrine orangée

dos brun-beige
aile blanche

plumage blanc pur
pattes grises

crabier chevelu

plumage internuptial

Voix *Divers cris sourds mono- ou disyllabiques.*

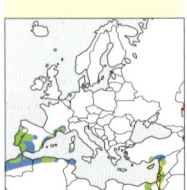

Grande aigrette

Casmeroduis albus (hérons)
L 80-104 cm   enver. 1,40-1,70 m   migratrice partielle

pattes dépassant nettement de la queue

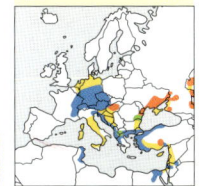

La grande aigrette ne porte ses longues plumes ornementales du cou et du dos qu'en période nuptiale. Lors de la parade, le mâle construit une plate-forme avec des branchages et des tiges de roseaux qui deviendra le nid. Bien que répandue dans le monde entier, l'espèce ne progresse vers l'ouest et le nord de l'Europe que depuis peu.

long bec jaune

Habitat *Niche dans les roseaux ou dans des arbres près de l'eau ; se nourrit dans les prés, les champs, ou en eau peu profonde.*

> *Nidification avr.-août.*
> *3-5 œufs bleu pâle.*
> *1 nichée par an.*

parade

plumage blanc pur

plumage internuptial

pattes sombres

Voix *Cris rauques et graves.*

163

Aigrette garzette

Egretta garzetta (hérons)
L 55-65 cm   enver. 86-95 cm   migratrice partielle

plumage blanc pur

L'aigrette garzette ressemble à une grande aigrette en plus petit. Chez elle aussi, les plumes ornementales jouent un rôle important au moment de la parade. Ces plumes (« aigrettes ») ont autrefois failli causer sa perte, car elle fut chassée intensément à cause d'elles. La population nicheuse européenne est à nouveau en expansion et compte environ 100 000 couples.

bec noir

Habitat *Recherche sa nourriture en terrain ouvert humide ou dans des étendues d'eau peu profondes ; niche près de l'eau.*

> *Nidification avr.-sept.*
> *3-5 œufs bleu-vert.*
> *1 nichée par an.*

adulte en parure nuptiale au nid

doigts jaunes

pattes noires

Voix *Divers cris rauques.*

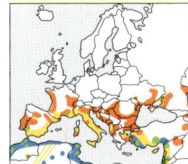

Spatule blanche

Platalea leucorodia (spatules et ibis)
L 70–95 cm   enver. 1,15–1,35 m   migratrice

bec arqué
plumage brun brillant
ibis falcinelle

cou tendu
jeune
pointe des ailes noire

Habitat *Vit près de l'eau et niche sur la côte hollandaise.*

> *Nidification avr.–sept.*
> *3–5 œufs blancs tachetés de brun.*
> *1 nichée par an.*

Le bec de la spatule blanche est caractéristique. Elle l'enfonce dans l'eau peu profonde et le déplace sans cesse latéralement pour attraper de petits poissons et animaux aquatiques. Pour nicher, elle partage volontiers les colonies d'autres échassiers. L'ibis falcinelle (*Plegadis falcinellus*), une espèce apparentée, vit du sud de la France à la mer Caspienne.

plumet blanc
poitrine jaune

bec rose
jeune
bec en forme de spatule

Voix *Normalement muette, mais grogne sur le site de nidification.*

Flamant rose

Phoenicopterus roseus (flamants)
L 1,20–1,45 m   enver. 1,40–1,65 m   migrateur partiel

cou très long
aile noir et rose

Habitat *Étendues d'eau, généralement salée, peu profondes et lagunes côtières.*

> *Nidification avr.–sept.*
> *1 œuf blanc.*
> *1 nichée par an.*

Les sites de reproduction des flamants roses sont rares (Camargue). Les nids, faits de boue, sont construits très près les uns des autres. Le bec est muni de lamelles sur les côtés avec lesquelles l'oiseau peut filtrer les minuscules crustacés et les insectes aquatiques. Par endroits, on peut observer des flamants du Chili (*Ph. chilensis*) échappés de captivité.

jeune
bec gris
plumage gris-brun
adulte

bec arqué rose

longues pattes rougeâtres

moitié du bec noire

« genou » rouge
flamant du Chili

Voix *Cancanements rappelant ceux des oies.*

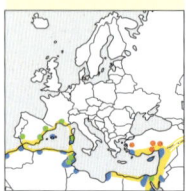

Cigogne blanche

Ciconia ciconia (cigognes)
L 1–1,02 m   enver. 1,55–1,65 m   migratrice

aile noir et blanc
cou tendu

En nichant sur le toit des maisons dans les villages, la cigogne blanche est le symbole des espèces hémérophiles. En Europe de l'Ouest, l'agriculture intensive a, pendant des décennies, fait décliner les populations qui ont en outre souffert du manque de ressources alimentaires dans leurs quartiers d'hiver africains et continuent d'être victimes de collisions avec les lignes électriques.

Habitat *Recherche sa nourriture dans les prairies humides et les champs ; niche aussi bien dans les arbres que sur les toits.*

> **Nidification mars–sept.**
> **3–5 œufs blancs.**
> **1 nichée par an.**

puissant bec rouge

blanche de la tête au dos

nid sur une cheminée

pattes rouges

Voix *Muette ; sur le nid, claquements de bec sonores.*

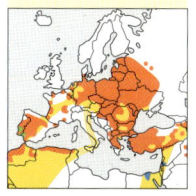

Cigogne noire

Ciconia nigra (cigognes)
L 95–100 cm   enver. 1,44–1,55 m   migratrice

cou tendu
ventre blanc

La cigogne noire est un oiseau très farouche que l'on ne peut apercevoir que lorsqu'elle va se nourrir. À la différence de sa cousine, légèrement plus grande, elle se montre très discrète même quand elle pêche des poissons ou des grenouilles. Il est donc impératif, pour la protection de cette espèce, de veiller au maintien de zones de quiétude dans les massifs forestiers.

Habitat *Niche en forêts de feuillus ou à boisement mixte ; cherche sa nourriture près des étangs, ruisseaux et marais.*

> **Nidification avr.–sept.**
> **3–5 œufs blancs.**
> **1 nichée par an.**

noire de la tête au dos

brun–noir de la tête au dos

puissant bec rouge

bec brunâtre

jeune

pattes brunâtres

pattes rouges

Voix *Crie en vol comme la buse « fio » ; sur le nid, émet divers sons plaintifs.*

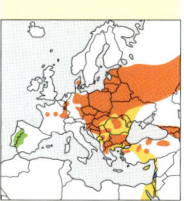

Outarde barbue *parade du ♂*

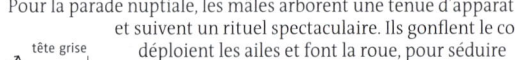

Otis tarda (outardes)
L 75–105 cm   enver. 1,90–2,60 m   sédentaire

Habitat *Steppe
et vastes espaces
secs cultivés et variés
(champs et prairies).*

> **Nidification avr.–août.**
> **2-3 œufs verts à
> olivâtres.**
> **1 nichée par an.**

Pour la parade nuptiale, les mâles arborent une tenue d'apparat
et suivent un rituel spectaculaire. Ils gonflent le cou,
déploient les ailes et font la roue, pour séduire
les femelles. Celles-ci, beaucoup plus petites,
doivent assurer seules la couvaison et l'élevage
des jeunes. Les mâles ne peuvent descendre
dans l'« arène » qu'à l'âge de 5 ans.

♂ tête grise

« barbe »
blanche

cou épais

base du cou brun-roux

♀ poitrine gris-brun

dessus de l'aile noir,
blanc, brun

ventre
blanc

allure d'oie

Voix *En parade
nuptiale, sons
caverneux ; sinon,
râles et jappements.*

166

Outarde canepetière

beaucoup
de blanc aux ailes

cou
large

Tetrax tetrax (outardes)
L 40–45 cm   enver. 1,05–1,15 m   migratrice partielle

Habitat *Milieux secs
de type steppique.*

> **Nidification mai-sept.**
> **3-4 œufs olivâtres.**
> **1 nichée par an.**

Pour parader, le mâle fait des bonds en gonflant les plumes du cou et
en donnant 1-2 battements d'ailes. La femelle pond dans une petite
cuvette au sol. Grâce à son plumage, elle passe inaperçue pendant
qu'elle couve. Elle se couvre aussi
de végétaux pour accentuer
encore son mimétisme.
En dehors de la période de
reproduction, elles vivent
en grandes bandes.

♀

tête grise

plumage brun
à motifs sombres

♂

cou noir avec 2 bandes
blanches

♂ bondissant
(parade)

ventre blanc

Voix *Chant du mâle,
un « trrrrt » répété
à intervalles espacés ;
cris brefs en vol.*

Grue cendrée

Grus grus (grues)

L 1,10–1,20 m   enver. 2–2,20 m   migratrice

En période de reproduction, les grues ne trahissent leur présence que lorsqu'elles crient en paradant. En migration et dans leurs quartiers d'hiver, elles ne passent pas inaperçues en raison de leur grand nombre. Dans les régions de stationnement, on peut observer ces oiseaux majestueux en train de se nourrir de grains, de vers et de pommes de terre. Le soir venu, elles se rassemblent dans des dortoirs. Cette espèce, longtemps menacée, a vu augmenter ses effectifs et compte à présent environ 200 000 individus en Europe.

Habitat *Niche dans les tourbières et prairies humides ; recherche sa nourriture dans les champs et les prés.*

> *Nidification mars-sept.*
> *2 œufs olivâtres à brun-roux tachetés de brun.*
> *1 nichée par an.*

167

long cou noir

pattes dépassant nettement de la queue

cou long et tendu

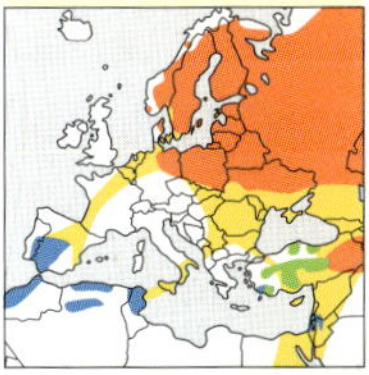

tête noir et blanc, rouge sur le front

adulte

tête brunâtre

jeune

tertiaires tombant en panache

Voix *Sur les sites de nidification et en vol, pousse des cris claironnants.*

Conseil d'observation

Quand la température s'adoucit au printemps et lors des premiers frimas d'automne, on entend à nouveau les cris claironnants des grues. En longues formations, elles regagnent leur aire de reproduction ou d'hivernage.

très longues pattes

groupe paradant

Râle d'eau

Rallus aquaticus (râles et marouettes)
L 23–28 cm   enver. 38–45 cm   sédentaire

sourcil clair

tête
et poitrine
brunâtres

jeune

Pour grimper dans les roseaux, le râle d'eau possède de longs doigts et un corps assez élancé. Son long bec lui permet de sonder la vase à la recherche de vers. Il consomme aussi des insectes, des batraciens et des poissons. Les râles d'eau sont très difficiles à découvrir, car ils construisent un nid couvert et bien dissimulé au milieu des joncs.

long bec rouge,
légèrement arqué

tête et poitrine
gris brunâtre

flancs barrés

Voix *Cris ressemblant
à ceux d'un porc qu'on
égorge ; nombreux
autres cris brefs.*

168

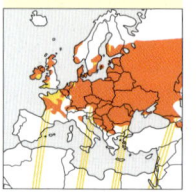

Râle des genêts

Crex crex (râles et marouettes)
L 27–30 cm   enver. 42–53 cm   migrateur

il est rare de voir
un mâle en train
de chanter

Le râle des genêts passerait totalement inaperçu s'il ne faisait entendre sa voix râpeuse des nuits entières et parfois aussi la journée. Comme il affectionne les zones herbeuses humides, le drainage des terres constitue une menace pour lui. De plus, de nombreuses couvées sont détruites par les fenaisons précoces et répétées.

bec fort

côtés
de la tête
gris

long
cou

aile brun-roux

les premiers jours, les poussins
sont nourris par la femelle

Voix *Chant du mâle
monotone, presque
atonal, strophe
toujours disyllabique
« krrrt-krrrt », audible
surtout la nuit.*

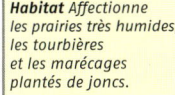

Marouette ponctuée

Porzana porzana (râles et marouettes)

L 22–24 cm   enver. 37–42 cm   migratrice

La marouette ponctuée doit être particulièrement flexible dans le choix de ses sites de nidification et de stationnement. Elle peut déjà occuper une zone inondée en avril, mais aussi ne s'installer qu'en juin après une crue. Dans les zones très humides, elle installe son nid sur une plate-forme. En Europe de l'Est et localement en Europe de l'Ouest et du Sud nichent 2 autres espèces : la marouette de Baillon (*P. pusilla*), dans des prairies humides, et la marouette poussin (*P. parva*), dans les joncs.

Habitat *Affectionne les prairies très humides, les tourbières et les marécages plantés de joncs.*

> **Nidification** avr.-août.
> **8-12 œufs** crème à tachetures rougeâtres.
> **1-2 nichées** par an.

adulte

marouette de Baillon

motifs blancs sur le dessus

primaires dépassant à peine

ventre nettement barré

jeune

marouette poussin

♂

ventre tout au plus légèrement barré

♀

large raie brune sur le dos

jeune

primaires dépassant nettement

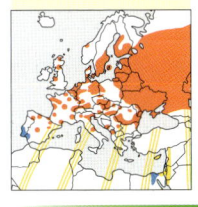

jeune

169

Voix *Émet un « houitt » sifflant répété en séries monotones, surtout la nuit.*

jeune

cou et flancs mouchetés de blanc

œil cerclé de sombre

bec jaune à base rouge

Le saviez-vous ?
Les poussins quittent le nid quelques heures après leur naissance et ne sont nourris que les premiers jours. Ensuite, ils picorent eux-mêmes des insectes, des mollusques et des vers de vase.

Foulque macroule

plumage gris

jeune

devant du cou blanc

Fulica atra (râles et marouettes)
L 36–39 cm   enver. 70–80 cm   sédentaire

Habitat *Cours d'eau à débit lent et étendues d'eau dormante de toutes sortes ; en hiver, aussi sur le littoral.*

> **Nidification mars–août.**
> **5–10 œufs gris à mouchetures sombres.**
> **1–2 nichées par an.**

Les doigts de la foulque macroule ne sont pas palmés, mais munis de lobes. Elle nage de façon saccadée et hoche la tête d'avant en arrière. Sa nourriture est composée de végétaux et de petits animaux aquatiques. On la voit souvent plonger ou picorer à la surface de l'eau, mais elle broute aussi de l'herbe à terre.

poussins à tête nue rouge au début

plaque frontale blanche

plumage gris-noir

bec blanc

Voix *Émet des « tuck » ou « truck » sonores.*

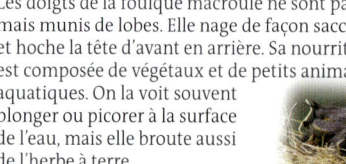

170

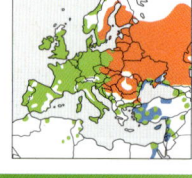

Talève sultane

Porphyrio porphyrio (râles et marouettes)
L 45–50 cm   enver. 90–100 cm   sédentaire

Habitat *Rives de lacs et de lagunes couvertes d'une végétation touffue.*

> **Nidification mars–sept.**
> **3–5 œufs brunâtres tachetés de sombre.**
> **1–2 nichées par an.**

La talève, le plus gros rallidé d'Europe, est sédentaire. En cas d'assèchement de sa pièce d'eau, elle peut être contrainte d'effectuer de courtes migrations, souvent « à pied ». Elle se nourrit de préférence de jeunes pousses de plantes aquatiques et riveraines qu'elle coupe ou arrache avec son bec puissant. En dehors de la période de reproduction, elle vit en petits groupes.

plaque frontale rouge

fort bec rouge

plumage bleu foncé à reflets brillants

jeune
plumage gris bleuâtre

longues pattes rouges

Voix *Très loquace ; répertoire varié comportant des sons trompettants, nasillards et stridents.*

Gallinule poule-d'eau

Gallinula chloropus (râles et marouettes)
L 32–35 cm   enver. 50–55 cm   sédentaire

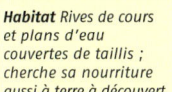

Le nid de la gallinule poule-d'eau est bien dissimulé dans un fourré épais ou dans les roseaux d'une berge. Les poussins y sont nourris par les parents quelques jours avant de découvrir leur territoire en leur compagnie. Ils se nourrissent alors par eux-mêmes et se reposent dans des nids spécialement aménagés à cet effet par le mâle. Les individus du nord et de l'est de l'Europe sont migrateurs, tandis que ceux d'Europe centrale et occidentale sont sédentaires, sauf quand des périodes de gel intense les obligent à partir.

Habitat *Rives de cours et plans d'eau couvertes de taillis ; cherche sa nourriture aussi à terre à découvert.*

> **Nidification** avr.-sept.
> 5-11 œufs jaunâtres tachetés de brun..
> 1-3 nichées par an.

poussins à tête nue rouge et bleu au début

queue normalement relevée

plumage brunâtre

jeune

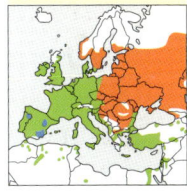

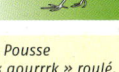

171

Voix *Pousse un « gourrrk » roulé, ainsi que divers cris brefs et secs.*

ligne blanche latérale

bec rouge à pointe jaune

sous-caudales blanches

Conseil d'observation

Ses très longs doigts lui permettent aussi bien de grimper dans les roseaux ou dans les branches que de courir sur des feuilles flottantes. Ils sont moins bien adaptés à la nage : sur l'eau, elle avance de façon plus saccadée et moins élégante que la foulque macroule.

Œdicnème criard

Burhinus oedicnemus (œdicnèmes)
L 40-44 cm   enver. 77-85 cm   migrateur

bout des ailes noir tacheté de blanc

2 barres alaires blanches

Habitat *Zones sèches et caillouteuses en milieu ouvert ; aussi dans les champs à sol pauvre, les friches et les vignes.*

> *Nidification mars-juill.*
> *2 œufs brun clair tachetés de sombre.*
> *1 nichée par an.*

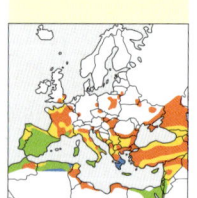

La journée, l'œdicnème criard se tient immobile dans la maigre végétation ou tapis au sol. Au crépuscule commence sa période d'activité.
Il fait alors entendre son chant nuptial et part à la recherche de petites proies diverses pouvant atteindre la taille d'un campagnol. Ses grands yeux lui permettent de voir ses proies dans l'obscurité.

gros œil jaune

bec fort jaune et noir

longues pattes jaunes

Voix *Chant mélancolique, surtout nocturne, semblable à celui du courlis cendré (« ku-iiit ») ; cris brefs et trillés.*

Glaréole à collier

Glareola pratincola (glaréoles)
L 22-25 cm   enver. 60-65 cm   migratrice

dessous de l'aile
entièrement noir

glaréole
à ailes noires

peu de rouge
au bec

filets de la queue
plus courts que les ailes

beaucoup de rouge au bec

gorge crème
bordée de noir

Habitat *Vit dans des régions steppiques et arides, mais niche près de l'eau.*

> *Nidification avr.-août.*
> *3 œufs brunâtres tachetés de sombre.*
> *1 nichée par an.*

Les glaréoles chassent les insectes en vol à la manière des hirondelles, mais peuvent aussi les picorer au sol. Elles nichent en colonies généralement près de l'eau. En migration et dans leurs zones d'hivernage africaines, elles conservent leurs mœurs grégaires. La glaréole à ailes noires (*G. nordmanni*) vit à l'est de la mer Noire.

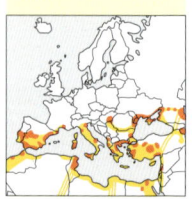

couvertures
sous-alaires
brun-roux

bord
postérieur
de l'aile blanc

Voix *Cris de sterne perçants « tirri-ti-tirrit ».*

Huîtrier pie

Haematopus ostralegus (huîtriers)

L 40-47 cm   enver. 80-86 cm   sédentaire

Sur les côtes européennes, l'huîtrier pie est l'un des oiseaux qui attire le plus l'attention à cause de ses cris stridents. En maints endroits, il est même très commun. En été, les territoires de nidification se touchent. En hiver, les huîtriers se rassemblent en grandes bandes.

Dès leur naissance, les poussins suivent les parents jusqu'aux zones de gagnage qui peuvent être assez éloignées du nid. Au début, les parents aident les petits à chercher leur nourriture en pointant le bec sur les proies.

large barre alaire blanche

adulte montrant
une proie à un poussin

long bec rouge orangé

plumage noir et blanc

plumage interbnuptial

collier blanc

pattes
rouge rosé

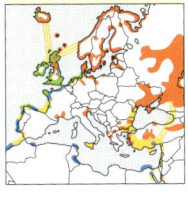

Habitat *Niche sur les plages, les prés salés et les prairies à herbe rase ; cherche sa nourriture sur les vasières.*

> **Nidification avr.-août.**
> **3 œufs brunâtres tachetés de sombre.**
> **1 nichée par an.**

173

Conseil d'observation

Le long et solide bec de l'huîtrier pie est un instrument polyvalent. Il lui sert à sonder la vase à la recherche de vers et à ouvrir les coquillages en s'en servant comme d'un levier.

Voix *Très loquace ; cris de parade « kivick-kivick-kivick » (finissant par un trille) ; en vol « kivîp ».*

Avocette élégante

Recurvirostra avosetta (échasses et avocettes)
L 42–45 cm   enver. 77–80 cm   migratrice partielle

ailes noir et blanc

Habitat *Étendues d'eau peu profondes sur le littoral et à l'intérieur des terres ; fréquente souvent les lagunes et vasières.*

> **Nidification avr.–août.**
> **4 œufs brunâtres tachetés de sombre.**
> **1 nichée par an.**

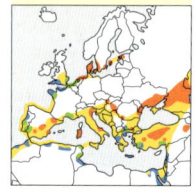

L'avocette a un bec recourbé qui lui sert à fouiller l'eau peu profonde d'un mouvement latéral de va-et-vient. Elle peut ainsi capturer des vers, des crustacés et d'autres petits animaux aquatiques. La cuvette servant de nid est souvent très près de la rive, de sorte que les nichées sont menacées en cas d'inondation.

long cou

bec fin recourbé vers le haut

le bec du poussin est déjà recourbé

longues pattes bleuâtres

Voix « klutt » sonores émis en séries.

174

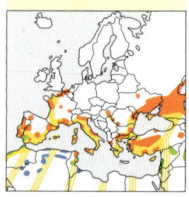

Échasse blanche

Himantopus himantopus (échasses et avocettes)
L 35–40 cm   enver. 67–83 cm   migratrice

Habitat *Étendues d'eau peu profondes, généralement salées, en milieu découvert.*

> **Nidification avr.–août.**
> **4 œufs brun clair tachetés de noir.**
> **1 nichée par an.**

Par rapport au corps, les pattes de l'échasse blanche sont très longues. Cette espèce peut ainsi rechercher sa nourriture composée d'insectes et autres petits animaux aquatiques dans des eaux plus profondes que celles où se nourrissent les espèces apparentées. Elle niche généralement sur de petits îlots. Quand elle couve, ses pattes dépassent nettement du bord du nid.

bec fin et droit

plumage du corps blanc

ailes noires

pattes dépassant nettement de la queue

pattes rouges très longues

Voix *Séries de cris grinçants « kvèt » ou « kvut ».*

Vanneau huppé

Vanellus vanellus (pluviers et gravelots)
L 28–31 cm   enver. 82–87 cm   sédentaire

Dans la plus grande partie de son aire de reproduction, le v. huppé est un oiseau hémérophile (p. 165), car il niche surtout dans des terrains cultivés. Comme son nid est au sol, ses couvées sont souvent menacées par les machines agricoles et notamment les fenaisons précoces dans les prairies. Nombre de milieux humides sont détruits par drainage. C'est pourquoi, dans de nombreux endroits, le vanneau huppé s'observe seulement en migration. Il se nourrit de vers et autres bestioles terrestres en journée, mais aussi pendant les nuits claires.

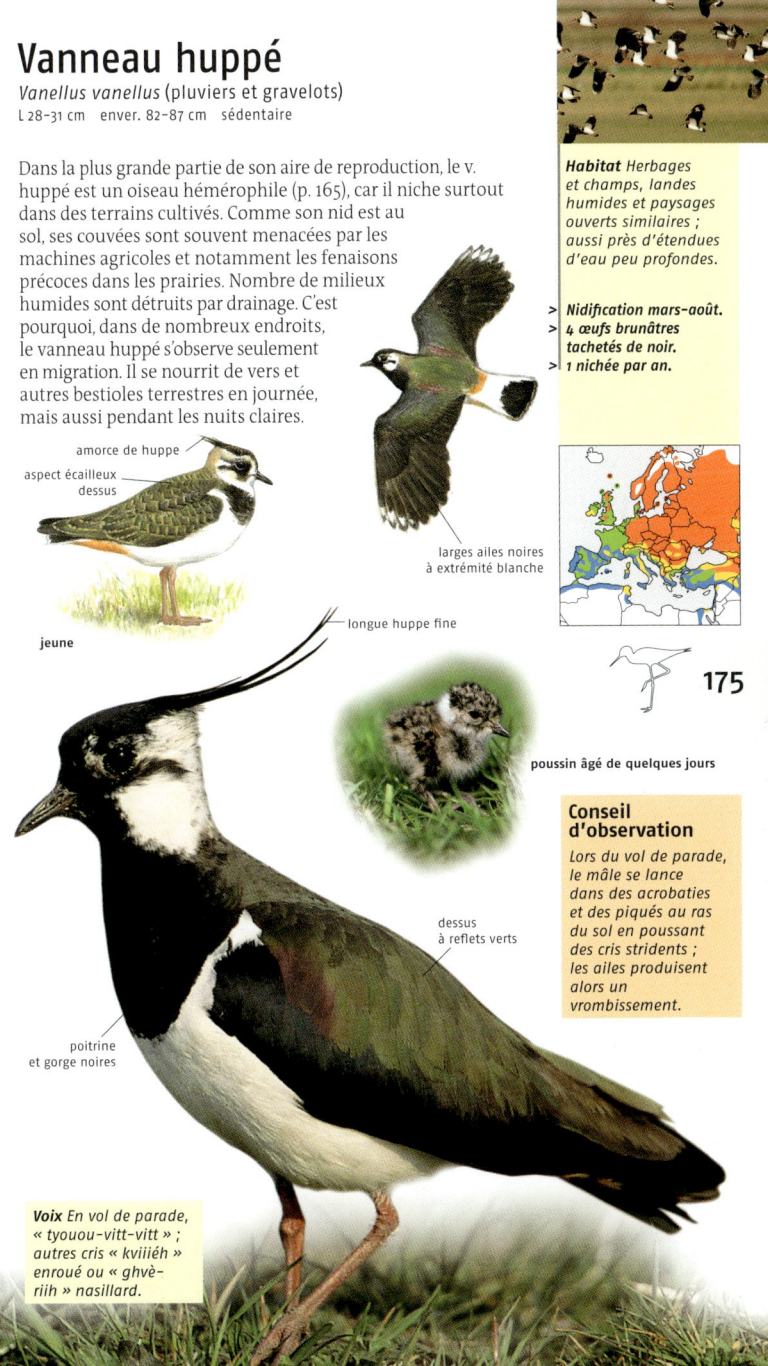

Habitat *Herbages et champs, landes humides et paysages ouverts similaires ; aussi près d'étendues d'eau peu profondes.*

> **Nidification mars-août.**
> **4 œufs brunâtres tachetés de noir.**
> **1 nichée par an.**

amorce de huppe

aspect écailleux
dessus

jeune

larges ailes noires
à extrémité blanche

longue huppe fine

175

poussin âgé de quelques jours

dessus
à reflets verts

Conseil d'observation

Lors du vol de parade, le mâle se lance dans des acrobaties et des piqués au ras du sol en poussant des cris stridents ; les ailes produisent alors un vrombissement.

poitrine
et gorge noires

Voix *En vol de parade, « tyouou-vitt-vitt » ; autres cris « kviiiéh » enroué ou « ghvè-riih » nasillard.*

Pluvier doré

Pluvialis apricaria (pluviers et gravelots)
L 26–29 cm   enver. 67–76 cm   migrateur

dessous
de l'aile blanc

Habitat *Niche dans
les tourbières, les
landes et la toundra ;
hors de la période de
reproduction, dans
les champs, prairies
et vasières.*

> Nidification avr.-août.
> 4 œufs brun clair
> tachetés de noir.
> 1 nichée par an.

En Europe centrale, il a pratiquement disparu du fait de l'exploitation de la tourbe et de l'assèchement des tourbières. En Scandinavie, ses cris plaintifs font partie de l'environnement acoustique. Hors période de nidification, les pluviers dorés se rassemblent en immenses vols qui se reposent le jour et se nourrissent la nuit.

face
et cou
noirs

dessus à tachetures
brun doré

**plumage
nuptial**

gros œil foncé

dessus
brun chaud

poitrine
tachetés de
brun chaud

ventre noir

**jeune
(plumage internuptial
similaire)**

Voix *Cri mélancolique
« duu » ; chant similaire
composé de plusieurs
syllabes.*

Pluvier argenté

Pluvialis squatarola (pluviers et gravelots)
L 27–31 cm   enver. 71–83 cm   migrateur

aisselles
noires

Habitat *Niche
dans la toundra ;
hors de la période de
reproduction, s'observe
sur les vasières et
plages du littoral.*

> Nidification juin-août.
> 4 œufs.
> 1 nichée par an.

Le pluvier argenté est très cosmopolite. Il niche en Arctique et hiverne sur les côtes de tous les continents. Pour se nourrir, il se tient immobile et scrute le sol à la recherche de vers et autres animaux de vase qu'il capture en faisant quelques pas rapides. Ses grands yeux lui permettent aussi de rechercher sa nourriture la nuit.

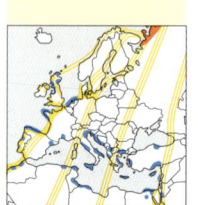

plumage d'aspect clair

jeune

calotte
blanchâtre

dessus
gris-brun

bec plus épais
que le pluvier doré

dessus à motifs
noir et blanc

**plumage
internuptial**

face
et dessous
noirs

**plumage
nuptial**

Voix *Cri fin
trisyllabique « tii-
u-iiih » ; moins
mélancolique que celui
du pluvier doré.*

Petit gravelot

Charadrius dubius (pluviers et gravelots)
L 14–17 cm enver. 42–48 cm migrateur

pas de barre alaire

Le petit gravelot pond ses œufs tachetés dans une petite dépression entre des galets. En cas de danger, les adultes feignent d'être blessés pour attirer l'éventuel ennemi loin du nid et des jeunes. Alertés par les cris d'alarme des parents, les poussins se tapissent au sol et sont alors très difficiles à déceler en raison de leur mimétisme.

Habitat *Étendues de sable et de grève en bordure de lacs, de rivières, d'anciennes gravières et de bassins d'épuration.*

> **Nidification avr.-sept.**
> **4 œufs brunâtres mouchetés de noir.**
> **1-2 nichées par an.**

calotte brune

collier brun foncé ouvert

cercle orbitaire jaune

bande frontale noire

plumage nuptial

bec noir

jeune

plastron noir fermé

pattes brun clair

Voix Cri descendant « piou », souvent séries de « ti–ti–ti–ti–ti » ou, lors du vol de parade, « griè–griè–griè ».

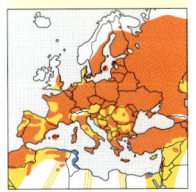

Grand gravelot

Charadrius hiaticula (pluviers et gravelots)
L 18–20 cm enver. 48–57 cm migrateur

barre alaire blanche

Le grand gravelot, tout en trottinant, capture de petites proies vivant dans la vase. S'il n'est pas satisfait du butin, il a recours à une astuce qui consiste à piétiner le sol pour effaroucher ses petites proies et les faire sortir de la vase. Bien qu'il hiverne à des milliers de kilomètres, il retrouve tous les ans le même site de nidification.

Habitat *Niche sur des étendues de sable et de grève généralement sur la côte ; hiverne sur les plages et les vasières littorales.*

> **Nidification mars-août.**
> **4 œufs couleur sable mouchetés de noir.**
> **1-2 nichées par an.**

tache blanche bien visible en arrière de l'œil

plastron noir fermé

collier brun foncé ouvert devant

jeune

bec orangé à pointe noire

pattes jaune verdâtre

plumage nuptial

pattes orange

Voix « Tu–îh » (accent sur la 2ᵉ syllabe) ; en vol de parade, « duyé–duyé–duyé » (1ʳᵉ syllabe accentuée).

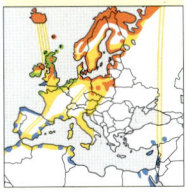

Gravelot à collier interrompu

Charadrius alexandrinus (pluviers et gravelots)
L 15–17 cm   enver. 42–45 cm   migrateur partiel

barre alaire blanche

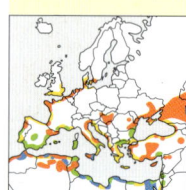

Habitat *Étendues de sable et de grève en bord de mer (lagune et vasières), fréquente aussi les étangs d'eau salée.*

> **Nidification avr.-sept.**
> **3 œufs brunâtres tachetés de sombre.**
> **1 nichée par an.**

Pour nicher, le gravelot à collier interrompu affectionne les sols nus. Il creuse une petite cuvette à l'abri d'une touffe d'herbe où le mâle et la femelle couvent les œufs à tour de rôle. Quelques heures après l'éclosion des œufs, les parents conduisent les poussins vers les sites d'alimentation.

calotte brun mat
♀

calotte brun orangé

bec noir

collier juste esquissé

plumes du dessus avec liseré blanc

collier noir ouvert devant

jeune

Voix « Tit » bref ; émet des sons ronronnants en vol de parade.

pattes noires

♂ **en plumage nuptial**

Pluvier guignard

Charadrius morinellus (pluviers et gravelots)
L 20–22 cm   enver. 57–64 cm   migrateur

pas de barre alaire

jeune

Habitat *Niche dans la toundra et en haute montagne ; en migration et en hiver, dans les champs, les prés et les semi-déserts.*

> **Nidification mai-août.**
> **3 œufs gris-brun tachetés de sombre.**
> **1 nichée par an.**

En fonction de la situation régnant dans la zone de reproduction, un mâle peut avoir jusqu'à 3 femelles et 1 femelle jusqu'à 3 mâles. Les pluviers guignards sont polygames. Toutefois, l'un des adultes attend l'éclosion des poussins pour s'accoupler à nouveau, tandis que l'autre veille sur la progéniture.

bout de la queue blanche

sourcils blancs se rejoignant derrière

sourcil crème

plumes du dessus à motif très marqué
jeune
esquisse de bande pectorale claire

plumage nuptial

bande pectorale blanche

poitrine brun-roux

Voix *Cris brefs, répétés en série en vol nuptial ; aussi un « churrr » rêche.*

Phalarope à bec étroit

Phalaropus lobatus (bécasseaux et app.)

L 18–19 cm   enver. 31–41 cm   migrateur

étroite barre alaire

Le phalarope à bec étroit nage en tournant sur lui-même et picore les insectes qui remontent ainsi à la surface. En hiver, il se nourrit aussi de petits crustacés en mer. Pendant que le mâle couve et s'occupe seul de la progéniture, la femelle s'accouple à un autre partenaire et entreprend une seconde couvée.

Habitat *Niche près de mares et de baies de la toundra et dans des prairies. Hiverne en mer ; en migration se rencontre aussi sur des étendues d'eau de l'intérieur.*

> *Nidification mai-août.*
> *4 œufs brun clair tachetés de sombre.*
> *1 nichée par an.*

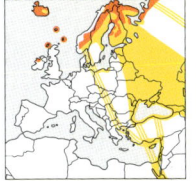

tête à motif noir et blanc

dessus à rayures dorées

jeune

dessus gris à motifs blancs peu marqués

plumage internuptial

♀ **en plumage nuptial**

tête noirâtre

bec très fin

cou brun-roux

Voix *Petit cri « ditt » (aussi répété) ; chant composé de « turri-turri-turri » râpeux.*

Phalarope à bec large

Phalaropus fulicarius (bécasseaux et apparentés)

L 20–22 cm   enver. 37–44 cm   migrateur

dessus gris sans motifs

plumage internuptial

stature plus forte que le précédent

Le phalarope à bec large passe la majeure partie de l'année en haute mer. Il est donc difficile de le voir de la côte. Il niche en colonies lâches, souvent non loin d'une colonie de sternes (p. 203-207) dont il profite de la défense. C'est la femelle qui prend l'initiative de la parade nuptiale. Après avoir pondu, elle se désintéresse de la couvée.

Habitat *Niche près de mares et autres petites étendues d'eau de la toundra ; hiverne en mer, rarement à l'intérieur des terres.*

> *Nidification juin-août.*
> *4 œufs olivâtres tachetés de sombre.*
> *1 nichée par an.*

bec fort à racine jaune

côtés de la tête blancs

plumage nuptial

dessous brun-roux

plumes sombres du dessous à liseré jaunâtre

jeune

nuque brun rouille

Voix *Cri mono- ou disyllabique « pitt » ou « pitt-pitt ».*

Barge à queue noire

Limosa limosa (bécasseaux et apparentés)

L 36–44 cm   enver. 70–82 cm   migratrice

queue blanche à barre terminale noire

large barre alaire blanche

long bec orange à pointe noire

jeune

pattes dépassant nettement de la queue

poitrine brun jaunâtre

cou et poitrine rouge orange

ventre barré

dessus gris-brun

dessous clair

plumage nuptial

plumage internuptial

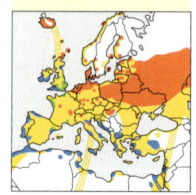

Le long bec de la barge à queue noire lui permet de sonder le sol des prairies à la recherche de vers. Du sol des vasières, elle extrait des vers polychètes. Toutes les barges à queue noire n'hivernent pas sur les côtes. Hors période de reproduction, nombreuses sont celles qui fréquentent les zones humides de l'intérieur de l'Afrique de l'Ouest où elles se nourrissent de graines.

Voix *En parade, « gritta-gritta » sonores et clairs ; « vitté–vitté–vitté » nasillards sur site de reproduction.*

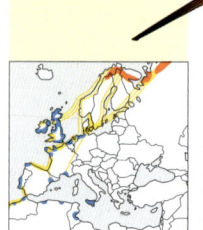

Barge rousse

Limosa lapponica (bécasseaux et apparentés)

L 37–41 cm   enver. 70–80 cm   migratrice

pas de barre alaire

queue barrée

Les individus qui nichent en Europe hivernent sur le littoral de la mer du Nord et de l'Atlantique. Les nicheurs sibériens migrent beaucoup plus loin. Ils partent d'Afrique de l'Ouest en mars et font halte sur les côtes de la mer du Nord. L'abondance de la nourriture qu'elles y trouvent leur permet ensuite de voler sans escale jusque dans leur aire de reproduction arctique.

dessus gris-brun
plumage internuptial

bec rose et noir légèrement recourbé vers le haut

cou et ventre brun rouille

plumes à liseré brunâtre

milieu du dos blanc

pattes dépassant à peine de la queue

jeune

bec noir un peu plus court que la barge à q. noire

plumage nuptial

Voix *Cris de vol « hèb–èb–èb » ; en vol de parade, semblable à la précédente « vikè–vikè–vikè ».*

Courlis cendré

Numenius arquata (bécasseaux et apparentés)
L 50–60 cm   enver. 80–100 cm   sédentaire/migrateur

En période nuptiale, les tourbières et prairies humides
retentissent des trilles nuptiaux des courlis cendrés qui offrent
l'un des merveilleux spectacles dont la nature a le secret.
Ces oiseaux ont malheureusement disparu de bien des régions,
le drainage et le labourage des prairies humides ayant détruit
leur habitat. Hors période de nidification, la plupart
séjournent sur des vasières maritimes dont
ils fouillent la vase
à la recherche de
coquillages et
de vers. À marée
haute, ils se
rassemblent
par centaines
sur des sites de
stationnement.

généralement en bandes en dehors
de la période de reproduction

Habitat Niche dans les
tourbières et les prairies
humides ; en hiver,
fréquente vasières,
prairies et champs.

> Nidification mars–août.
> 4 œufs verdâtres
>   ou brunâtres tachetés.
> 1 nichée par an.

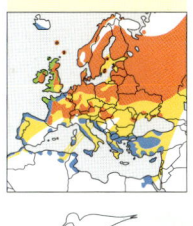

181

pas de barre
alaire

milieu du dos blanc

queue barrée

pattes dépassant
de la queue

plumage brun strié
de noir

long bec arqué

Voix Cri mélancolique
et flûté qui finit
en trille ; cri de vol
montant « tlu–îh ».

Le saviez–vous ?

*Le bec arqué est
considéré comme
une adaptation
à la recherche
de nourriture dans
la vase. En effet, il est
plus pratique
qu'un bec rectiligne
pour fouiller
les galeries sinueuses
des vers de vase.*

Courlis corlieu

Numenius phaeopus (bécasseaux et apparentés)
L 40-46 cm   enver. 76-89 cm   migrateur

pattes
ne dépassant pas
de la queue

tête brun clair
à rayures brun
foncé

bec plus
court et
à courbure
plus accentuée
que le
C. cendré

Habitat *Niche dans la toundra, les tourbières et les landes ; en migration et en hiver, sur les côtes rocheuses et les vasières.*

> **Nidification mai-août.**
> **4 œufs olivâtres tachetés de sombre.**
> **1 nichée par an.**

Le bec du courlis corlieu ressemble à celui du courlis cendré. Il diffère cependant de ce dernier par son régime alimentaire. Il aime les baies et s'est spécialisé, notamment dans sa zone d'hivernage africaine, dans la capture de crabes. Il les démembre et leur ôte les pinces en les secouant violemment, puis ingère le corps.

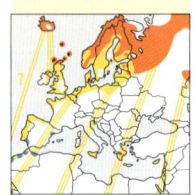

Voix *Cri de vol trillé à consonance ricanante « ti-ti-ti-ti-ti » ; chant ressemblant à celui du courlis cendré.*

182

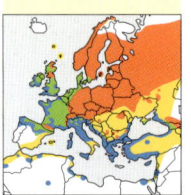

Bécasse des bois

Scolopax rusticola
(Bécasseaux et apparentés)
L 33-35 cm   enver. 56-60 cm   sédentaire

silhouette
trapue

aile large

Habitat *Vit en forêts entrecoupées de clairières et de tranchées ; en migration et en hiver, de temps à autre en terrain découvert.*

> **Nidification mars-sept.**
> **4 œufs jaunâtres tachetés de brun.**
> **1-2 nichées par an.**

À la différence des autres limicoles, la bécasse des bois ne vit pas en milieu ouvert, mais, comme son nom l'indique, presque toujours en forêt. On peut l'entendre au petit matin ou à la tombée de la nuit quand elle parcourt son territoire en poussant des cris étranges. Ses populations sont menacées par les chasseurs qui en tuent 3 à 4 millions chaque année en Europe.

front obtu
gros œil foncé

Voix *Lors de la « croule » (parade) au crépuscule, le mâle émet des sons grognants et sourds, puis un sifflement aigu.*

plumage fortement barré

Bécassine des marais

Gallinago gallinago (bécasseaux et apparentés)
L 25-27 cm enver. 44-47 cm migratrice partielle

bord de fuite blanc

Lors du vol nuptial, la bécassine des marais fait entendre une sorte de vrombissement produit par la vibration des rectrices. De son long bec, elle sonde la vase à la recherche de vers. La bécassine double (*G. media*), quant à elle, niche dans les prairies humides et les tourbières du nord et de l'est de l'Europe.

long bec droit

plusieurs barres alaires blanches

forme rondelette

bécassine double

bec plus court que la B. des marais

ventre barré

ventre blanc, flancs barrés

Habitat *Niche dans des endroits humides : tourbières, prairies, berges marécageuses et autres vasières.*

> *Nidification mars-juill.*
> *4 œufs verdâtres tachetés de sombre.*
> *1 nichée par an.*

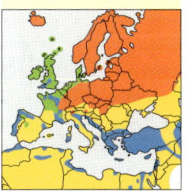

Voix *Cri de vol nasal « ghvètt », souvent répété ; le chant est une série de « tucké-tucké-tucké » secs.*

Bécassine sourde

Lymnocryptes minimus
(bécasseaux et apparentés)
L 17-19 cm enver. 38-42 cm migratrice

petite et trapue

vol de chauve-souris

En cas de danger, la bécassine sourde se fie à sa livrée de camouflage pour passer inaperçue. En effet, quand elle gît immobile au sol, ses rayures dorsales semblables à des feuilles de roseaux la dissimulent parfaitement. Elle ne s'envole qu'au tout dernier moment. Pour le site de nidification, elle prend soin de choisir un endroit marécageux inaccessible, à l'abri de la végétation.

bec beaucoup plus court que la B. des marais

dos à rayures brun-jaune

Habitat *Niche dans des tourbières et prairies humides ; en migration et en hiver, fréquente les rives et mares à végétation épaisse.*

> *Nidification avr.-août.*
> *4 œufs olivâtres tachetés de brun foncé.*
> *1 nichée par an.*

Voix *Généralement silencieuse ; chant en vol rythmé « goguedi-goguedi-gok ».*

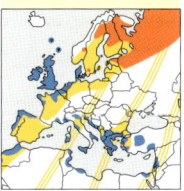

Chevalier culblanc
Tringa ochropus (bécasseaux et apparentés)
L 21-24 cm   enver. 57-61 cm   migrateur

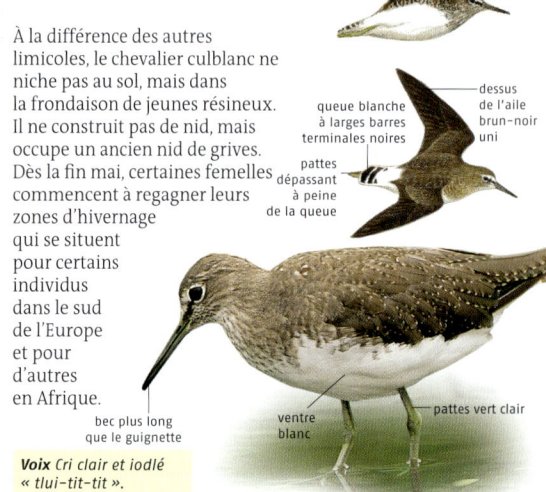

dessous
de l'aile noir

dessus
de l'aile
brun-noir
uni

queue blanche
à larges barres
terminales noires

pattes
dépassant
à peine
de la queue

Habitat *Bords de mares
entourées d'arbres,
tourbières ; hors période
de nidification, sur
des berges couvertes
de végétation.*

> **Nidification avr.-juill.**
> **4 œufs verdâtres
> à jaunes tachetés.**
> **1 nichée par an.**

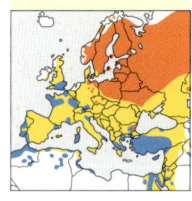

À la différence des autres
limicoles, le chevalier culblanc ne
niche pas au sol, mais dans
la frondaison de jeunes résineux.
Il ne construit pas de nid, mais
occupe un ancien nid de grives.
Dès la fin mai, certaines femelles
commencent à regagner leurs
zones d'hivernage
qui se situent
pour certains
individus
dans le sud
de l'Europe
et pour
d'autres
en Afrique.

bec plus long
que le guignette

ventre
blanc

pattes vert clair

Voix *Cri clair et iodlé
« tlui-tit-tit ».*

184

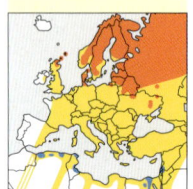

Chevalier sylvain
Tringa glareola (bécasseaux et apparentés)
L 19-23 cm   enver. 56-57 cm   migrateur

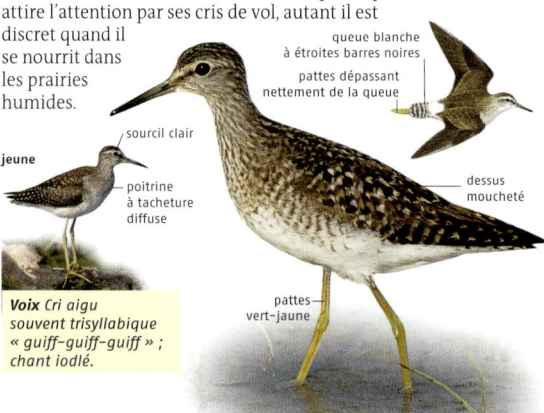

dessous
de l'aile clair

queue blanche
à étroites barres noires

pattes dépassant
nettement de la queue

Habitat *Niche dans des
tourbières et marécages
de la toundra ; hors
de la période de
reproduction, sur les
bords d'étendues d'eau
peu profondes.*

> **Nidification mai-août.**
> **4 œufs brunâtres tachetés
> de sombre.**
> **1 nichée par an.**

Le chevalier sylvain ne reste dans son aire de nidification que
quelques semaines. Il passe le reste de l'année à voyager. Il vit
alors en petites bandes, mais forme aussi de grandes troupes
dans le bassin méditerranéen et en Afrique tropicale. Autant il
attire l'attention par ses cris de vol, autant il est
discret quand il
se nourrit dans
les prairies
humides.

sourcil clair

jeune

poitrine
à tacheture
diffuse

dessus
moucheté

pattes
vert-jaune

Voix *Cri aigu
souvent trisyllabique
« guiff-guiff-guiff » ;
chant iodlé.*

Chevalier guignette

Actitis hypoleucos (bécasseaux et apparentés)
L 19-21 cm   enver. 38-41 cm   migrateur

large barre
alaire blanche
bords de la
queue blancs

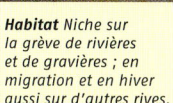

Quand le chevalier guignette est en quête
d'insectes, il hoche la queue sans interruption. Son vol est
aussi caractéristique : quelques battements d'ailes nerveux
entrecoupés de planés. Il vole
généralement au ras de l'eau.
Dans le nord-est de l'Europe
niche le chevalier bargette
(*Tringa cinerea*) qui, lui, est
spécialisé dans la capture
de petits crustacés.

chevalier bargette

raie noire
sur le dos

bec recourbé
vers le haut

courtes pattes orange

poitrine tachetée
de brun

pattes courtes
gris-brun

ventre
blanc

Habitat *Niche sur
la grève de rivières
et de gravières ; en
migration et en hiver
aussi sur d'autres rives.*

> *Nidification avr.-juill.*
> *4 œufs brun clair
> tachetés de brun foncé.*
> *1 nichée par an.*

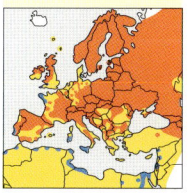
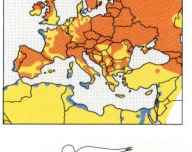

Voix *Cri aigu et perçant
« hi-di-di » souvent
émis en longues
séries ; « iiiht » étiré
en cas de danger.*

Chevalier aboyeur

Tringa nebularia
(bécasseaux et apparentés)
L 30-35 cm   enver. 68-70 cm   migrateur

pas de barre
alaire

blanc
en coin
sur le dos

Le chevalier aboyeur est souvent observé en eau peu profonde
en train de sonder le fond pour y trouver des vers, des crustacés
et des insectes, ainsi que des têtards et de petits poissons.
Le petit chevalier stagnatile (*T. stagnatilis*) au plumage similaire
le remplace dans les régions steppiques d'Europe de l'Est.

tête et cou
strié de gris

dessus gris brunâtre

bec très fin

pattes
gris-vert
plus longues
que le
Ch. aboyeur

Chevalier stagnatile

bec
légèrement
recourbé
vers le haut

pattes gris-vert

Habitat *Niche
au bord de l'eau
dans des tourbières,
la toundra et des
boisements clairsemés ;
sinon fréquente aussi
des plans d'eau peu
profonds et des vasières
du littoral.*

> *Nidification avr.-août.*
> *4 œufs brun clair tachetés
> de brun foncé.*
> *1 nichée par an.*

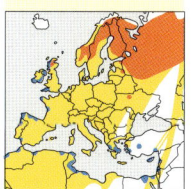

Voix *Cri de vol plus dur
que le Ch. gambette,
trisyllabique « tyu-tu-
tu » (tonalité uniforme),
parfois plus rêche.*

Chevalier arlequin

Tringa erythropus (bécasseaux et apparentés)
L 29-32 cm   enver. 61-67 cm   migrateur

queue
barrée

jeune
milieu du dos blanc
pas de barre alaire

La femelle ne reste pas longtemps dans l'aire de nidification. Après la ponte, elle abandonne le site et laisse au mâle le soin d'élever les jeunes. Les adultes se regroupent entre juin et août, muent et revêtent leur livrée internuptiale avant de regagner leurs zones d'hivernage, pour la plupart en Afrique. Les jeunes prennent le même chemin en automne.

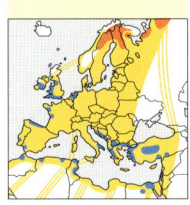

dos gris
plumage
internuptial
sourcil blanc

pointe du bec
légèrement pliée
vers le bas
dessus moucheté
de blanc
corps noir
plumage
nuptial
jeune
pattes rouge
orange
pattes rouge
foncé

Voix « kyu-yitt » disyllabique, 2e syllabe plus aiguë.

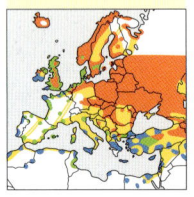

Chevalier gambette

Tringa totanus (bécasseaux et apparentés)
L 27-29 cm   enver. 59-66 cm   sédentaire/migrateur

blanc
en coin
queue
barrée

large barre alaire
blanche sur le bord
de fuite

Sur les sites de nidification, il est fréquent de voir les c. gambettes postés sur des piquets de clôture. Ils font le guet et signalent l'arrivée d'un prédateur par des cris sonores. Aussitôt prévenus, les poussins se cachent sous les touffes d'herbe. Beaucoup de c. gambettes migrent jusqu'en Afrique de l'Ouest, d'autres hivernent sur les côtes européennes.

aile tachetée
pattes orange
jeune
bec rouge
à pointe noire
poitrine et ventre
très tachetés
plumage
nuptial
pattes rouges

Voix « tyu-du-du » mélancolique (accent sur la 1re syllabe), parfois « tyuuht » étiré ; chant iodlé.

Combattant varié

Philomachus pugnax (bécasseaux et apparentés)

L 20–32 cm   enver. 48–58 cm   migrateur

Lors de la parade, les mâles se présentent dans l'arène avec la houppette dressée et la collerette déployée. Après l'accouplement, la femelle élève seule les jeunes car, pendant qu'elle couve et s'occupe de la progéniture, le mâle est déjà en train de muer et de perdre sa parure chatoyante. En dehors de la période de reproduction, les combattants sont presque toujours en groupes. On peut les observer alors en train de chercher de petits animaux aquatiques ou des grains de riz en eau peu profonde.

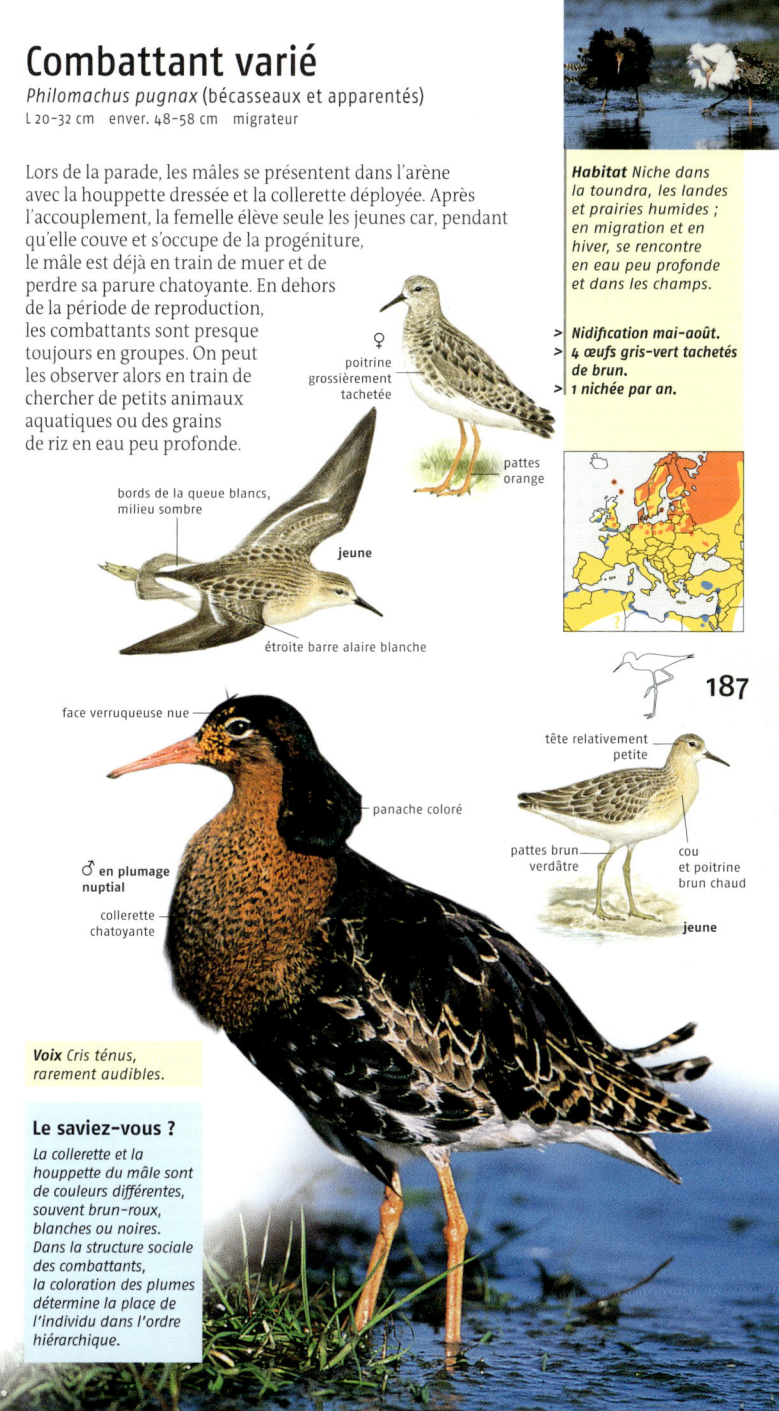

Habitat *Niche dans la toundra, les landes et prairies humides ; en migration et en hiver, se rencontre en eau peu profonde et dans les champs.*

> *Nidification mai–août.*
> *4 œufs gris-vert tachetés de brun.*
> *1 nichée par an.*

♀
poitrine grossièrement tachetée

pattes orange

bords de la queue blancs, milieu sombre

jeune

étroite barre alaire blanche

187

face verruqueuse nue

panache coloré

tête relativement petite

♂ **en plumage nuptial**

collerette chatoyante

pattes brun verdâtre

cou et poitrine brun chaud

jeune

Voix *Cris ténus, rarement audibles.*

Le saviez-vous ?

La collerette et la houppette du mâle sont de couleurs différentes, souvent brun-roux, blanches ou noires. Dans la structure sociale des combattants, la coloration des plumes détermine la place de l'individu dans l'ordre hiérarchique.

Tournepierre à collier

Arenaria interpres (bécasseaux et apparentés)

L 21–26 cm   enver. 50–57 cm   migrateur

barre alaire blanche

raies blanches au milieu et sur les côtés du dos

Habitat *Niche dans la toundra caillouteuse et en bord de mer ; en hiver, sur les côtes rocheuses, les plages et les vasières littorales.*

> **Nidification mai-août.**
> **4 œufs verdâtres tachetés de brun.**
> **1 nichée par an.**

Comme son nom l'indique, le tournepierre retourne les cailloux et fouille sous les algues pour accéder aux bestioles s'y trouvant cachées. Il martèle à coups de bec les balanes ou descelle les mollusques adhérant aux rochers. Les individus nicheurs du nord de l'Europe hivernent en Afrique, tandis que les nicheurs canadiens et groenlandais hivernent en Europe.

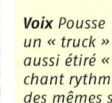

plumage internuptial

dessus brun noirâtre

dessus brun orangé à motifs noirs

tête noir et blanc

plastron sombre

ventre blanc

bec fort, court

Voix *Pousse un « truck » dur, aussi étiré « tliuu » ; chant rythmé composé des mêmes sons.*

pattes courtes orange vif

plumage nuptial

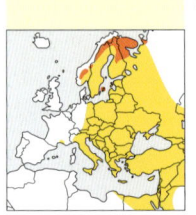

Bécasseau falcinelle

Limicola falcinellus (bécasseaux et apparentés)

L 16–18 cm   enver. 34–39 cm   migrateur

dessus de l'aile assez sombre avec étroite barre alaire blanche

Habitat *Niche dans les tourbières ; en migration et en hiver, sur des berges boueuses et des vasières.*

> **Nidification juin-août.**
> **4 œufs jaunâtres tachetés de brun.**
> **1 nichée par an.**

Contrairement à la plupart des espèces apparentées, le bécasseau falcinelle ne migre pas le long du littoral atlantique, car il hiverne en Afrique de l'Est et dans la péninsule Arabique. En route, la plupart des 20 000 couples migrateurs font une halte en Crimée. Le nid est construit par la femelle dans des endroits marécageux inaccessibles, tandis que le mâle marque son territoire par des vols chantés.

sourcil clair divisé en une partie large et une étroite

rayures jaunes sur le dos

plumage nuptial

bec légèrement incurvé vers le bas juste avant la pointe

Bécasseau maubèche
Calidris canutus (bécasseaux et apparentés)
L 23-25 cm   enver. 45-54 cm   migrateur

queue blanchâtre
faiblement barrée

étroite
barre
alaire
blanche

jeune

En période de nidification, le bécasseau maubèche se nourrit
essentiellement d'insectes qui pullulent dans la toundra.
En migration et dans sa zone d'hivernage, il consomme de
préférence des coquillages. De son bec sensible, il les décèle en
sondant la vase, les
ingère en entier et
fait éclater la coque
dans son estomac
musculeux.

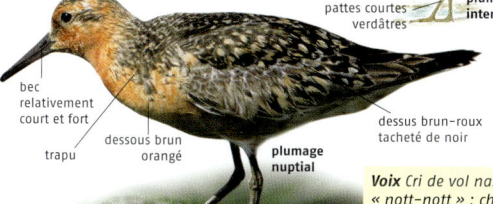

sourcil blanc

dessus écailleux

dessus gris uni

poitrine nuancée
de rose

poitrine
légèrement
tachetée

jeune

pattes courtes
verdâtres

**plumage
internuptial**

bec
relativement
court et fort

dessous brun
orangé

trapu

dessus brun-roux
tacheté de noir

**plumage
nuptial**

Habitat Niche dans la
toundra ; en migration
et en hiver, sur
les vasières littorales,
plus rare sur les lacs
de l'intérieur.

> **Nidification juin-août.**
> **4 œufs verdâtres tachetés
> de brun.**
> **1 nichée par an.**

Voix *Cri de vol nasal
« nott-nott » ; chant
flûté en vol nuptial.*

189

Bécasseau cocorli
Calidris ferruginea (bécasseaux et app.)
L 18-23 cm   enver. 42-46 cm   migrateur

croupion
blanc

jeune

étroite barre
alaire blanche

Le bécasseau cocorli niche en Sibérie et
migre jusqu'en Afrique et en Australie. Là-bas, on peut constater
au nombre de jeunes oiseaux si la reproduction a été bonne à
l'autre bout du monde. Les années où les lemmings font défaut,
les renards polaires dévorent les œufs et les poussins, de sorte
que le nombre de jeunes à l'envol est très réduit.

**plumage
nuptial**

dessus à motifs brun
clair et noir

dessus
écailleux

sourcil
blanchâtre

jeune

poitrine
nuancée
de brun
chaud

dessous brun-roux

long bec
légèrement arqué

Habitat Niche
dans la toundra ;
hors de la période
de reproduction, sur
les vasières littorales
et en eau peu profonde
à l'intérieur des terres.

> **Nidification juin-août.**
> **4 œufs vert olive à taches
> claires et sombres.**
> **1 nichée par an.**

Voix *Cri ronflant
« dgir », plus doux
que le bécasseau
variable (p. 191).*

Bécasseau sanderling

Calidris alba (bécasseaux et apparentés)
L 20-21 cm   enver. 40-45 cm   migrateur

milieu de la queue noir

large barre alaire blanche

jeune

Habitat *Niche dans la toundra ; en hiver, surtout sur les plages et vasières sableuses, rarement à l'intérieur des terres.*

> *Nidification juin-août.*
> *4 œufs verdâtres tachetés de brun.*
> *1 nichée par an.*

Le bécasseau sanderling est le migrateur au long cours par excellence des limicoles. On peut le voir courir infatigablement sur les rivages à la limite de l'eau où il picore des bestioles échouées ou vivant dans le sable. Il niche dans la toundra au milieu d'une végétation brun-roux, la couleur de son plumage nuptial.

dessus noir, liseré des plumes blanc

jeune

dessus gris

collier nucal esquissé sur fond jaunâtre

plumage nuptial
dessus à motifs brun-roux et noir

ventre blanc

poitrine et gorge brun-roux mouchetées de noir

plumage internuptial

bec noir relativement court

dessous et face blancs

Voix *Pousse un « klitt » clair ; en vol nuptial, chant trillé.*

Bécasseau violet

Calidris maritima (bécasseaux et apparentés)
L 20-22 cm   enver. 42-46 cm   migrateur

barre alaire blanche

dessus sombre

Habitat *Niche dans la toundra aride ; en hiver, sur les côtes rocheuses et les plages de galets, très rarement à l'intérieur des terres.*

> *Nidification mai-août.*
> *4 œufs verdâtres tachetés de brun foncé.*
> *1 nichée par an.*

Le bécasseau violet est le seul bécasseau à s'être adapté aux côtes rocheuses. En hiver, il extrait de petits mollusques et de petites moules de crevasses rocheuses. Il est aussi capable de se nourrir dans l'obscurité, de sorte qu'il hiverne dans le nord de la Norvège pendant la nuit polaire. Il est fidèle à son site de nidification qu'il rejoint tous les ans.

bec noir, jaunâtre à la base

tête et poitrine brunâtres tachetées

plumage nuptial

dessus noirâtre à légers reflets violets

plumage internuptial

poitrine tachetée de sombre

plumes du dessus noires à liseré brun et blanc

pattes jaune verdâtre (parfois orange)

Voix *Cris semblables à ceux de l'hirondelle rustique « vitt ».*

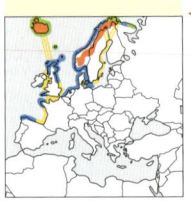

Bécasseau variable

Calidris alpina (bécasseaux et apparentés)
L 16-20 cm   enver. 38-43 cm   migrateur

De son bec, il sonde les sols vaseux à la recherche de vers,
de petits coquillages et de mollusques. Quand il sent une proie,
il ouvre le bec dans la vase et la saisit comme avec des pincettes.
Le bécasseau variable est l'espèce de bécasseau la plus commune
sur les côtes européennes. À marée
basse, les oiseaux sont dispersés
en petits groupes à la recherche
de nourriture ; à marée haute, ils se
rassemblent en grandes troupes
sur des sites de stationnement.

Habitat *Niche dans la
toundra, les tourbières
et les prés salés ;
sinon sur les vasières
littorales, les plages et
près des étendues peu
profondes de l'intérieur.*

> **Nidification avr.-août.**
> **4 œufs brunâtres
> ou verdâtres tachetés.**
> **1 nichée par an.**

barre alaire
blanche

bords de la
queue blancs

jeune

jeune

dessus brun chaud

poitrine
et ventre
très tachetés

191

dessus gris-brun

plumage
internuptial

poitrine
légèrement striée

Le saviez-vous ?

*Quel rapport y a-t-il
entre les Alpes
et ce bécasseau ?
Il a été baptisé alpina
parce qu'il niche
dans les montagnes
du nord de l'Europe,
notamment dans
les Alpes scandinaves.*

dos à motifs brun-roux,
jaune, brun et noir

bec noir
légèrement
arqué

plumage
nuptial

ventre noir

Voix *Pousse un
« trrrîe » sec et rêche ;
chant fait de trilles
rauques et ronflants,
émis aussi en vol.*

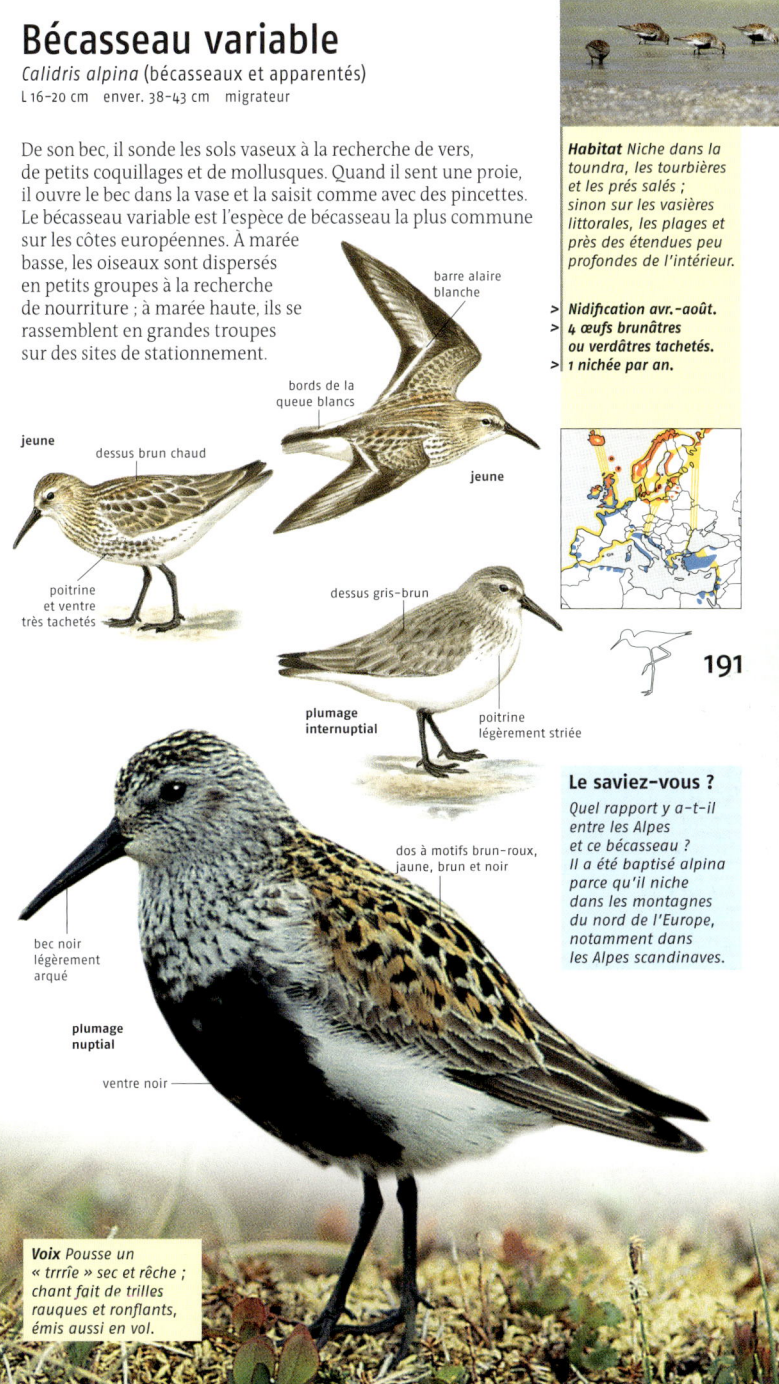

Bécasseau minute

Calidris minuta (bécasseaux et apparentés)
L 12–14 cm   enver. 34–37 cm   migrateur

barre alaire blanche
V clair sur le dos

jeune

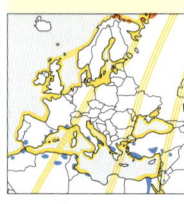

À chaque période nuptiale, la femelle s'apparie à 2 partenaires. Après la première ponte, elle quitte le premier qui doit s'occuper seul de leur couvée. En revanche, elle se charge d'élever les jeunes de la seconde couvée. Dans les deux cas, les adultes abandonnent les jeunes avant qu'ils ne sachent voler et ceux-ci doivent trouver seuls la route qui les mènera vers leur zone d'hivernage.

queue paraissant courte

plumes du dessus à liseré brun

jeune

dessus gris-brun

bec noir relativement court

dessus brun rougeâtre

plumage internuptial

pattes noires

plumage nuptial

tête et côtés de la poitrine brun rougeâtre

Voix *Pousse un « tit » bref ; lors du vol nuptial, chant trillé.*

Bécasseau de Temminck

jeune

Calidris temminckii (bécasseaux et apparentés)
L 13–15 cm   enver. 34–37 cm   migrateur

barre alaire blanche

bords de la queue blancs

Le bécasseau de Temminck a été baptisé du nom d'un naturaliste néerlandais. En migration, il fréquente les côtes et les zones humides de l'intérieur. Il se nourrit principalement d'insectes qu'il extrait de la vase. Pendant la saison de reproduction, mâle et femelle peuvent respectivement s'accoupler avec 2 partenaires.

dessus tacheté de brun et noir

dessus gris-brun

poitrine tachetée

plumage internuptial

dessus d'aspect écailleux

queue paraissant longue

poitrine tachetée

pattes verdâtres

plumage nuptial

jeune

poitrine tachetée

Voix *Trille « tirr » ; vol nuptial chanté avec trilles montants et descendants.*

Labbe parasite

Stercorarius parasiticus (labbes)
L 41–46 cm enver. 110–125 cm migrateur

Le labbe parasite dérobe les proies
des alcidés, des mouettes et des sternes
après une course-poursuite agitée.
En période de nidification, il capture
les oiseaux marins revenant
à leur colonie. En hiver, il séjourne
dans des zones poissonneuses au
large des côtes africaines. Il en existe
2 formes, une claire et une sombre.

dessous de l'aile sombre

adulte

longs filets à la queue

plage alaire
blanche

rectrices médianes   **jeune**
peu proéminentes

plumes du dessus
à liseré brun chaud

dessous barré
jeunes (variantes)

tache claire
à la base du bec

bec plus fin
que le labbe
pomarin

Habitat Niche
en milieu ouverts
proches des côtes ;
hors de la période
de reproduction,
séjourne en haute mer.

> **Nidification mai-sept.**
> **2 œufs olivâtres tachetés
> de sombre.**
> **1 nichée par an.**

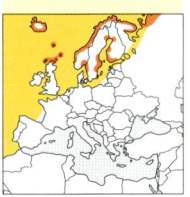

Voix Séries de cris
miaulants, souvent
seulement sur les
sites de nidification.

Labbe à longue queue

Stercorarius longicaudus (labbes)
L 48–53 cm enver. 105–117 cm migrateur

Grâce à son agilité en vol, le labbe
à longue queue n'a pas trop de peine
à dérober les proies des sternes
(p. 203-207). Il passe l'hiver
dans l'Atlantique Sud où il pêche
lui-même. Dans son aire de nidification
arctique, il capture des lemmings
et autres petits rongeurs en effectuant
des vols stationnaires.

bras gris-brun
contrastant avec la main
foncée

adulte

aile plus étroite
que le labbe parasite

dessous
de l'aile
fortement barré

corps élancé
jeune

jeune

plumes du dessus
à liseré gris-brun

sous-caudales nettement barrées

très longs filets caudaux

bec plus fin
que le labbe
parasite

Habitat Niche dans
la toundra, aussi
à l'écart de la côte ;
en hiver, presque
toujours en mer.

> **Nidification juin-août.**
> **1-2 œufs olivâtres
> tachetés de sombre.**
> **1 nichée par an.**

Voix Cris miaulants sur
sites de nidification,
plus aigus que ceux
du labbe parasite.

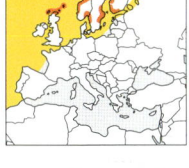

Labbe pomarin

Stercorarius pomarinus (labbes)

L 46–51 cm   enver. 125–138 cm   migrateur

double plage alaire blanche

adulte

jeune

stature plus forte
que le labbe parasite

Son vol est plutôt lourd, comme celui des
goélands. S'il ne peut donc parasiter les sternes,
il s'en prend aux mouettes pour leur dérober leurs proies. Dans son
aire de reproduction, il se nourrit principalement de lemmings.
Lors de sa migration de la Sibérie vers l'Afrique, il traverse les mers
européennes, mais en plus petit nombre que le labbe parasite.

calotte sombre
descendant très bas

dessus
brun noirâtre

bande
pectorale
brunâtre

bec fort

jeune (âgé de quelques mois)

plumage
brun-noir

pattes
grises

rectrices
saillantes
spatulées

adulte
(forme sombre)

adulte (forme claire)

Voix *Cris évoquant des
sanglots, jappements
et ricanements,
audibles surtout sur les
sites de nidification.*

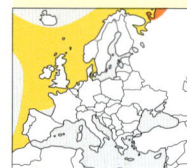

Grand labbe

Stercorarius skua (labbes)

L 51–56 cm   enver. 145–155 cm   migrateur

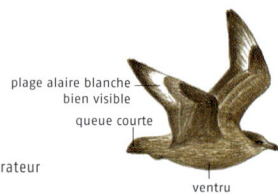

plage alaire blanche
bien visible

queue courte

ventru

Le grand labbe ne se contente pas de parasiter les autres oiseaux
de mer, mais tue parfois des macareux moines (p. 208) et d'autres
oiseaux. Il défend son nid avec véhémence en piquant sur les
intrus et peut même infliger de sérieuses blessures à un humain.
Il passe l'hiver dans l'Atlantique Nord et peut atteindre les côtes
américaines.

tête brun foncé

jeune

dessous brun orange

calotte brun foncé

plumage
tacheté

bec
puissant

Voix *Cris sanglotants sur
sites de nidification ;
cris stridents lors
d'attaques.*

Goéland brun

Larus fuscus (mouettes et goélands)
L 51–64 cm   enver. 135–150 cm   sédentaire

adulte
très peu
de blanc

Le goéland brun est le goéland migrant le plus loin ; il hiverne d'Espagne à l'Afrique occidentale. Les populations de Finlande migrent vers l'Afrique de l'Est. Il peut s'éloigner de la colonie jusqu'à une centaine de kilomètres pour aller pêcher en haute mer poissons et crevettes ou des déchets de poissons rejetés par les bateaux de pêche.

Habitat Niche sur les côtes et les grands lacs ; cherche sa nourriture au large, mais aussi dans les champs.

> Nidification avr.–août.
> 2–3 œufs olivâtres tachetés de noir.
> 1 nichée par an.

bec noir
jeune
plumes du dos noirâtres avec liseré clair
dessus gris noirâtre
dessus très sombre
queue très claire avec barre terminale
jeune
longues ailes amincissant la silhouette
pattes jaunes

Voix Cris comme le g. argenté, souvent plus graves et nasillards.

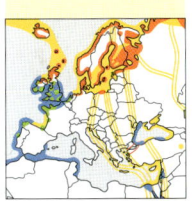

195

Goéland marin

Larus marinus (mouettes et goélands)
L 64–79 cm   enver. 1,50–1,67 m   sédentaire

adulte
tache blanche étendue
queue barrée
jeune

Ce goéland, le plus gros d'Europe, ne commence à se reproduire qu'à l'âge de 4-5 ans et niche en colonies. Son régime est éclectique et il n'hésite pas à se nourrir sur les décharges. Sa préférence va toutefois aux poissons qu'il pêche lui-même ou aux déchets rejetés par les pêcheries.

Habitat Niche de préférence sur les côtes rocheuses ; cherche sa nourriture et hiverne sur le littoral et au large.

> Nidification avr.–août.
> 2–3 œufs verdâtres tachetés de sombre.
> 1 nichée par an.

jeune (âgé de quelques semaines)
bec noir
dessus très contrasté
tête blanche
dessus noir
bec fort, jaune aver point rouge
pattes roses

Voix Cris nettement plus graves que le g. argenté ; pousse le plus souvent un « kao » guttural.

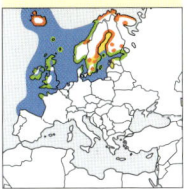

Goéland leucophée

Larus michahellis (mouettes et goélands) **jeune** **sédentaire**
L 58–68 cm   enver. 1,40–1,58 m

main brun très foncé

dessous de l'aile sombre

barre terminale noire

Les déchets ménagers et de poissons rejetés par les pêcheurs sont en de nombreux endroits la principale ressource alimentaire du goéland leucophée. Les effectifs de cette espèce ont ainsi fortement augmenté au XXᵉ siècle. Il a progressé vers le nord et occupe maintenant certains cours d'eau de l'intérieur.

dessus un peu plus foncé que le goéland argenté

adulte

pointe avec beaucoup de noir

jeune

tête claire

pattes jaune vif

pointe de l'aile noire avec peu de points blancs

Voix *Même répertoire que le g. argenté, avec tonalité légèrement plus grave.*

Goéland pontique **jeune**

Larus cachinnans (mouettes et goélands)
L 58–67 cm   enver. 1,40–1,58 m   **sédentaire**

dessous de l'aile clair

barre terminale brun foncé

Le goéland pontique se nourrit certes de poissons, mais trouve une grande partie de sa nourriture à l'intérieur des terres. Parti de la mer Noire, il a gagné l'Europe centrale où des centaines d'individus stationnent et parfois nichent. Il entre alors en contact avec des goélands argentés et leucophées avec lesquels il s'hybride.

peu de noir à la pointe

adulte

œil sombre

front fuyant

profil de tête allongé

jeune

long bec

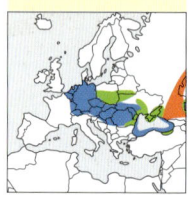

pattes jaunâtres

Voix *Semblable à celle du g. argenté, mais cris un peu plus graves.*

Goéland argenté

Larus argentatus (mouettes et goélands)

L 55–67 cm   enver. 1,38–1,50 m   sédentaire

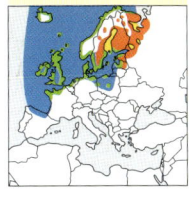

Ce goéland niche en grandes colonies, souvent dans les dunes en bord de mer. Ses effectifs ont connu une très forte augmentation due au fait qu'il sait profiter efficacement des déchets des décharges. Il a colonisé aussi certaines terres proches du littoral. Son régime alimentaire va des poissons de mer aux crabes en passant par les vers qu'il trouve dans les vasières et les champs. Les individus nordiques descendent un peu vers le sud en automne, d'autres mènent une vie erratique dans leur aire de reproduction.

dessus partiellement gris

bec rose noircissant vers la pointe

jeune (de 1 an)

barre terminale brun foncé sur la queue

aile et dos partiellement gris

queue blanc pur

jeune (de quelques mois)

jeune (de 1 an)

adulte

Habitat *Vit le long des côtes et des étendues d'eau de l'intérieur des terres ; se nourrit dans les champs, les prés et sur les dépôts d'ordures.*

> **Nidification avr.-août.**
> **2-3 œufs olivâtres à gris tachetés.**
> **1 nichée par an.**

197

bec jaune à point rouge

œil jaunâtre

dessus brun clair à motifs brun foncé tertiaires très contrastées

bec essentiellement noir

jeune (de quelques mois)

pattes roses

Conseil d'observation

Sur les promenades de front de mer, on peut observer la technique du g. argenté pour ouvrir ses proies, moules et autres coquillages : pour briser la coquille, il les laisse tomber de haut sur un substrat dur.

Voix *Répertoire varié avec des cris miaulants, hennissants et sanglotants, aussi en série.*

Goéland bourgmestre

jeune
pointe
très pâle

Larus hyperboreus (mouettes et goélands)
L 62–68 cm   enver. 1,50–1,65 m   sédentaire

tête
striée

Habitat *Vit le long des côtes et en pleine mer ; niche généralement dans un milieu rocheux.*

> *Nidification mai–août.*
> *2–3 œufs verdâtres tachetés de sombre.*
> *1 nichée par an.*

Le goéland bourgmestre passe pour ainsi dire toute l'année dans le Grand Nord. Son régime est éclectique. Il se comporte en parasite et dérobe les proies des autres oiseaux marins. Il chasse les mergules nains qu'il dévore en entier. Dans les mers du nord de l'Europe, on peut aussi observer le goéland à ailes blanches (*L. glaucoides*).

**adulte
en plumage
internuptial**

front fuyant

jeune
bec rose
à pointe noire

plumage brun
clair

tête ronde
plumage
très clair

bec non
contrasté

jeune goéland à ailes blanches

pointe de l'aile
blanc pur

plumage nuptial

pattes
roses

Voix *Semblable au g. argenté (p. 197) ; aussi un « kiao » perçant.*

Goéland d'Audouin

jeune
queue blanche
à large barre
terminale noire

Larus audouinii (mouettes et goélands)
L 48–52 cm   enver. 1,15–1,48 m   sédentaire

adulte

Habitat *Vit le long des côtes et niche sur des îles rocheuses ou sableuses.*

> *Nidification mars–août.*
> *2–3 œufs olivâtres tachetés de sombre.*
> *1 nichée par an.*

Il y a quelques décennies, l'espèce ne comptait plus qu'un millier d'individus et a failli disparaître. Grâce à des mesures de protection et à l'utilisation de déchets de pêcheries, les effectifs ont pu à nouveau progresser et dépassent maintenant les 20 000 couples, dont la moitié niche dans le delta de l'Èbre. En hiver, le goéland d'Audouin erre jusqu'au large des côtes nord-ouest de l'Afrique.

beaucoup
de noir
à la pointe

bec rouge à pointe noir et jaune

œil sombre

jeune (de 1 an)

bec gris
à pointe noire

aile longue

pattes gris foncé

pattes gris foncé

Voix *« Èrrr » rauque ; aussi cris sanglotants et jappants.*

Goéland cendré

Larus canus (mouettes et goélands)
L 40–46 cm enver. 1,10–1,30 m sédentaire

adulte

Le goéland cendré niche souvent en grandes
colonies d'où il rayonne pour trouver
de la nourriture. Son régime se compose de vers
qu'il trouve dans les prés et les champs et de poissons
qu'il pêche en mer. Ce fin gourmet se délecte aussi
à l'occasion de cerises. En hiver, on le rencontre en groupes.
Les dortoirs où il passe la nuit regroupent des milliers d'individus.

pointe avec
beaucoup
de blanc

Habitat *Niche sur les côtes et près d'étendues d'eau de l'intérieur des terres ; se nourrit en mer et dans les champs et les prés.*

> *Nidification avr.–juill.*
> *2–3 œufs olivâtres tachetés de noir.*
> *1 nichée par an.*

œil sombre

adulte en plumage internuptial

tête striée

barre noire au bec

tête ronde

dessus brun grisâtre

jeune

bec fin jaune verdâtre

plumage nuptial

pattes jaune verdâtre

Voix *Cris stridents légèrement nasillards et parfois rêches sur la fin « kièè ».*

Mouette tridactyle

Rissa tridactyla (mouettes et goélands)
L 38–40 cm enver. 91–120 cm sédentaire

adulte

jeune
barre terminale noire

pointe entièrement noire

postérieur de l'aile blanc

barre alaire noire

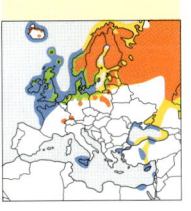

Le doigt postérieur s'est fortement résorbé au cours
de l'évolution pour faciliter son stationnement sur
des corniches rocheuses étroites. Cette mouette se tient à l'écart
des côtes, mais est parfois poussée vers l'intérieur des terres
lors de tempêtes. Elle se nourrit de petits poissons qu'elle pêche
elle-même ou qu'elle dérobe
aux sternes ou aux guillemots.

Habitat *Niche dans des falaises du littoral, mais vit en général au large.*

bec fin jaune

> *Nidification mai-août.*
> *1–3 œufs gris ou bruns tachetés de sombre.*
> *1 nichée par an.*

œil sombre

tache diffuse à l'arrière

motif de la tête gris lavé

adulte en plumage nuptial

bec noir

jeune

pattes noires

plumage nuptial

Voix *Cri nasal et perçant « kitti–wèèh ».*

Mouette mélanocéphale

Larus melanocephalus (mouettes et goélands)
L 36–38 cm   enver. 92–105 cm   sédentaire

barre alaire grise — **jeune**
adulte — pointe entièrement blanche

x

Habitat *Niche le long des côtes et à l'intérieur des terres près de l'eau ; se nourrit dans les prés et les champs, en hiver, en mer.*

> **Nidification mai-juill.**
> **2-3 œufs brunâtres tachetés de noir.**
> **1 nichée par an.**

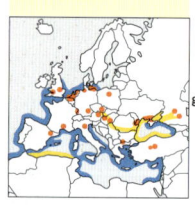

Au cours des 50 dernières années, cette espèce, partie du sud-est de l'Europe, s'est répandue vers le nord-ouest et niche à présent en Europe centrale et occidentale, souvent au milieu de colonies de m. rieuses ou de goélands cendrés. Le plus gros laridé à tête noire d'Europe, le g. ichtyaète (*L. ichtyaetus*) vit à l'est de la mer Noire.

dos gris
bec noir
dessus de l'aile brun noirâtre
croissants oculaires blancs
capuchon descendant sur la nuque
jeune

bec fort multicolore
tête noire avec croissants oculaires blancs

pattes jaunes
g. ichtyaète plumage nuptial

bec rouge, plus fort que chez la m. rieuse
plumage nuptial

Voix *Cri grave et nasal, montant au début puis descendant « oaaooo ».*

x

Mouette pygmée

Larus minutus (mouettes et goélands)
L 25–30 cm   enver. 70–80 cm   migratrice

jeune — barre alaire noirâtre
extrémité de la queue droite avec barre terminale noire
adulte
dessous de l'aile noir
pointe entièrement blanche

Habitat *Niche près de lacs et d'étangs de l'intérieur ; hiverne en haute mer.*

> **Nidification mai-août.**
> **2-3 œufs bruns tachetés de sombre.**
> **1 nichée par an.**

Cette mouette, la plus petite d'Europe, niche principalement à l'intérieur des terres, mais est un véritable oiseau de mer en hiver qui se tient au large. Son mode de chasse rappelle celui des sternes (p. 203-207). Elle pique sans discontinuer vers la surface de l'eau pour y capturer des insectes ou de petits poissons.

tache sombre en arrière de l'œil
barre alaire noirâtre

adulte en plumage internuptial
tache sombre en arrière de l'œil

capuchon noir descendant sur la nuque
bec noir
œil sombre sans bord clair

jeune

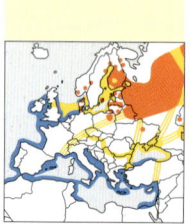

plumage nuptial

Voix *Cris aigus et nasillards émis en rythme « kéh-ké-kéh-ké... » ; cri d'alarme « keck » sec.*

Mouette rieuse

Larus ridibundus (mouettes et goélands)

L 34-43 cm   enver. 94-110 cm   sédentaire

À l'intérieur des terres, la mouette rieuse est sans conteste le laridé le plus commun. Ses colonies sont souvent situées à proximité de l'eau, mais il lui arrive aussi de construire une plate-forme sur l'eau pour supporter le nid. Les poussins quittent le nid au bout de quelques jours, mais restent dans les environs et se cachent en cas de danger. Sur la côte, la mouette rieuse se nourrit de divers petits animaux et de poissons. À terre, elle consomme surtout des vers de terre et des larves d'insectes, et suit souvent les tracteurs en train de labourer.

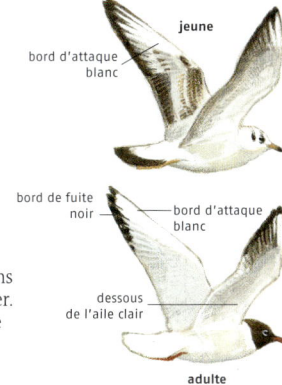

jeune

bord d'attaque blanc

bord de fuite noir — bord d'attaque blanc

dessous de l'aile clair

adulte

Habitat Vit sur les côtes et les étendues d'eau de l'intérieur ; se nourrit aussi dans les prés et les champs côtiers.

> **Nidification** avr.-juill.
> 3 œufs bruns à verts tachetés de sombre.
> 1 nichée par an.

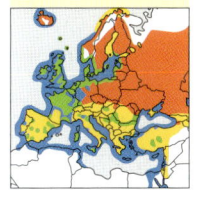

bec orange à pointe noire

dessus de l'aile brun

jeune

œil sombre partiellement cerné de blanc

tête couleur chocolat, nuque blanche

pattes orange

dessus gris

petite tache sombre en arrière de l'œil

bec rouge foncé

adulte en plumage internuptial

201

Voix Cris rauques étirés « krrrèèèh », aussi plus bref « kek-kek ».

Conseil d'observation

Les mouettes rieuses aiment chasser les essaims d'insectes en vol. Pour juger de leur agilité et habileté à saisir une proie, il suffit de se rendre près de plans d'eau et de leur jeter des morceaux de pain.

plumage nuptial

pattes rouge vif

Goéland railleur

Larus genei (mouettes et goélands)
L 42–44 cm   enver. 1–1,10 m   migrateur

Habitat Niche sur les côtes et près des étendues d'eau de l'intérieur ; se nourrit aussi dans les prés ; hiverne le long des côtes.

> **Nidification avr.–août.**
> **2–3 œufs jaunâtres ou bleuâtres tachetés.**
> **1 nichée par an.**

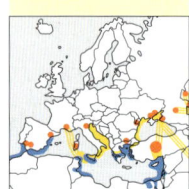

Ce goéland trouve sa nourriture généralement dans l'eau. Le cou tendu pour surveiller les alentours, il picore insectes, petits crustacés et petits poissons en surface. Il niche en colonies sur le pourtour méditerranéen. La majorité des 50 000 couples nicheurs se reproduisent en Ukraine sur les bords de la mer Noire.

dessus de l'aile plus clair que la m. rieuse

jeune

dessus de l'aile semblable à la m. rieuse

adulte

front plus fuyant que chez la m. rieuse

œil clair

petite tache en arrière de l'œil

jeune

long bec orange à pointe noire

dessous nuancé de rose

long bec noir

plumage nuptial

Voix Cri enroué « krirr » plus grave que la m. rieuse.

Mouette de Sabine

Larus sabini (mouettes et goélands)
L 27–33 cm   enver. 90–100 cm   migratrice

Habitat Niche dans la toundra côtière ; hors de la période de reproduction, séjourne seulement au large.

> **Nidification juin–août.**
> **2 œufs olivâtres tachetés de sombre.**
> **1 nichée par an.**

Cette mouette niche en Arctique. Une fois la nidification terminée, elle migre vers des eaux poissonneuses au large des côtes du sud-ouest de l'Afrique. Les tempêtes d'automne déportent toujours quelques individus vers les côtes européennes où, avec un peu de chance, on peut admirer leur vol léger rappelant celui des sternes.

queue blanche échancrée

motif alaire tricolore typique : gris, blanc, noir

adulte

jeune

barre terminale noire

dos et couvertures sus-alaires de même couleur

calotte gris brunâtre

dessus gris brunâtre à l'aspect écailleux

bec noirâtre

jeune

tête gris noirâtre

bec noir à pointe jaune

plumage nuptial

Voix Pousse un « krrr » dur, aussi d'autres sons sanglotants et caquetants.

Sterne caugek

Sterna sandvicensis (sternes et guifettes)
L 36–41 cm   enver. 95–105 cm   migratrice

dessus
de l'aile
relativement
sombre

jeune

adulte

dessus de l'aile gris clair
queue fourchue
sans filets

La sterne caugek plonge dans l'eau d'une dizaine de mètres de hauteur pour capturer de petits poissons que le mâle apporte à la femelle en période nuptiale ou aux poussins par la suite. Ceux-ci grandissent en 4-5 semaines dans une grande colonie.

calotte noire
avec huppe

front blanc

long bec
noir
à pointe
jaune

**adulte en plumage
internuptial**

dessus gris brunâtre
à l'aspect écailleux

jeune

plumage nuptial

pattes noires

Habitat Vit le long des côtes et niche sur des îles de sable et de grève, ainsi que dans des prés salés.

> Nidification avr.-août.
> 1-2 œufs blanchâtres tachetés de noir.
> 1 nichée par an.

Voix Cris aigus et stridents « kir-rèck » avec accent sur la 2e syllabe.

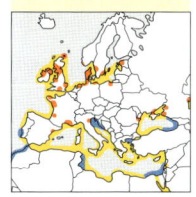

Sterne naine

Sternula albifrons (sternes et guifettes)
L 22–28 cm   enver. 47–55 cm   migratrice

jeune

pointe avec
beaucoup
de noir

adulte

queue
fourchue

battement d'ailes
très rapide

La sterne naine pond ses œufs au sol dans une petite cuvette creusée dans le sable ou le gravier. Les colonies sont souvent décimées par les prédateurs : renards et autres chats, de sorte que l'homme est souvent obligé d'intervenir en posant des clôtures de protection pour assurer leur survie. Les colonies sont également menacées par les inondations.

front blanc

dessus brunâtre
écailleux

calotte
striée

jeune

bec
jaune

Habitat Niche sur des plages de sable et des bancs de graviers du littoral et de l'intérieur ; cherche sa nourriture en eau peu profonde.

> Nidification mai-août.
> 2-3 œufs blanchâtres tachetés.
> 1 nichée par an.

Voix Cris étirés et rêches « vèèt » intégrés aussi dans des suites de sons crépitants.

pattes orange

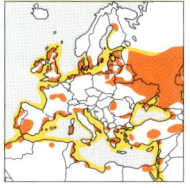

Sterne hansel

Gelochelidon nilotica (sternes et guifettes)

L 33–38 cm   enver. 1–1,15 m   migratrice

dessus de l'aile peu contrasté

jeune

adulte

bord de fuite noir

À la différence des autres sternes, elle ne chasse pas au-dessus de l'eau, mais de la terre. Elle capture des insectes en vol et de petits animaux terrestres jusqu'à la taille d'un campagnol. Elle niche généralement en petites colonies. Au bout de quelques jours, les jeunes savent déjà se cacher sous les plantes. Elle hiverne en Afrique, au sud du Sahara.

adulte en plumage internuptial

bandeau noir derrière l'œil

arrière de la tête brunâtre

dessus brunâtre presque uni

jeune

calotte noire descendant bas sur la nuque

bec de mouette noir

plumage nuptial

pattes noires assez longues

Voix *Cris nasillards disyllabiques « kè-vè » et forts caquètements « kè-kè-kè ».*

204

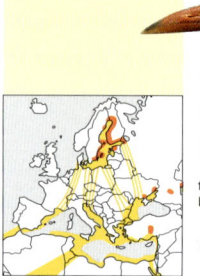

Sterne caspienne

Hydropogne caspia (sternes et guifettes)

L 47–56 cm   enver. 1,27–1,45 m   migratrice

motif de la main peu marqué

jeune

beaucoup de noir à la pointe

queue échancrée sans filets

adulte

Cette grande sterne pêche des poissons pouvant atteindre 20 cm de long en piquant dans l'eau à la verticale. Ses effectifs sont en déclin à cause de la sécheresse qui sévit dans ses zones d'hivernage, de la chasse au cours de sa migration et en hivernage, et des prédateurs qui pillent ses couvées.

calotte noire à stries blanches

dessus gris brunâtre écailleux

jeune

très gros bec rouge vif

pattes noires

Voix *Cris rauques « kvèè » rappelant ceux du héron cendré.*

Sterne pierregarin

Sterna hirundo (sternes et guifettes)
L 31–39 cm   enver. 72–80 cm   migratrice

Les sternes pierregarins reviennent
de migration au printemps.
Ce sont les individus les plus âgés qui
occupent les meilleures places dans
les colonies, tandis que les plus jeunes
se contentent souvent d'emplacements
moins favorables. Mâle et femelle
couvent à tour de rôle. Après l'éclosion
des œufs, la femelle veille sur la
progéniture, tandis que le mâle assure
le ravitaillement en petits poissons
et vers, du moins au début. La sterne
de Dougall (*S. dougalli*), assez rare
chez nous, niche surtout aux Açores
et en Irlande.

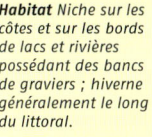

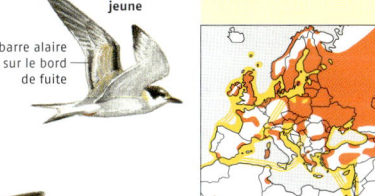

bord de fuite noir
très large

adulte

queue
très fourchue

jeune

barre alaire
noire sur le bord
de fuite

205

front blanc   **jeune**
                dos brunâtre écailleux

bec noir

poitrine
nuancée
de rose

sterne de Dougall

bec rouge orange
à pointe noire

dessous blanc

pattes rouges, plus longues que chez la sterne arctique

Sterne arctique

Sterna paradisaea (sternes et guifettes)
L 33–36 cm   enver. 75–85 cm   migratrice

bord de fuite
du bras blanc

jeune

adulte

bord de fuite
noir étroit

queue très fourchue

Habitat *Niche sur les côtes et aux bords des lacs et rivières de la toundra ; hiverne sur le littoral.*

> **Nidification mai–août.**
> **1–3 œufs verts, bruns ou bleus tachetés.**
> **1 nichée par an.**

La sterne arctique est considérée comme une championne de la migration ! Nicheuse dans la zone arctique, elle migre jusque dans la zone antarctique où elle hiverne. Son mode de pêche est le même que les autres sternes (plongeon en piqué). Elle utilise la même technique pour repousser les intrus hors de la colonie et n'hésite pas à asséner des coups de bec.

front blanc

dos gris écailleux

jeune

bec rouge foncé

dessous souvent plus gris que la sterne pierregarin

pattes rouges très courtes

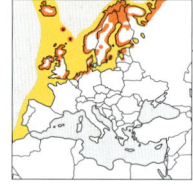

Voix *Cris semblables à la s. pierregarin, un peu plus aigu et plus clair.*

206

Guifette moustac

Chlidonias hybrida (sternes et guifettes)
L 23–29 cm   enver. 74–78 cm   migratrice

dos rayé de brun-jaune et noir

jeune

dessus de l'aile clair

dessous de l'aile blanc

plumage nuptial

Habitat *Niche au bord de lacs couverts de plantes aquatiques flottantes ; hors de la période de reproduction, séjourne aussi près des côtes.*

> **Nidification avr.–sept.**
> **2–3 œufs gris ou verdâtres tachetés de brun.**
> **1 nichée par an.**

La présence de cette guifette est très aléatoire, car elle dépend de la hauteur d'eau dans son aire de nidification. Les colonies peuvent disparaître aussi vite qu'elles ont été fondées. Comme ces oiseaux aiment vagabonder et apparaître hors des zones de nidification précédentes, ils colonisent toujours de nouveaux territoires.

arrière de la tête strié de noir

bec noirâtre

dessous blanc

plumage internuptial

bec fort, rouge

joue blanche

plumage nuptial

dessous gris foncé

Voix *Cris rêches et grinçants « krrk » ou « kreck ».*

Guifette noire

Chlidonias niger (sternes et guifettes)
L 22–28 cm   enver. 64–68 cm   migratrice

La guifette noire construit son nid
sur des végétaux flottants et des plantes
aquatiques. En général, elle niche
en petites colonies. L'espèce est plus
grégaire lors de sa migration vers l'Afrique
et au retour. Si la nourriture est abondante
en un lieu, les guifettes noires peuvent
se rassembler en groupes de plusieurs
centaines.

plumage
nuptial

dessous
de l'aile
blanchâtre

queue
grise
à peine
échancrée

jeune

dos rayé
de brun
foncé

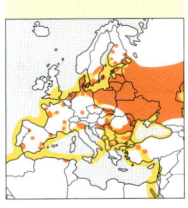

Habitat *Niche au bord
de lacs de l'intérieur
couverts de plantes
aquatiques flottantes ;
hors de la période
de reproduction, près
des eaux de l'intérieur
et des côtes.*

> Nidification mai-août.
> 2-3 œufs bruns ou verts
> tachetés de noir.
> 1 nichée par an.

tête noire

plumage gris
noirâtre

bec noir

**plumage
nuptial**

masque noir

amorce
de collier

**plumage
internuptial**

Voix *Cris rauques « krîk »
ou plus clairs « kîk ».*

207

Guifette leucoptère

Chlidonias leucopterus (sternes et guifettes)
L 20–23 cm   enver. 63–67 cm   migratrice

Comme la guifette noire, cette guifette a
un vol onduleux quand elle chasse les insectes
ou des bestioles aquatiques à la surface
de l'eau. Depuis ces dernières années, cette
espèce orientale apparaît de plus en plus
en Europe centrale où elle niche localement :
sans doute une conséquence
des drainages dans son aire
de reproduction.

dessous
de l'aile
noir et
blanc

plumage nuptial

dos brun
foncé rayé

queue
à peine
échancrée

jeune

bec noir

Habitat *Niche sur les
berges plates de lacs
ou dans des prairies
inondées ; en hiver,
fréquente les eaux de
l'intérieur et le littoral.*

> Nidification mai-août.
> 2-3 œufs bruns ou verts
> tachetés de noir.
> 1 nichée par an.

plumage nuptial

plumage noir

calotte striée

tache noire
derrière l'œil

aile
blanche

**plumage
internuptial**

Voix *Cris rêches « krèk »
ou secs « kik ».*

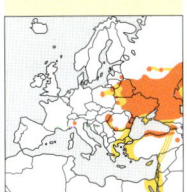

Macareux moine
plumage internuptial

Fratercula arctica (guillemots et apparentés)
L 26–29 cm   enver. 47–63 cm   migrateur

dessous de l'aile gris foncé

silhouette massive

collier noir

plumage nuptial

côtés de la tête argentés

gros bec multicolore

plumage nuptial

pattes rouges

Habitat *Niche sur des falaises herbeuses en bord de mer ; sinon, vit en haute mer.*

> *Nidification avr.-août.*
> *1 œuf blanchâtre peu tacheté.*
> *1 nichée par an.*

Le nom scientifique du macareux moine signifie « petit frère arctique ». Il niche en grandes colonies sur des falaises maritimes escarpées. Il creuse un terrier pouvant mesurer 1 m de profondeur ou occupe des cavités déjà existantes pour installer son nid. Il se nourrit de petits poissons qu'il capture en plongeant jusqu'à une profondeur de 60 m.

profil de tête arrondi

jeune (en hiver)

bec plus petit que l'adulte

côtés de la tête noirâtres

Voix *Sur le site de nidification, sons grognants ou grinçants.*

208

Mergule nain

Alle alle (guillemots et apparentés)
L 17–19 cm   enver. 40–48 cm   migrateur

plumage internuptial

queue courte   cou large et court

dessous de l'aile clair

plumage nuptial

gorge noire

plumage nuptial

petit bec épais

gorge blanche

plumage internuptial

queue courte légèrement relevée

Habitat *Niche sur des falaises rocheuses en bord de mer ou proches de la mer ; en dehors de la période de reproduction, vit en haute mer.*

> *Nidification juin-sept.*
> *1 œuf bleuâtre ou verdâtre.*
> *1 nichée par an.*

Ce minuscule alcidé est l'un des oiseaux les plus communs. Il niche par millions dans d'immenses colonies sur des îles de l'Arctique. Seuls quelques individus parviennent aux côtes européennes en hiver. Sauf dans le Skagerrak, les eaux européennes ne sont pas assez riches en petites crevettes dont il est friand.

Voix *Généralement muet ; sur le site de nidification, trilles et gloussements.*

Guillemot de Troïl

Uria aalge (guillemots et apparentés)
L 38-43 cm enver. 64-71 cm migrateur

Dans les colonies, les g. de Troïl se pressent les uns contre les autres sur d'étroites corniches rocheuses. L'œuf pondu à même la roche a une forme conique qui l'empêche de rouler en bas des falaises. Ses ailes en forme de nageoires et ses pattes implantées tout à l'arrière en font un excellent plongeur. Il peut capturer des poissons jusqu'à une profonder de 100 m. À terre, par contre, il a l'air plutôt emprunté. En Islande et en Norvège niche le g. de Brunnich (*U. lomvia*), souvent accompagné du g. de Troïl.

Habitat Niche sur des côtes rocheuses escarpées ; sinon, vit en haute mer.

> Nidification avr.-juill.
> 1 œuf blanc à bleu turquoise.
> 1 nichée par an.

aile étroite, dessous clair

plumage internuptial

plumage nuptial

côtés blancs avec raie noire

plumage internuptial

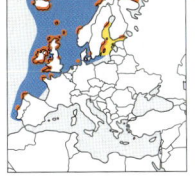

209

long bec pointu

tête, cou et dessus brun noirâtre (en été, souvent gris brunâtre)

Voix Sur site de nidification, longs hululements sourds à roucoulants « hooorrrrrr » ; « pili-pili » chez les poussins.

plumage nuptial

bec épais à trait blanc

guillemot de Brünnich

côtés de la tête noirs
plumage internuptial

plumage nuptial

Le saviez-vous ?

Le nourrissage des jeunes guillemots de Troïl est épuisant. C'est pourquoi les adultes incitent, dès que possible, les poussins ne sachant pas encore voler à sauter du haut des falaises pour gagner l'eau.

pattes palmées noires

Pingouin torda

Alca torda (guillemots et apparentés)
L 37-39 cm enver. 63-68 cm migrateur

silhouette plus ramassée que le guillemot de Troïl

plumage internuptial

dessous de l'aile plus contrasté que le G. de Troïl

plumage nuptial

Habitat *Niche sur des côtes rocheuses escarpées ; sinon, vit en haute mer.*

> *Nidification avr.-août.*
> *1 œuf blanchâtre légèrement tacheté.*
> *1 nichée par an.*

Le pingouin torda partage souvent les mêmes colonies que le guillemot de Troïl, mais niche de préférence dans des endroits plus abrités, niches ou petites cavités. Il effectue des vols de parade singuliers en battant des ailes au ralenti. L'unique poussin saute à l'eau avant de savoir voler et est conduit par les parents vers les zones d'alimentation.

tête, cou et dessus de jais

plumage nuptial

gros bec anguleux à trait blanc

plumage internuptial

queue plus longue que le G. de Troïl, souvent légèrement dressée

côtés de la tête blancs

Voix *Cri rauque et grinçant « arrr ».*

Guillemot à miroir

Cepphus grylle (guillemots et app.)
L 30-32 cm enver. 52-58 cm sédentaire

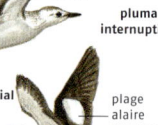

dessous de l'aile blanc

plumage internuptial

plumage nuptial

plage alaire blanche

allure un peu ventrue

Habitat *Vit près des côtes et niche sur des falaises rocheuses ou des rivages sableux.*

> *Nidification mai-août.*
> *1-2 œufs blancs à brunâtres tachetés.*
> *1 nichée par an.*

Le guillemot à miroir blanc reste près des côtes pour se nourrir de petits poissons et de crustacés. Son comportement nicheur diffère des autres alcidés, il niche en effet tout au plus en colonies très lâches, voire isolément. Il couve ses œufs dans des cavités rocheuses ou des évidements dans des parois sableuses.

tache alaire blanche

long bec pointu

plumage noir

jeune (en hiver)

plumage internuptial

dos barré

plage alaire rayée

tête, cou et dessous blancs

plumage nuptial

pattes rouges

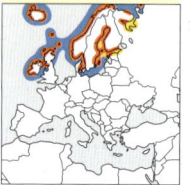

Voix *Cris sifflants et gazouillants.*

Plongeon imbrin

Gavia immer (plongeons)
L 69–91 cm   enver. 127–147 cm   migrateur

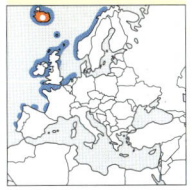

Pour décoller, le plongeon imbrin a besoin d'au moins
5-10 m. C'est pourquoi il niche sur de grands plans d'eau.
Il constitue sur la rive un gros
tas de végétaux qui servira
de nid. Après l'éclosion,
les jeunes restent encore
3 mois en compagnie
de leurs parents.
Le long des côtes scandinaves
hiverne une autre espèce de plongeon,
le plongeon à bec blanc (*G. adamsii*),
que l'on peut distinguer du plongeon
imbrin à son bec jaunâtre relevé.

grands pieds

Habitat *Niche près de
grands lacs profonds ;
en hiver, généralement
dans les eaux côtières.*

> **Nidification mai-sept.**
> **1-3 œufs brunâtres
> tachetés de brun.**
> **1 nichée par an.**

211

Voix *Cris de vol « gak
gak » graves ; sur les
sites de nidification,
sortes de ricanements
et cris plaintifs.*

Le saviez-vous ?

*En Amérique du Nord,
les plongeons imbrins
sont très communs
sur les grands lacs.
Comme leurs cris
ricanants et déchirants
font partie intégrante
de l'environnement
local, ils sont
souvent utilisés
comme fond sonore
des films américains.*

dessus brunâtre

plumage internuptial

bec
jaunâtre

plongeon à bec blanc

plumage nuptial

tête noire

plumage nuptial

bec noir

tête anguleuse

gros bec gris

collier esquissé

**plumage
internuptial**

Plongeon catmarin

Gavia stellata (plongeons)
L 53–69 cm   enver. 1,06–1,16 m   migrateur

tête
très abaissée

Le plongeon catmarin se caractérise par
un corps élancé et des pattes implantées très à l'arrière,
ce qui en fait un excellent plongeur. À terre, il est assez pataud,
c'est pourquoi il ne quitte l'eau que pour nicher, mais installe
son nid sur la berge d'une petite pièce d'eau. De là, il se rend
en mer pour pêcher.

cou gris sale

jeune

plumage
internuptial

arrière du cou gris

bec relevé

gorge rouille

plumage nuptial

*Voix En vol, pousse
des « gak-gak » ; lors
de la parade nuptiale,
cris miaulants.*

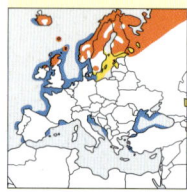

Plongeon arctique

Gavia arctica (plongeons)
L 58–73 cm   enver. 1,10–1,30 m   migrateur

Le plongeon arctique plonge pour capturer des poissons.
C'est un nageur rapide grâce à ses pieds palmés. En plongée,
il peut atteindre une profondeur de 40 m environ et y rester
1-2 mn. Malheureusement, certains oiseaux
se prennent dans des filets de pêche et se noient.

arrière du
cou noir

plumage
internuptial

tache blanche

tête grise

plumage nuptial

gorge noire

*Voix En vol, pousse
des « gag-gag » ;
en période nuptiale,
cris déchirants graves
et montants.*

Grèbe huppé

Podiceps cristatus (grèbes)

L 46–61 cm   enver. 85–90 cm   sédentaire

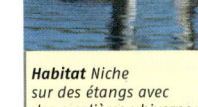

Le grèbe huppé construit des plates-formes flottantes
et les amarre à des plantes aquatiques. Les jeunes restent
jusqu'à 3 semaines sur le dos de leurs parents et sont nourris
10 semaines. Au début, avec des insectes, puis avec de petits
poissons que les adultes pêchent jusqu'à une profondeur
de 40 m. Si la ressource alimentaire est insuffisante sur place,
le grèbe vole jusqu'à
des étendues d'eau voisines.
Sinon, il ne quitte
jamais l'eau.

Habitat Niche
sur des étangs avec
des roselières ; hiverne
sur des grands lacs
et le littoral.

> **Nidification mars-oct.**
> **2–6 œufs blanchâtres
> non tachetés.**
> **1–2 nichées par an.**

plage alaire
blanche

long cou clair

long bec rose

plumage internuptial

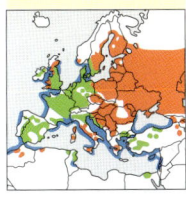

213

Voix *Cris rauques
seulement audibles
en période nuptiale
« grreuk-grreuk » brefs
ou « eurrr » étiré.*

Conseil
d'observation

*Les grèbes huppés
ne sont pas farouches
et fréquentent les zones
de baignade. De la
rive, on peut, de mars
à juin, observer les
couples qui paradent :
dressés l'un en face de
l'autre en secouant la
tête et en s'offrant des
matériaux pour le nid.*

jeune

huppe ébouriffée
noire et brun-roux

tête rayée

**plumage
nuptial**

Grèbe castagneux

Tachybaptus ruficollis (grèbes)
L 25–29 cm   enver. 40–45 cm   sédentaire

adulte avec poussin

Habitat *Pièces d'eau claire, parfois très petites ; en dehors de la période de nidification, aussi sur les cours d'eau.*

> **Nidification avr.-oct.**
> **5-6 œufs blanchâtres non tachetés.**
> **2 nichées par an.**

Dès qu'il se sent en danger, le grèbe castagneux plonge instantanément sous l'eau, puis émerge avec précaution sous le couvert de la végétation riveraine. En période nuptiale, il trahit sa présence par des trilles sonores. Les poussins se laissent volontiers transporter sur le dos des parents.

bec pâle

cou brunâtre

plumage internuptial

tête marron

tache jaune à la racine du bec

plumage nuptial

Voix *Trilles vibrants émis en période nuptiale, souvent en duo par le mâle et la femelle.*

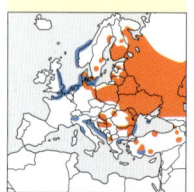

Grèbe jougris

Podiceps grisegena (grèbes)
L 40–50 cm   enver. 77–85 cm   migrateur

tête rayée

jeune

Habitat *Niche sur les bords de petits lacs et étangs peu profonds ; en hiver, sur de grandes étendues d'eau et le littoral.*

> **Nidification avr.-sept.**
> **2-6 œufs blanchâtres non tachetés.**
> **1-2 nichées par an.**

En été, le plumage du grèbe jougris empêche toute confusion. En plumage nuptial, par contre, il ressemble au grèbe huppé (p. 213). Pour nicher, il préfère les petites pièces d'eau. En hiver, par contre, il préfère les étendues marines. Il se nourrit alors de petits poissons ; en été, il ajoute des insectes aquatiques, de petits crustacés et des batraciens à son menu.

plumage internuptial

bec jaune

avant du cou gris

côtés de la tête argentés

plumage nuptial

cou brun-roux, plus court que chez le grèbe huppé

Voix *En début de période nuptiale, séries de « keck » secs ; émet aussi des cris hennissants.*

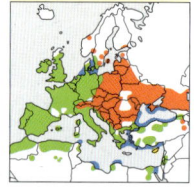

Grèbe esclavon

Podiceps auritus (grèbes)
L 31-38 cm   enver. 59-65 cm   migrateur

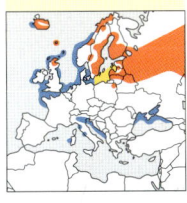

front
fuyant
bec épais
et droit

joue blanche

**plumage
internuptial**

**plumage
nuptial**

Mâle et femelle s'apparient déjà
dans leur zone d'hivernage
et migrent en couple vers leur aire
de nidification. Ils construisent un nid
flottant avec des plantes aquatiques. Après leur
naissance, les poussins demeurent tout d'abord
sur le dos des parents. En plus des poissons,
le grèbe esclavon se nourrit d'insectes
qu'il picore à la surface de l'eau.

plumet jaune or
**plumage
nuptial**

cou rouille

Habitat *Niche
sur les bords de lacs
et d'étangs ; hiverne
surtout dans des zones
maritimes et sur
de grandes étendues
d'eau.*

> **Nidification mai-sept.**
> **3-6 œufs blanchâtres
>   non tachetés.**
> **1 nichée par an.**

Voix *Sur le site de
nidification, cris
rauques et nasillards,
mais aussi des trilles.*

Grèbe à cou noir

Podiceps nigricollis (grèbes)
L 28-34 cm   enver. 56-60 cm   migrateur partiel

front anguleux
bec fin
joue
noirâtre

plumage internuptial

De tous les grèbes européens,
le grèbe à cou noir est le plus sociable.
On le voit souvent en groupes. Il niche
en colonies, souvent à proximité de groupes
de mouettes rieuses dont il profite de l'ardeur défensive.
Bien qu'ils soient de couleurs semblables, grèbe esclavon et grèbe
à cou noir sont aisément différenciables à la forme de leur tête
et de leur bec.

Habitat *Niche de
préférence près de lacs
et d'étangs à végétation
aquatique abondante ;
en hiver, sur de grandes
étendues d'eau.*

> **Nidification avr.-sept.**
> **3-4 œufs blancs.**
> **1-2 nichées par an.**

plumet or

plumage nuptial

cou noir

Voix *Silencieux
en hiver ; en période
nuptiale, cris brefs
et montants, trilles
aigus.*

Cygne chanteur

Cygnus cygnus (cygnes, oies et canards)
L 1,40-1,65 m   enver. 2,05-2,35 m   migrateur

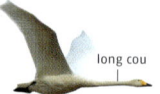

long cou

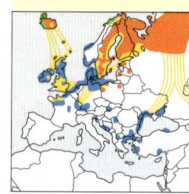

La nidification des cygnes chanteurs est une entreprise de longue haleine. Après la confection du nid, il faut à la femelle près de 10 jours pour pondre tous ses œufs, puis l'incubation dure de 5-6 semaines. Les jeunes ne volent qu'au bout de 3 mois. Toute la famille peut ensuite migrer vers ses quartiers d'hiver et y rester jusqu'au printemps.

jeune

bec rose blanchâtre

adulte

beaucoup de jaune

cou tenu généralement droit

bec sans tubercule

Voix Cris polysyllabiques sonores et claironnants « oug-oug-oug ».

plumage blanc

Cygne de Bewick

Cygnus bewickii (cygnes, oies et canards)
L 1,15-1,40 m   enver. 1,70-1,95 m   migrateur

cou assez court

La brièveté de l'été arctique oblige les cygnes de Bewick à se reproduire en un minimum de temps. Les jeunes savent voler à l'âge de 2 mois. Peu après commence la migration vers les zones d'hivernage au climat plus doux. Au retour, ils font halte sur les bords de la mer Blanche pour faire le plein d'énergie en consommant des tubercules de plantes aquatiques avant de reprendre leur vol vers la Sibérie.

jeune

adulte

bec rose blanchâtre

moins de jaune que le cygne chanteur

Voix Cris sonores, mais étouffés « hou-hou ».

plumage blanc

Cygne tuberculé

Cygnus olor (cygnes, oies et canards)
L 1,25–1,60 m   enver. 2,08–2,40 m   sédentaire

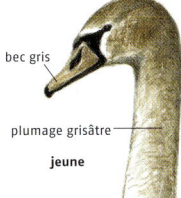

tubercule noir

Autrefois,
le cygne
tuberculé
était beaucoup
chassé, si bien
que, il y a
un siècle,
il avait disparu
de régions entières en Europe.
Entre-temps, il a réussi à recoloniser
les territoires perdus grâce à des échappés de captivité.
En hiver, l'espèce souffre, car le gel et la neige rendent ses sources
de nourriture inaccessibles. Sur les sites de nidification, le mâle
défend le nid et le territoire d'alimentation avec ardeur.
Quand les jeunes sont en âge de voler
vers 4-5 mois, il les chasse
de son territoire.

*Habitat Vit sur les lacs
et les rivières lentes,
ainsi que sur des
lagunes côtières ;
se nourrit aussi
dans les champs.*

> *Nidification avr.–oct.*
> *5–8 œufs gris verdâtre.*
> *1 nichée par an.*

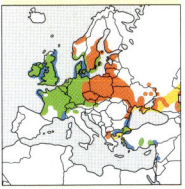

*Voix « Ouink »
nasal, chuintements
« kchrr » à l'approche
d'un intrus ; vol
vrombissant.*

bec gris

plumage grisâtre

jeune

construit un nid énorme

217

Conseil
d'observation

*Le cygne tuberculé est
strictement végétarien.
Il plonge la tête
sous l'eau et grâce
à son long cou peut
atteindre les plantes
aquatiques du fond.
On peut l'observer se
nourrissant en hiver,
dans les champs et
les prés.*

plumage blanc

bec rouge orange

Oie des moissons

Anser fabalis (cygnes, oies et canards)
L 66–84 cm   enver. 1,42–1,76 m   migratrice

aile sombre

ventre non barré

En Europe occidentale et centrale hivernent
2 sous-espèces qui se reconnaissent à la
forme du bec et à la proportion de noir sur celui-ci. La race de
la taïga niche en Scandinavie et en Sibérie occidentale, tandis
que la race de la toundra niche dans le nord de la
Sibérie. En hiver, les 2 races cohabitent, mais à
l'ouest, l'oie des toundras est plus commune.
Elles se nourrissent de végétaux verts et aussi
de céréales.

oie des taïgas

tête
sombre

bec noir
et orange

oie des toundras

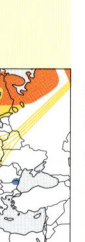

*Voix En vol,
cancanements
nasillards.*

pattes orange

Oie à bec court

Anser brachyrhynchus (cygnes, oies et canards)
L 60–75 cm   enver. 1,35–1,70 m   migratrice

dessus de
l'aile clair

ventre non barré

L'oie à bec court remplace la très semblable oie
des moissons au Spitzberg, en Islande et au Groënland.
En hiver, elle fait des allers-retours, suivant
les conditions climatiques, entre le Danemark et
la Hollande. Avant d'entreprendre le grand voyage
de retour, elle s'arrête en Norvège pour accumuler
les réserves énergétiques nécessaires.

bec court
noir
et rose

tête
sombre

migre en grandes
bandes, souvent
en formation

pattes
roses

*Voix En vol, cris un peu
plus aigus que l'oie des
moissons : « a-gak »
disyllabique.*

Oie cendrée

Anser anser (cygnes, oies et canards)
L 76–89 cm   enver. 1,47–1,80 m   sédentaire

Les effectifs d'oies cendrées ont augmenté au cours des dernières années à la suite de mesures de protection adéquates et de projets de réintroduction de l'espèce. En milieu aquatique, elle est l'une des premières espèces à nicher. Dès la fin de l'hiver, elle s'installe sur le nid et, en avril, on peut voir les premiers oisons accompagner leurs parents.

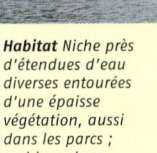

très gros bec

dessus de l'aile clair

ventre légèrement barré

Habitat *Niche près d'étendues d'eau diverses entourées d'une épaisse végétation, aussi dans les parcs ; en hiver, dans les champs et les prés.*

> **Nidification mars-juill.**
> **4–6 œufs blancs.**
> **1 nichée par an.**

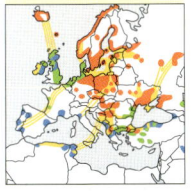

Voix *Cris généralement trisyllabiques « ang-ang-ang », un peu plus graves et rauques que les autres oies grises.*

Oie rieuse

Anser albifrons (cygnes, oies et canards)
L 65–86 cm   enver. 1,35–1,65 m   migratrice

adulte
aile sombre

ventre barré de noir

Elle ne niche pas en Europe, mais y hiverne en grand nombre. Les oiseaux du Groënland au bec orangé sur les îles Britanniques, ceux de Sibérie au bec rose en Europe occidentale et centrale. L'oie naine (*A. erythropus*) à la tête ronde niche dans le nord de l'Eurasie et migre vers le sud-est de l'Europe.

Habitat *Niche dans la toundra ; en hiver, dans les champs et les prés, passe la nuit sur l'eau.*

> **Nidification mai-sept.**
> **5–6 œufs blanc jaunâtre.**
> **1 nichée par an.**

jeune

racine du bec blanche

front blanc

cercle orbitaire jaune
oie naine

pas de blanc à la racine du bec

ventre non barré

pattes orange

Voix *Cris disyllabiques aigus « a-yak » qui, de loin, font penser à des aboiements.*

Bernache du Canada

Branta canadensis (cygnes, oies et canards)
L 90-100 cm   enver. 1,60-1,83 m   sédentaire

cou allongé

Cette espèce originaire d'Amérique du Nord a été introduite en Angleterre il y a près de 3 siècles. Au XXᵉ siècle, elle fut aussi introduite en Suède, puis en Allemagne et dans d'autres pays. Comme la plupart des autres oies, la bernache du Canada se nourrit de végétaux terrestres, mais elle est aussi capable d'atteindre des plantes aquatiques sous l'eau grâce à son long cou.

joue blanche

long cou
noir

adulte avec oisons

dessus brun

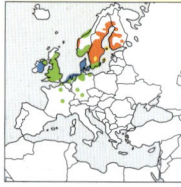

***Voix** Cri claironnant « a-honk ».*

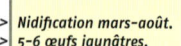

Bernache nonnette

Branta leucopsis (cygnes, oies et canards)
L 58-71 cm   enver. 1,32-1,45 m   migratrice

dessus de l'aile
gris clair

ventre blanc

En hiver, on peut observer les bernaches nonnettes en train de brouter dans des prés salés. Pour nicher, elle recherche de grandes parois rocheuses. À peine éclos, les petits sautent dans le vide, et les parents les conduisent jusqu'au plan d'eau le plus proche où ils seront à l'abri des renards polaires qui font le guet aux abords de la colonie.

face
blanche

cou court
et noir

bande en train de paître

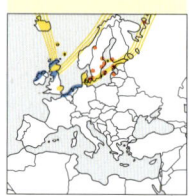

***Voix** Cri plus clair que la bernache cravant (p. 221) « grrak ».*

Bernache cravant

Branta bernicla (cygnes, oies et canards)
L 55–66 cm   enver. 1,10–1,20 m   migratrice

En automne, après une brève saison de reproduction en
Sibérie septentrionale, les b. cravants à ventre sombre migrent
vers l'Europe. La reproduction ne réussit pas tous les ans car,
si les lemmings font défaut dans la toundra, les renards polaires
dévorent les nichées. Du Groënland au Spitzberg niche la
race à ventre clair, dont les populations hivernent en Grande-
Bretagne. Au milieu des bandes
de b. cravants, on peut parfois
observer une b. à cou roux
(*B. ruficollis*), qui niche en
Sibérie, mais hiverne
normalement sur les
bords de la mer Noire.

aile sombre

tête et cou
noirs

race à ventre clair

race à ventre sombre

ventre blanchâtre

tache blanche

bernache à cou roux

cou et joues rousses

ventre noirâtre

Habitat *Niche dans
la toundra maritime ;
en hiver, dans les prés
salés et les vasières
côtières, aussi dans
les champs et les prés.*

> *Nidification juin-sept.*
> *3-5 œufs blanchâtres.*
> *1 nichée par an.*

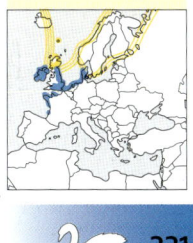

221

Voix *Cris graves et
rauques, souvent répétés
« rott-rott-rott ».*

Conseil d'observation

*En mars–avril,
les bernaches
cravants, qui ont
hiverné sur les côtes,
accumulent des
réserves de graisse
avant de s'envoler
vers la mer Blanche
où elles feront halte
avant d'atteindre
la Sibérie.*

Tadorne de Belon

Tadorna tadorna (cygnes, oies et canards)
L 58-67 cm   enver. 1,10-1,33 m   sédentaire

aile noir
et blanc

Habitat *Vit le long
des côtes et sur des
étendues d'eau proches
du littoral.*

> **Nidification avr.-août.**
> **8-10 œufs jaunâtres.**
> **1 nichée par an.**

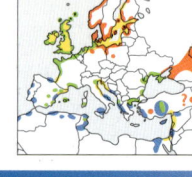

Le tadorne de Belon est une espèce cavernicole qui niche
de préférence dans des terriers de lapins. Juste après
l'éclosion, les canetons sont conduits à l'eau par leurs
parents et se mettent immédiatement à plonger
à la recherche de mollusques et de crustacés. Peu
après, de nombreux adultes migrent vers la mer des
Wadden (mer du Nord) pour y muer. Les jeunes sont
alors regroupés en crèches.

bec rouge
avec tubercule

♂

tête noir
verdâtre

tête gris-brun
jeune

bec pâle

bec sans
tubercule

♀

bande
pectorale
orange

Voix *Sur les sites
de nidification,
cancanements graves et
rapides, et sifflements
aigus « piou ».*

Ouette d'Égypte

Alopochen aegyptiaca
(cygnes, oies et canards)
L 71-73 cm   enver. 1,34-1,54 m   sédentaire

aile noir,   plumage
blanc, vert   brun orangé

**tadorne
casarca**

Habitat *Niche au bord
de lacs et autres
étendues d'eau
de l'intérieur, aussi
dans des parcs.*

> **Nidification mars-sept.**
> **6-10 œufs blanchâtres.**
> **1-3 nichées par an.**

tache oculaire
sombre

L'espèce a été introduite
en Angleterre au XVIIᵉ siècle. De là, elle a essaimé
vers la Hollande et l'Allemagne
où se reproduisent à présent plus
de 5 000 couples. Elle niche au sol, dans des
terriers ou dans les arbres. Le tadorne casarca
(*Tadorna ferruginea*), qui lui ressemble,
niche dans le sud-est de l'Europe.

aile noir, blanc, vert

longues pattes
rougeâtres

Voix *Divers sons
sifflants et
trompetants.*

Canard mandarin

Aix galericulata (cygnes, oies et canards)
L 41-51 cm   enver. 65-75 cm   sédentaire

flancs couverts
de petites
taches claires

bec sombre

♀

**canard
carolin**

♂

bec à pointe
blanche

cercle oculaire blanc

♀

flancs couverts
de grandes taches
claires

Dans son pays d'origine, le canard mandarin est devenu rare du fait de la chasse. En Grande-Bretagne et en Europe centrale, la population sauvage issue d'échappés de captivité et d'introductions volontaires est presque aussi importante. Le canard carolin (*Aix sponsa*), une espèce originaire d'Amérique du Nord, vit aussi à l'état sauvage.

Habitat Étendues d'eau de l'intérieur entourées d'arbres, souvent aussi dans les parcs.

> **Nidification** avr.-août.
> **9-12 œufs** crème.
> **1 nichée** par an.

huppe
colorée

♂

« voiles »
orangées

Voix Divers cris en période nuptiale, sinon silencieux.

Érismature à tête blanche

Oxyura leucocephala (cygnes, oies et canards)
L 43-48 cm   enver. 58-69 cm   sédentaire

Cette espèce a connu un déclin dramatique à cause de la destruction de son habitat. Les populations résiduelles d'Europe sont actuellement menacées par l'hybridation avec l'érismature rousse (*O. jamaicensis*). Cette espèce nord-américaine a été introduite en Angleterre et se répand vers l'Europe centrale et méridionale.

bec bleu concave
tête noir et blanc

♂

bande sombre diffuse
sur la joue

♀

érismature rousse

Habitat Niche près d'étangs salés bordés de joncs ; en hiver, aussi sur des étangs découverts peu profonds.

> **Nidification** mai-sept.
> **5-6 œufs** gris à verdâtres.
> **1 nichée** par an.

bec bleu recourbé

tête
blanche

queue
dressée

bande sombre
sur la joue

♀

♂

Voix Divers cris lors de la parade nuptiale, sinon silencieuse.

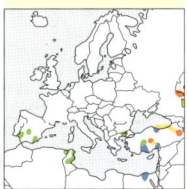

Canard siffleur

Anas penelope (cygnes, oies et canards)
L 45–51 cm   enver. 75–86 cm   migrateur

plage alaire blanche ♂

tête ronde

♀

Habitat *Niche près de lacs ; en dehors de la période de nidification, sur les eaux de l'intérieur et dans les prés, surtout près des côtes.*

> *Nidification avr.–sept.*
> *7–9 œufs crème.*
> *1 nichée par an.*

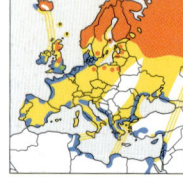

Comme les bernaches cravants et nonnettes, le canard siffleur broute volontiers l'herbe des prés salés. Relativement petit, il est obligé en hiver de se nourrir en permanence presque sans s'accorder un moment de repos. Au printemps, il lui faut accumuler des réserves énergétiques avant de migrer vers la Sibérie.

front abrupt
zone oculaire sombre
♀

tête rousse à front jaune
♂

flancs roussâtres

dos et flancs gris

Voix *Sifflements descendants typiques « piououou ».*

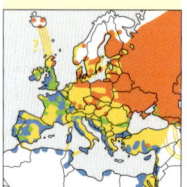

Canard souchet
ventre rouille

Anas clypeata (cygnes, oies et canards)
L 44–52 cm   enver. 70–85 cm   sédentaire

couvertures bleu clair ♂

♀

Habitat *Niche en bord de lacs et dans des marécages ; en hiver, sur les eaux de l'intérieur, plus rarement près des côtes.*

> *Nidification avr.–août.*
> *8–12 œufs verdâtres à jaunâtres.*
> *1 nichée par an.*

La forme particulière de son bec permet au canard souchet de filtrer la surface de l'eau pour se nourrir d'algues et de végétaux minuscules, ainsi que de minuscules animaux aquatiques. C'est pourquoi on les voit « allongés » à la surface de l'eau avec le cou tendu. Les couples se forment dès l'hiver. La femelle assure seule l'élevage des jeunes.

Voix *Silencieux, excepté quelques cris rauques lors de la parade.*

bec long en spatule
♀

tête verte à reflets métalliques
♂

poitrine blanche

Canard colvert

Anas platyrhynchos (cygnes, oies et canards)
L 50-65 cm   enver. 81-99 cm   sédentaire

En automne, le mâle revêt sa livrée d'apparat qui lui servira par la suite lors de la parade nuptiale. Comme chez tous les canards, le rôle du mâle se limite à la fécondation. Ensuite, son plumage nuptial se ternit et est remplacé en été par un plumage d'éclipse. Quand elle couve au sol, la femelle se confond avec son environnement et ne s'envole qu'en cas de danger pressant.

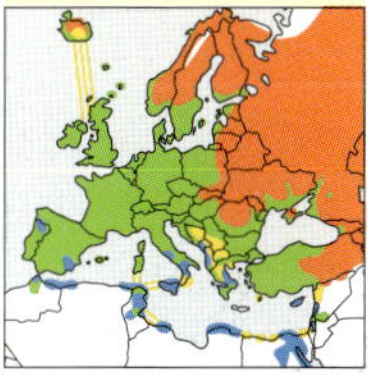

Le saviez-vous ?

Le colvert niche normalement au sol, mais aussi dans des endroits très inattendus, tels qu'un vieux nid de corneille, un trou d'arbre, dans un bac à fleurs en ville, voire sur un toit.

♂

♀

miroir bleu
à l'arrière de l'aile

femelle avec canetons

bec orangé

♀

miroir bleu

tête verte à reflets métalliques

bec jaune

♂

ventre et dos gris

Habitat *Sur les cours et plans d'eau de toutes sortes, des grands lacs aux plus petites mares ; en bord de mer seulement en eau peu profonde.*

> Nidification févr.-sept.
> 7-13 œufs verdâtres à brunâtres.
> 1 nichée par an.

225

Voix *Divers cancanements et sons sifflants.*

Canard chipeau

Anas strepera (cygnes, oies et canards)
L 46–58 cm   enver. 84–95 cm   sédentaire

miroir blanc

Habitat *Étangs, lacs et rivières à débit lent.*

> *Nidification avr.–août.*
> *8-12 œufs brun jaunâtre.*
> *1 nichée par an.*

Bien que son plumage soit dépourvu de toute couleur chatoyante, le mâle parade par des mouvements de tête divers. En période d'accouplement, on assiste à des courses effrénées où 1 à 2 mâles poursuivent une femelle de façon pressante.

bec gris sombre

bec orangé

♀

miroir blanc

♂

corps gris

miroir blanc

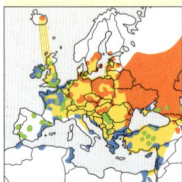

Voix *Sons grinçants rares ; autres cris comme le colvert.*

Canard pilet

Anas acuta (cygnes, oies et canards)
L 50–66 cm   enver. 80–95 cm   migrateur

cou long et mince

♂

♀

Habitat *Niche en bord de lacs ; en migration et en hiver, surtout près des côtes.*

> *Nidification avr.–août.*
> *7-11 œufs jaune verdâtre.*
> *1 nichée par an.*

Compte tenu de son long cou, le canard pilet est l'un des canards les mieux adaptés au « barbotage ». Pour ce faire, il bascule l'avant du corps dans l'eau, tandis que la partie arrière émerge. Il se maintient en équilibre en pagayant avec force, tandis qu'il arrache les plantes aquatiques à l'aide du bec. Il peut atteindre ainsi une profondeur de 50 cm.

bec gris

♀

tête brun chocolat

♂

longue queue effilée

Voix *Divers cancanements légers et rauques.*

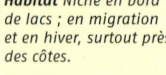

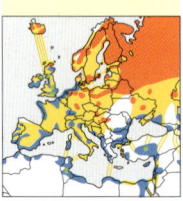

Sarcelle d'hiver

Anas crecca (cygnes, oies et canards)
L 34-43 cm enver. 53-59 cm sédentaire

miroir
vert

En dehors de la période de nidification,
la sarcelle d'hiver vit en groupes. Elle se repose
généralement la journée, car elle cherche sa nourriture
de préférence la nuit. Elle saisit des morceaux de végétaux
et animaux aquatiques dans l'eau (en plongeant
éventuellement la tête). Sur les vasières, elle fouille
la surface de son bec en tendant le cou.

trait sourcilier
peu visible

♀

Voix *Pousse
un « kruck » clair.*

tête brune
à bandeau vert

raie blanche

♂

tache jaune sous la queue

Habitat *Niche en bord
de lacs et d'étangs ;
en dehors de la période
de nidification, sur
les eaux de l'intérieur
et près des côtes.*

> *Nidification avr.-août.*
> *8-11 œufs gris jaunâtre.*
> *1 nichée par an.*

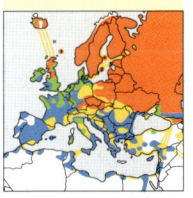

Sarcelle d'été

Anas querquedula
(cygnes, oies et canards)

L 37-41 cm enver. 60-63 cm migratrice

♂

♀

dessus de
l'aile clair

La sarcelle d'été est la seule à quitter
complètement le continent européen lors de
la migration d'automne. Elle hiverne en Afrique où elle aime
séjourner dans les rizières, car les graines sont sa nourriture
favorite. Ses populations ont fortement décliné en raison
de l'assèchement de ses zones de nidification et des périodes
de sécheresse en Afrique.

Voix *Cri de vol nasal
« knèck » ; lors de la
parade nuptiale, longs
cris secs et grinçants.*

tête rayée de clair

♀

large sourcil blanc

tête et poitrine
roussâtres

flancs gris

♂

Habitat *Niche en bord
de lacs et d'étangs
peu profonds ;
en migration, fréquente
volontiers les zones
inondées.*

> *Nidification avr.-août.*
> *7-11 œufs brun clair.*
> *1 nichée par an.*

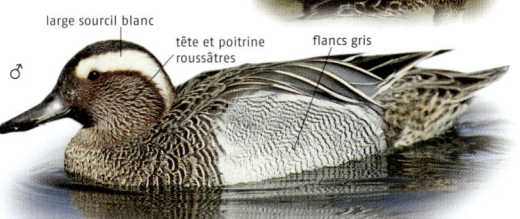

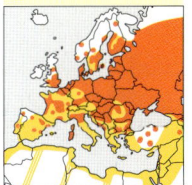

Nette rousse

Netta rufina (cygnes, oies et canards)
L 53–57 cm   enver. 84–88 cm   migratrice partielle

large barre alaire
blanche

Habitat Eaux de
l'intérieur peu
profondes, surtout
entourées d'une
ceinture de joncs.

> Nidification avr.-août.
> 8-10 œufs gris.
> 1 nichée par an.

La nette rousse se reconnaît facilement
à sa grosse tête ronde. Le mâle laisse à la femelle
le soin d'élever les jeunes, mais monte la garde de temps
à autre quand elle se déplace avec eux. Comme le nid
se trouve au sol non loin de la rive, il est
menacé en cas d'inondation.

joues claires

bec rouge

bec gris foncé

bec
rouge

♂ **en plumage
d'éclipse**

tête orange

Voix Divers cris brefs,
mais qu'on entend
rarement.

♂

Fuligule milouin

Aythya ferina (cygnes, oies et canards)
L 42–58 cm   enver. 72–82 cm   sédentaire

aile claire
peu
contrastée

♂

♀

Habitat Niche sur
des berges de lacs et
d'étangs à végétation
fournie ; en hiver, aussi
sur des rivières lentes.

> Nidification avr.-sept.
> 7-11 œufs verdâtres
> à brunâtres.
> 1 nichée par an.

Bien que le corps du milouin soit arrondi et
n'offre que peu de résistance à l'eau, il ne plonge
pas au-delà de 2 m. Sa nourriture est diverse : plantes
minuscules, larves d'insectes et coquillages. En Europe de l'Est
vit aussi le petit fuligule nyroca (*A. nyroca*) dont le plumage est
presque entièrement brun.

œil blanc

♂

tache
blanche
sous la
queue

dos et flancs
gris brunâtre

tache claire
en avant de
l'œil

fuligule nyroca

♀

♀

tête brun-
roux

♂

Voix Peu loquace,
quelques cris brefs lors
de la parade nuptiale.

dos et flancs
gris clair

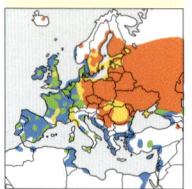

Fuligule morillon

couvertures noires

Aythya fuligula (cygnes, oies et canards)
L 40-47 cm enver. 67-73 cm sédentaire

Le fuligule morillon est un excellent plongeur
qui fouille le fond de l'eau du bec
pour y chercher sa nourriture,
des mollusques notamment. Son activité est
surtout nocturne, car il passe la journée
à se reposer et à digérer. L'hiver voit
les morillons se rassembler en grandes
troupes dans des baies tranquilles.

large barre alaire blanche

Voix Peu loquace,
quelques cris brefs
lors de la parade
nuptiale.

Habitat *Niche sur*
des berges de lacs et
d'étangs à végétation
fournie ; en hiver, aussi
sur des rivières lentes.

> *Nidification avr.-sept.*
> *7-11 œufs verdâtres*
> *à brunâtres.*
> *1 nichée par an.*

amorce de huppe
dos brun

huppe noire

œil jaune

dos noir

Fuligule milouinan

couvertures grises

Aythya marila (cygnes, oies et canards)
L 40-51 cm enver. 72-84 cm migrateur

En hiver, les milouinans se reposent en grandes
bandes dans des baies du littoral et sur des lacs
proches de la mer. La nuit, ils gagnent la mer pour
se nourrir de mollusques et de crustacés. Ce sont surtout
les jeunes qui séjournent à l'intérieur des terres. Ils diffèrent
du morillon par la taille, plus grande, la forme de la tête et le
blanc à la base du bec.

Habitat *Niche dans*
la toundra et sur
les côtes ; hiverne
dans les eaux côtières
et sur de grands lacs.

Voix Peu loquace,
quelques cris brefs
lors de la parade
nuptiale.

large tache blanche
à la base du bec
dos gris-brun

> *Nidification mai-sept.*
> *6-11 œufs verdâtres*
> *à brunâtres.*
> *1 nichée par an.*

reflets verts

dos gris clair

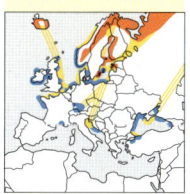

Eider à duvet

Somateria mollissima (cygnes, oies et canards)
L 51-71 cm   enver. 80-108 cm   migrateur

Habitat *Niche sur les côtes ; hiverne dans les eaux côtières peu profondes, rarement à l'intérieur des terres.*

> *Nidification avr.-août.*
> *4-6 œufs verdâtres à brunâtres.*
> *1 nichée par an.*

Au cours de ses plongées, l'eider à duvet capture divers animaux marins, notamment des crabes qu'il démembre, pinces comprises, en les tenant dans son bec et en les secouant violemment. En beaucoup d'endroits, les moules sont sa nourriture principale. Il les ingère avec la coquille et les digère au repos. L'eider à tête grise (*S. spectabilis*) niche sur la côte nord de la Sibérie et hiverne sur les côtes de Norvège.

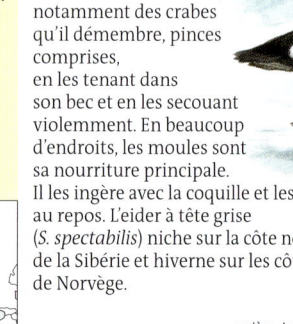

aile noir et blanc ♂

♀

Voix *Lors de la parade, les mâles émettent des « a-houi » caverneux ; les femelles des caquètements graves.*

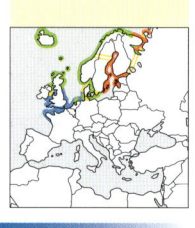

arrière de la tête bleuâtre ♂

tubercule orangé

eider à tête grise

tête plus arrondie que l'eider à duvet

♀

dessus et flancs à rayures en chevron

dessus et flancs rayés ♀

Le saviez-vous

Le doux duvet avec lequel les femelles tapissent la cuvette du nid est utilisé en Scandinavie comme matériau pour oreillers et édredons (= duvet d'eider). En raison de la valeur économique qu'il représente, l'eider à duvet est très estimé et niche aussi dans les villages.

tête triangulaire

♂

nuque verte

Harelde boréale

Clangula hyemalis (cygnes, oies et canards)
L 36-47 cm   enver. 73-79 cm   migratrice

Pouvant plonger jusqu'à une profondeur de 50 m, la harelde boréale est moins inféodée aux eaux peu profondes. Elle se nourrit principalement de mollusques qu'elle trouve au fond de la mer. Au printemps, dans la Baltique, elle affectionne particulièrement le frai de hareng qu'elle trouve grâce à une recherche collective. La harelde se tient souvent au large, tandis que l'eider de Steller (*Polystica stelleri*), qui niche en Sibérie et hiverne en Scandinavie, fréquente plutôt les côtes.

aile uniformément sombre

♂

♀

Voix *Lors de la parade nuptiale, le mâle émet des « ga-ga-loiik » iodlés et nasillards.*

tache oculaire sombre

♂

tête anguleuse

eider de Steller

♀

231

Conseil d'observation

En période nuptiale, les hareldes s'approchent très près des côtes. On peut alors assister au spectacle de la parade nuptiale qui consiste en des mouvements de tête, des courses poursuites au ras de l'eau.

côtés de la tête blancs

♀

dos brun

♂

bec cerclé de rose

longue queue effilée

Macreuse noire

Melanitta nigra (cygnes, oies et canards)
L 44-54 cm   enver. 79-90 cm   migratrice

aile uniformément sombre

♂

♀

tête et côtés clairs

♀

Habitat *Niche au bord de lacs ; hiverne presque toujours le long des côtes en eau peu profonde, rarement à l'intérieur des terres.*

> **Nidification mai-sept.**
> **6-9 œufs bruns.**
> **1 nichée par an.**

La macreuse noire plonge pour fouiller le fond sableux à la recherche de certains types de coquillages. Dans les eaux côtières peu profondes où abondent les bancs de coquillages, elles se rassemblent par milliers vers la fin de l'été pour effectuer leur mue. Pour s'y rendre, elles volent en formant de longues files le long des côtes.

tache orange

plumage uniformément noir

♂

Voix *En migration, émet des « pyu ». Quelques sons lors de la parade nuptiale.*

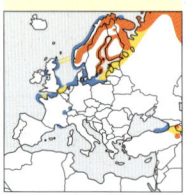

Macreuse brune

Calonectris fusca (cygnes, oies et canards)
L 51-58 cm   enver. 90-99 cm   migratrice

miroir alaire blanc éclatant

♂

♀

pattes rouges

Habitat *Niche au bord de lacs de la toundra et sur la côte ; hiverne le long des côtes en eau peu profonde, rarement à l'intérieur des terres.*

> **Nidification mai-sept.**
> **7-9 œufs brun clair.**
> **1 nichée par an.**

En vol, la macreuse brune se reconnaît aisément au milieu d'autres macreuses à son miroir blanc. En raison d'un régime alimentaire similaire, elle hiverne souvent dans les mêmes régions que la légèrement plus petite macreuse noire. La femelle assure seule l'élevage des jeunes, mais les quitte au bout de 4 semaines avant qu'ils ne sachent voler.

♀

taches claires en avant et en arrière de l'œil

Voix *Cris sifflants et rauques en parade.*

tache blanche en demi-lune

pointe du bec orange

♂

Garrot à œil d'or

Bucephala clangula (cygnes, oies et canards)
L 42–50 cm   enver. 65–80 cm   migrateur

grand miroir alaire blanc ♂

♀

En vol, le battement d'ailes du garrot à œil d'or
produit un bruissement caractéristique.
    Ce canard plongeur se nourrit de larves d'insectes, de
            crustacés et de mollusques. Pour plonger, les garrots
            ont besoin d'une certaine luminosité, c'est pourquoi
œil jaune
    ils se nourrissent seulement de jour
tête
brun foncé
            et se rassemblent le soir pour dormir.
            Les œufs sont couvés par la femelle
            dans une cavité d'arbre.
♀

Habitat *Niche dans
les arbres en bordure
de lacs et de rivières ;
en hiver, fréquente les
lacs, rivières et eaux
côtières peu profondes.*

> Nidification mars-août.
> 8-11 œufs bleu-vert.
> 1 nichée par an.

Voix *Lors de la parade
nuptiale, le mâle
pousse des « gvèèè »
rauques.*

bec
court

tache blanche
à la base du bec ♂

poitrine
blanche

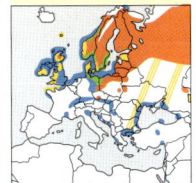

Harle piette

Mergellus albellus (cygnes, oies et canards)
L 38–44 cm   enver. 55–69 cm   migrateur

miroir alaire blanc ♂

♀

En été, le harle piette, une espèce cavernicole,
se nourrit essentiellement d'insectes. En hiver,
il est surtout piscivore. À cette époque, les plus
grosses concentrations de harles piettes se rencontrent
dans l'Ijsselmeer et sur l'Oderhaff, lagune à l'embouchure
de l'Oder. Ailleurs, ils s'observent en petit nombre.

Habitat *Niche
en bordure de lacs
entourés d'arbres ;
en hiver, fréquente
les lacs, rivières et eaux
côtières peu profondes.*

> Nidification mai-sept.
> 7-9 œufs beiges.
> 1 nichée par an.

Voix *Lors de la parade
nuptiale, cris coassants
et grinçants.*

front
anguleux
♀

joue blanche

tête blanche huppée

loup noir

♂

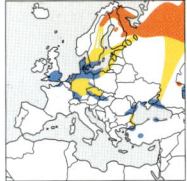

Harle bièvre

Mergus merganser (cygnes, oies et canards)
L 58–66 cm   enver. 82–97 cm   migrateur partiel

miroir alaire blanc ♂

long cou ♀

Pour nicher, la femelle recherche une cavité d'arbre ou une cavité rocheuse. On a déjà trouvé des nichées de harle bièvre dans des clochers. À l'âge de 1-2 jours, les poussins sautent hors de la cavité sur le sol, puis sont conduits par la femelle au cours d'eau ou lac le plus proche. À peine arrivés à l'eau, ils plongent à la recherche d'insectes aquatiques et de petits poissons.

huppe rabattue ♀

limite nette du brun de la tête

bec long et mince

tête noir verdâtre

poitrine et ventre rose saumon

♂

Voix *En vol, émet un « korrr » dur, divers cris aussi lors de la parade nuptiale.*

Harle huppé

Mergus serrator (cygnes, oies et canards)
L 52–58 cm   enver. 70–86 cm   migrateur

plage alaire blanche entrecoupée de noir ♂

♀

Comme les autres harles, le harle huppé a un bec pourvu de petites dents qui lui permettent de tenir fermement les poissons capturés. Il cherche les poissons en tenant la tête sous l'eau et ne plonge que pour les capturer. Le harle huppé niche au sol, généralement sous des buissons ou à l'abri de quelques grandes touffes d'herbe.

♀ huppe ébouriffée

tête brune à limite floue

tête noir verdâtre

♂

bec long et mince

poitrine brune

Voix *Cris enroués lors de la parade ; en vol, « krrok ».*

Fulmar boréal

Fulmarus glacialis (fulmar et puffins)
L 45–50 cm   enver. 1,02–1,12 m   sédentaire/migrateur

Le fulmar peut vivre jusqu'à 40 ans. Il ne se reproduit qu'à partir
de l'âge de 9 ans, mais commence à rechercher bien avant
un conjoint et un site de nidification sur une corniche
rocheuse auxquels il reste fidèle pendant plusieurs
années. Il vole à la manière des albatros
en se laissant porter par les ascendances
au creux des vagues et peut ainsi
parcourir des centaines de kilomètres
pratiquement sans battements d'ailes.
Cela lui permet d'aller chercher
sa nourriture très loin.

Habitat *Vit toujours en*
haute mer et ne vient
à terre que pour nicher
sur les côtes rocheuses.

> ***Nidification mai-sept.***
> *1 œuf blanc non tacheté.*
> *1 nichée par an.*

 235

cou épais

gris
de l'aile
pas
uniforme

bec surmonté de
narines tubulaires

tête ronde

forme trapue

Voix *Sur les sites*
de nidification,
caquètements graves.

Le saviez-vous ?

Le fulmar boréal
est l'oiseau de mer
le plus commun en
mer du Nord. Cela
est principalement
dû aux déchets
de poissons jetés
par-dessus bord.
On peut parfois
observer des milliers
de fulmars qui suivent
les chalutiers.

niche sur des corniches rocheuses

Puffin fuligineux

Puffinus griseus (fulmar et puffins)
L 40–51 cm   enver. 94–109 cm   migrateur

dessous du corps
noirâtre uni

Habitat *Niche dans l'hémisphère Sud, sur les côtes ; le reste du temps, vit au large.*

> **Nidification oct.–mai.**
> **1 œuf blanc.**
> **1 nichée par an.**

Après la période de reproduction, le puffin fuligineux parcourt plusieurs dizaines de milliers de kilomètres. Il part des sites de nidification qui se trouvent sur des îles de la zone antarctique et remonte jusque dans l'Atlantique Nord. Entre juillet et novembre, il atteint les côtes occidentales de l'Europe. Quand le vent est fort, il monte et descend sans cesse au ras des vagues.

zone
blanchâtre
sous l'aile

narines
tubulaires

aile étroite

dessus noirâtre uni

Voix *Généralement silencieux ; en mer, émet de rares cris rêches et éraillés.*

236

Puffin cendré

Puffinus diomedea (fulmar et puffins)
L 45–48 cm   enver. 1–1,25 m   migrateur

Habitat *Niche sur des îles rocheuses ; sinon vit au large, mais s'approche parfois des côtes.*

> **Nidification mai–oct.**
> **1 œuf blanc.**
> **1 nichée par an.**

Les puffins cendrés nichent en grandes colonies sur de petites îles de Méditerranée. Bien qu'ils ne rejoignent leur nid qu'à la nuit tombée, on peut les observer en groupes au-dessus des eaux alentour. Son vol est caractéristique : un plané accompagné de quelques rares coups d'ailes, puis une ascension raide de plusieurs mètres suivie d'une rapide descente.

aile longue
et étroite

bec clair

dessous blanc

bord noir

dessus
gris-brun
foncé

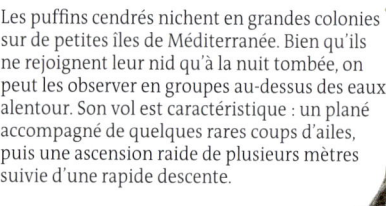

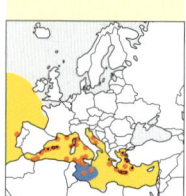

Voix *Dans les colonies, divers cris nasillards et plaintifs.*

Puffin des Anglais

Puffinus puffinus (fulmar et puffins)
L 30–38 cm   enver. 76–89 cm   migrateur

Pour un oiseau européen, le comportement migratoire du puffin des Anglais est quelque peu inhabituel. Il quitte son site de nidification, traverse l'Atlantique avant d'arriver sur la côte orientale de l'Amérique du Sud. Au début du printemps, il est de retour dans les eaux européennes. Pendant son long périple, il se nourrit d'animaux marins qu'il capture à la surface de l'eau. Il lui arrive de plonger.

Habitat *Niche sur des falaises maritimes herbeuses, sinon vit uniquement au large.*

> *Nidification avr.–oct.*
> *1 œuf blanc.*
> *1 nichée par an.*

bec noir

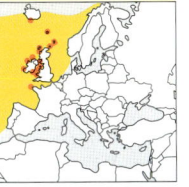

dessus brun
noirâtre uni

dessous
blanc pur

Voix *Caquètements et coassement sur sites de nidification ; en mer, silencieux.*

Puffin yelkouan

Puffinus yelkouan (fulmar et puffins)
L 30–40 cm   enver. 76–93 cm   migrateur partiel

Le puffin yelkouan vit en Méditerranée. Il niche en colonies et mène une vie grégaire même pour chercher sa nourriture. On peut aussi l'observer régulièrement en mer Noire.
Dans la partie occidentale de la Méditerranée vit le puffin des Baléares (*P. mauretanicus*).

Habitat *Niche sur des îles rocheuses, sinon en mer non loin des côtes.*

> *Nidification avr.–sept.*
> *1 œuf blanc.*
> *1 nichée par an.*

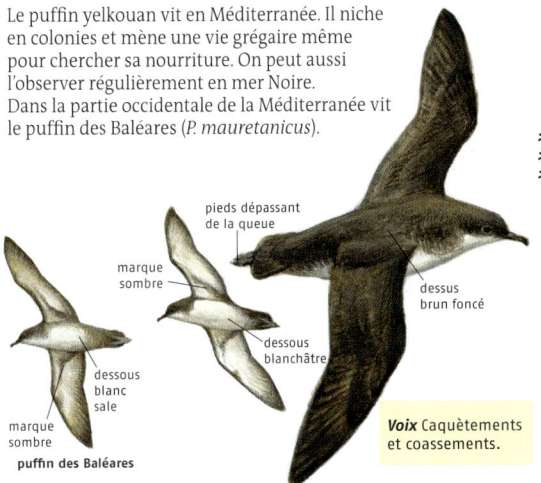

pieds dépassant
de la queue

marque
sombre

dessus
brun foncé

dessous
blanchâtre

dessous
blanc
sale

marque
sombre
puffin des Baléares

Voix *Caquètements et coassements.*

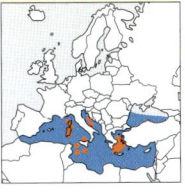

Océanite tempête

Hydrobates pelagicus (océanites)
L 14–18 cm   enver. 36–39 cm   migrateur

Habitat *Niche sur des îles rocheuses, sinon uniquement au grand large.*

> **Nidification mai-sept.**
> **1 œuf blanc parfois moucheté de brunâtre.**
> **1 nichée par an.**

L'océanite tempête nourrit son petit caché dans une crevasse rocheuse seulement la nuit. C'est pourquoi ses colonies sont difficiles à découvrir et ne sont repérées que par les sons émis par les oiseaux. Il passe la majeure partie de son temps en mer à voleter au-dessus de la surface de l'eau et à picorer de petits animaux marins.

croupion blanc

extrémité de la queue droite

bande blanche sur le dessous

Voix *Sur les sites de nidification, ronronnements sourds.*

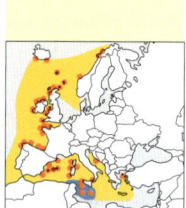

Océanite culblanc

Oceanodroma leucorhoa (océanites)
L 19–22 cm   enver. 45–48 cm   migrateur

Habitat *Niche sur des îles rocheuses, sinon uniquement au grand large.*

> **Nidification mai-août.**
> **1 œuf blanc légèrement moucheté.**
> **1 nichée par an.**

À la recherche de petits poissons ou de crustacés, l'océanite culblanc vole avec adresse au milieu des hautes vagues en laissant pendre les pattes comme s'il marchait sur l'eau. La plupart des océanites culblancs nichent en Amérique du Nord. Quand ils sont surpris en cours de migration vers les tropiques par une violente tempête, les vents les déportent parfois jusque sur les côtes européennes.

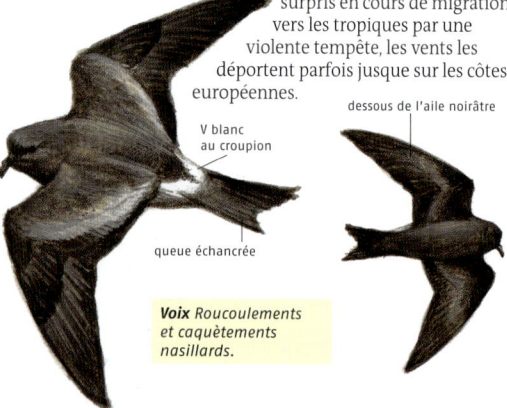

V blanc au croupion

dessous de l'aile noirâtre

queue échancrée

Voix *Roucoulements et caquètements nasillards.*

Fou de Bassan

Morus bassana (fous)
L 87–100 cm   enver. 1,65–1,80 m   sédentaire/migrateur

La pêche pratiquée par les fous de Bassan est spectaculaire. Ils plongent en piqué, presque à la verticale, depuis une hauteur de 30-40 m avec les ailes repliées le long du corps et pénètrent dans l'eau telle une flèche jusqu'à 3 m de profondeur. En s'aidant de ses ailes comme de rames, il peut même atteindre une vingtaine de mètres et poursuivre les poissons. Quand ils découvrent un gros banc de poissons, les fous de Bassan pêchent collectivement, mais ils doivent parfois parcourir jusqu'à 500 km pour repérer de tels bancs.

niche en énormes colonies

plumage brun tacheté
jeune
(de quelques semaines)

aile longue
et étroite
à bouts noirs

jeune (de 1 an)

adulte

tête jaunâtre

bec long
et fort

jeune
(de 2 ans)

adulte
en piqué

dessus et
dessous blancs

Habitat *Niche sur des falaises abruptes et des îles rocheuses ; pêche en mer pour se nourrir.*

> *Nidification avr.–sept.*
> *1 œuf blanc.*
> *1 nichée par an.*

239

Voix *Sur les sites de nidification « arrrrr » graves et sonores.*

Conseil d'observation

Sur les sites de nidification, les fous de Bassan ne sont pas craintifs. On peut les y observer de très près quand ils construisent leur nid, paradent ou nourrissent leurs jeunes.

Pélican blanc

Pelecanus onocrotalus (pélicans)
L 1,40–1,75 m enver. 2,70–3,60 m migrateur

dessous de l'aile noir et blanc

Les pélicans blancs ne nichent pas seulement
en colonies, mais pratiquent aussi la pêche
collective. Pour cela, ils encerclent les bancs de poissons et les
chassent jusqu'à ce que chacun ait pu remplir son sac jugulaire
de proies. Le pélican frisé (*P. crispus*), une
seconde espèce de pélican, vit dans le sud-
est de l'Europe.

cou rentré,
semble large

Pélican frisé

dessous de l'aile clair

souvent en grands groupes

sac jugulaire orange

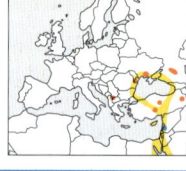

zone de peau nue
rose autour de l'œil

long bec

sac jugulaire jaune

Cormoran huppé

Phalacrocorax aristotelis (cormorans)
L 65–80 cm enver. 90–115 cm sédentaire

cou mince

Le cormoran huppé construit son nid
avec des algues et d'autres plantes
aquatiques. Il l'arrime solidement
sur des escarpements rocheux ou dans
des crevasses de falaises. Si la ressource
alimentaire devient insuffisante,
il quitte son aire de nidification. En
général, les jeunes de 3 ans s'installent
dans la colonie où ils sont nés.

bec plus mince que
le grand cormoran

huppe

plumage
noir à reflets
verts

plumage
nuptial

front anguleux

jeunes

gorge
blanche

dessous
brun

plumage
internuptial

dessous
blanc

Méditerranée   **Atlantique**

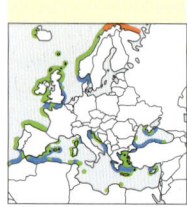

Grand cormoran

Phalacrocorax carbo (cormorans)
L 80–100 cm   enver. 1,30–1,60 m   migrateur partiel

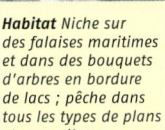

Les grands cormorans nichent en grandes colonies. Cet oiseau grégaire pratique la pêche collective et rejoint de grands dortoirs chaque soir pour y passer la nuit. Sur la côte atlantique, il construit un nid d'algues sur des corniches de falaises. En Europe centrale, il niche dans les arbres, dans un nid fait de branchages, souvent en compagnie de hérons. Quand ils migrent vers leurs zones d'hivernage, ils volent en formation. Dans le sud-est de l'Europe vit une petite espèce de cormoran, le cormoran pygmée (*Ph. pygmeus*), qui niche en bordure de lacs et de cours d'eau.

cou en S

Habitat *Niche sur des falaises maritimes et dans des bouquets d'arbres en bordure de lacs ; pêche dans tous les types de plans et cours d'eau.*

> Nidification mars-août.
> 3–4 œufs bleu clair.
> 1 nichée par an.

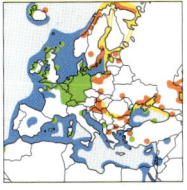

 **241**

Voix *Caquètements sonores dans un registre grave.*

Conseil d'observation

Souvent, le grand cormoran est posé sur un piquet ou sur un arbre avec les ailes déployées. À la différence des autres oiseaux d'eau, il ne peut pas enduire son plumage de graisse.

plumage nuptial

joue blanche

plumage nuptial   **plumage internuptial**

tête brune   gorge claire

plumage noir à reflets

longue queue

tache blanche en période nuptiale

cormoran pygmé

cou et dessus bruns   **jeune**

ventre clair

Index

Index

Index

247

Dessins
Tous les dessins d'oiseaux sont de Paschalis Dougalis/Kosmos, excepté 3 topographies aux pages 6 et 7 réalisées par Steffen Walentowitz.
Tous les dessins d'œufs d'oiseaux sont de Walter Söllner/Kosmos.
Les cartes de répartition et les silhouettes sont de Wolfgang Lang.

Crédits photographiques

Adam 29m, 32bd, 53hg, 59b, 64b, 73m, 73b, 84md, 86mb, 89hd, 96b, 101mg, 101bg, 105mg, 107b, 113b, 122md, 125md, 12sm, 126mb, 161m, 162hg, 163hd, 174hg, 175m. 175bg, l77hd, 194bd, 199mg, 201b, 208md, 218hg, 219md, 219b, 220m, 221hd, 221b, 224mh, 225mg, 234bd, 241bg ; **Angermayer** 25hd, 66hg, 97b, 131hd, 240hg ; **Aquila/Lankinen** 104bd ; **Aquila/Thomas** 238mg ; Bethge 110hg ; **Bethge** 110hg ; **Bethge/Hecker** 25m ; **Buchhorn/Silvestris** 48m, 160mb ; **Buchner/Limbrunner** 191b ; **Danegger** CIm, 3 hm, 19m, 43m, 75bg, 83mg, 94hg, 113hd, 129bg, 141hd, 143bg, 154mg, 157m, 159mh, 161mg, 164md, 213hd, 223mg, 226mb, 227bg, 22sm, 229m ; **Delpho** 136m, 140hd ; **Diedrich** 21m, 148mg, 148md, 154md, 156md, 179hd, 183mg, 206m, 220mg, 232mg ; J. **Dierschke** 207md, 218bd, V. **Dierschke** 135md, 156bd, 178mb, 196mg, 200mh, 200mb ; **Diemer** 155m FLPA/Silvestris 112hg, 138mg, 150hg, 156hg ; **Fünfstück** 210m, 40hg, 530d, 54b, 680hg, 76m, 83hd, 85md, 93md, 93hd, 128mb, 141mh, 180hg, 196bg, 204mg, 216hd, 226bd, 228hg, 228bd, 233hg, 240m ; **Fürst** 1m, 3 4 d.h., 16, 22b, 44hd, 46md, 64m, 65b, 72bd, 75mg, 81hd, 92md, 122mg, 129od, 162md, 164hg, 168bd, 186mg ; **Gensbol** 104hd ; **Gottschling** 55m, 196md, 196bd, 196mb ; **Groß** CIo, 30, 27hd, 33b, 38hg, 44md, 490d, 57b, 61hd, 62hg, 65hd, 66b, 75md, 82mg, 85oz, 86mg, 860d, 870d, 104mg, 107hd, 115mg, 119b, 121mg, 121hd, 123b, 132mg, 143md, 143mb, 146m, 151hd, 157md, 163md, 165bg, 167hd, 182bd, 197hd, 222b, 228bg ; **Gross/Silvestris** 54hg ; **Grüner** 1b, 3b, 25md, 26hd, 31bd, 35b, 36bd, 39b, 41hd, 42hg, 46hg, 53md, 53b, 54mg, 67om, 72m, 78b, 82b, 85bg, 90hg, 91b, 93mg, 93bg, 97md, 114hg, 115md, 116mh, 120hg, 123m, 128mg, 128md, 140hg, 141mg, 147mg, 150mg, 150bd, 160mg, 160hg, 161bd, 162mg, 164mg, 169b, 170mg, 170hd, 176mb, 184bd, 189mh, 190md, 190bd, 195md, 195mh, 195mb, 198hd, 199hd, 201hd, 204b, 206mg, 206hg, 214m, 215md, 220md, 223md, 225hd, 227md, 232m, 232b, 23sm, 235hd ; **Haag** 69bg, 176md, 194hg, 202b, 214mb ; **Halley** 24bd, 26b, 36hg, 37b, 38md, 45m, 53mh, 63m, 70mg, 95hd, 98hg, 100bd, 102md, 110mg, 116hg, 130bd, 133hg, 134mb, 137mg, 137mb, 138bd, 139m, 139hg, 140mg, 144md, 145hd, 157bg, 169hd, 175hd, 179md, 185mg, 186hd, 194m, 195bg, 198md, 202mg, 208b, 210mg, 211hd, 211b, 236mg, 238hd ; **Harrop** 20md ; **Hautala** 110md ; **Hecker** 20hg, 24m, 24hg, 25b, 28hg, 39hd, 40mg, 42b, 46b, 50hg, 51b, 52m, 52hg, 57hd, 60b, 66mg, 67hd, 69mg, 76b, 78md, 78hg, 84mg, 84mb, 86hg, 87md, 88hg, 88b, 92bd, 96hg, 97hd, 105mh, 106m, 111hd, 117hd, 118bd, 122mb, 131mb, 132mb, 162bd, 16shd, 170m, 177md, 177bg, 188md, 192mg, 193od, 196m, 196hg, 200md, 205hd, 210bd, 212hg, 214bd, 216md, 224mb, 225b, 230b, 233mg ; **Heintzenberg** 26mg, 56mg, 102hg, 130mg, 133hd, 143hd, 194bg, 229mg, 231bg ; **Heinzelmann** 62mg ; **Hinze** 90mg, 90mb, 141bg, 217b ; **Höfer** CIb, 2, 3 3d.h., 190d, 23b, 28mg, 30m, 30hg, 340d, 38mg, 38b, 41mg, 47b, 660d, 72m, 76hg, 77b, 79hg, 86m, 95b, 97m, 98md, 98bd, 99b, 122bd, 124hg, 126md, 126hg, 134mg, 14sbg, 146hg, 149hd, 154hg, 159m, 16sm, 173od, 173b, 177m, 180hd, 180mb, 184mg, 186bd, 189md, 191hd, 19shd, 197b, 199md, 199m, 208hg, 216md, 218mb, 220hg, 222hg, 2390d, 239b, 241bd ; **Hoskin/Silvestris** 170bd, 720d ; **Hüttenmoser** 158bd ; **Jachmann** 28bd, 55mb, 120mg, 120bd ; **Kalden/Silvestris** 163mg ; **Katolás** 41mb ; **Klees** 10, 3 4 d.h., 34mg, 34md, 34hg, 480d, 54hd, 67b, 730z, 94b, 127bg, 136mb, 159hd, 161hd, 168hg, 193mg, 194mg, 239mh ; **Lacz/Silvestris** 152mg, 49b, 142m, 183md ; **Lange/Angermayer** 166m ; **Lenz/Silvestris** 230m ; **Limbrunner** 20mg, 20b, 24mg, 39mg, 41md, 630z, 64hg, 69md, 69mb, 73md, 730d, 790d, 82hg, 8smg, 90bd, 92hg, 98mg, 112b, 114mg, 114bd, 115bg, 120m, 125hd, 127hd, 131bd, 132md, 132hg, 132bd, 136hg, 139mb, 140bd, 142hg, 144mg, 146mg, 148mb, 153hd, 165md, 168md, 168mb, 171b, 173m, 179m, 180mg, 181mg, 182mg, 185md, 187hd, 187b, 188mg, 195md, 196hd, 200mg, 203mg, 207hd, 212hd, 215m, 224mg, 224bd, 226mg, 227mb, 229mb, 233hd, 234m, 237hd, 240hd ; **Marquez/Silvestris** 137hd ; **McElroy** 198m ; **Mestel/Hecker** 27m, 109b, 170hg, 171mh, 216b, 220hd, 226hg, 229hd, 234hg ; **Moosrainer** 23hd, 27bg, 36mg, 39md, 430d, 43bg, 44hg, 48mg,

48bd, 60hg, 61b, 63hd, 66md, 70md, 70hg, 72mg, 89b, 99hd, 100md, 105md, 105b, 106bd, 111b, 115hd, 118mg, 118m, 135hd, 135mb, 136md, 144bd, 149b, 154mb, 157mg, 157hd, 158hg, 161md, 161bg, 163bg, 164mb, 166hg, 166bd, 172md, 172bd, 174bd, 176m, 178md, 178bd, 181hd, 182md, 192hg, 198b, 203b, 204hg, 213b, 215mg, 220bd, 224m, 228m, 233bg, 233mb ; **Newell** 236hd ; **Nill** 18b, 22hg, 36md, 58mg, 71mg, 71hd, 75m, 80hg, 91hd, 101md, 118hg, 119hd, 124mg, 125bg, 133md, 133bg, 134md, 138hg, 142mg, 143m, 146bd, 147bg, 151mg, 158mg, 189m, 190hg, 206b, 208mg, 212b, 234mg, 240bd ; **Pforr** 31hd, 47m, 56b, 78m, 80b, 103hd, 109hd, 137md, 160md, 163m, 192b, 202hg ; **Pfützke** 104mb ; **Pollin** 223b ; **Pölting/Angermayer** 219hd ; **Reinhard** 100mg ; **Reinhard/Angermayer** 60md ; **Reszeter** 44mg, 44bd, 45md, 45bg, 55md, 74mg, 74bd, 236md, 238hg ; **Schmid/Angermayer** 56hg, 62md, 168mg, 169m ; **Schmidt** 27md, 40md, 40b, 43md, 58hg, 70b, 78mg, 92mg, 92od, 118md, 122hg, 126mg, 155b, 172mg, 172hg, 174mg ; **Silvestris/Schiersmann** 104hg ; **Sohns/Silvestris** 114mh, 115m ; **Sprank/Silvestris** 176hg, 210hg ; **SWAN Buckingham**, 205m ; **Synatzschke** 18hg, 32hg, 37mg, 79mh, 129bd, 130hd, 134hg, 158hd, 167bd, 183b, 200bd, 202md ; **Tepke** 211mh, 236hg, 236od ; **Thielscher/Silvestris** 46mg, 123hd, 185hd ; **Tuschel/Willner** 18hd, 26hg, 32md, 32mh, 36m, 74m, 110b, 140m, 147hd, 178mg, 193bg, 198mg, 234hd, 12tbg ; **Varesvuo** 55hd, 63md, 63mb, 102mg, 102bd, 102mb, 229md, 232hg ; **Volmer** 240md ; **Wendl/Angermayer** 50m ; **Wendl/Zeininger** 135mg ; **K. Wernicke** 155hd, 167mg, 174md, 176mg, 176bd, 182hg, 183hd, 186md, 186m, 186hg, 186bg, 188hg, 189bg, 189mb, 190mg, 193md, 199b, 203md, 203hd, 204md, 209hd, 209b, 210md, 212mg, 212m, 214hg, 215hd, 217m, 217hd, 218mg, 219mg, 222md, 226mh, 230hg, 233md, 234mb, 241hd ; **P. Wernicke** 88m, 139hd, 141md, 141m, 141mh, 143hg ; **Wernicke/Silvestris** 175m ; **Wilhelmshurst/Silvestris** 116mg, 223od, 50bd, 51mg, 87b, 179bg, 218md, 229bg, 23tbd ; **Willner** 74hd, 171hd, 180md, 227hd, 228mg, 228hd, 240mg ; **Wisniewski/Silvestris** 152b, 216mg ; **Wöhler/Silvestris** 56m ; **Wothe** 150md, 150hd, 156mb, 188mb, 237md ; **Zeininger** 21hd, 28m, 29hd, 31m, 32mg, 33m, 33hd, 34b, 35hd, 370d, 430m, 450d, 470d, 48hg, 50mg, 5lmd, 51hd, 54md, 58m, 58b, 59hd, 62b, 65m, 68b, 69hd, 71m, 72hg, 74hg, 75hd, 77hd, 79md, 79mb, 81b, 82md, 84hg, 85md, 87m, 90m, 100hg, 101hd, 103b, 105hd, 106mg, 106hg, 106mb, 108hg, 108b, 114mb, 116bd, 117b, 124md, 128hg, 130hg, 136mg, 138md, 142bd, 144hg, 151md, 151bg, 153b, 156mg, 158m, 159bg, 163mb, 164bd, 166mg, 168oz, 178hg, 18tb, 184md, 184hg, 184bg, 185bg, 189hd, 192md, 198hg, 200hg, 205b, 207mg, 207b, 214mg, 214hd, 215bg, 216hg, 224hg, 226md, 227mg, 227m, 231hd ; **Ziesler/Angermayer** 222mg

h = haut ; b = bas ; g = gauche ; d = droite ; m = milieu ; mg = milieu à gauche ; md = milieu à droite ; mh = milieu en haut ; mb = milieu en bas ; CI = couverture intérieure ; d.h. = depuis le haut

Glossaire

Accoupler (s') : accomplir l'acte sexuel chez les oiseaux.

Apparier (s') : former un couple en vue de se reproduire.

Barré : marqué de lignes ou traits transversaux parallèles.

Biotope : milieu de vie d'un animal.

Bord d'attaque : bord antérieur de l'aile.

Bord de fuite : bord postérieur de l'aile.

Caroncule : excroissance de chair, souvent rouge, souvent présente sur la tête des gallinacés.

Cavernicole : qualifie les espèces nichant dans des cavités : trous d'arbre, crevasses rocheuses, nichoirs... Les pics, les mésanges et les choucas sont des espèces cavernicoles.

Cercle oculaire : anneau de petites plumes entourant l'œil.

Cercle orbitaire : anneau de peau nue colorée entourant l'œil.

Chant : suite de notes formant un ensemble mélodieux ou non, de structure plus ou moins complexe. Il est émis surtout par les mâles en période de reproduction et peut avoir plusieurs fonctions.

Corbeautière : colonie de corbeaux freux.

Couvertures : plumes couvrant la base des rémiges, sur le dessus et le dessous de l'aile (couvertures sus- et sous-alaires), et des rectrices, au-dessus et en dessous (sus- et sous-caudales).

Cri : son simple et bref, émis en toutes circonstances, par des oiseaux de tous âges et des deux sexes. Il existe plusieurs types de cris : cris de vol, de contact, d'alarme, de détresse...

Culottes : plumes lâches descendant sur les tibias (« cuisses ») de certains oiseaux et les couvrant, comme chez le corbeau freux ou les faucons.

Dortoir : lieu où se rassemble un grand nombre d'oiseaux pour passer la nuit.

Éclipse (plumage d') : plumage des canards de surface mâles en période de mue, ressemblant à celui des femelles et porté après le plumage nuptial.

Espèce : sous-division d'un genre ; catégorie, dans un classement, d'individus semblables pouvant se reproduire entre eux, mais généralement pas avec des individus d'autres groupes.

Famille : sous-division d'un ordre regroupant plusieurs genres (accipitridés : famille de rapaces diurnes comprenant les genres Aquila, Milvus, Circus, Buteo...).

Filet : rectrice externe fine et allongée chez certains oiseaux, comme l'hirondelle rustique.

Fjell : haut plateau rocheux scandinave.

Fringille : oiseau de la famille des fringillidés. Le pinson est un fringille.

Genre : sous-division d'une famille regroupant plusieurs espèces (Aquila : genre comprenant les aigles royal, impérial, pomarin, criard...).

Grégaire : qui vit en groupes, comme le grand cormoran, le corbeau freux...

Hémérophile : animal qui tire profit des aménagements et transformations réalisés par l'homme, comme le merle noir ou le moineau domestique.

Herbu : synonyme de pré salé.

Hybride : oiseau issu du croisement de deux individus d'espèces différentes.

Incubation : synonyme de couvaison ; action par laquelle les oiseaux réchauffent leurs œufs pour permettre le développement de l'embryon jusqu'à l'éclosion.

Juvénile : jeune oiseau de l'année portant son premier vrai plumage.

Limicoles : petits échassiers fréquentant les zones humides, comme les bécasseaux, les chevaliers, les gravelots.

Lore : zone située entre l'œil et la base du bec (lores pâles de l'hypolaïs icté-rine).

Mandibule : chacune des deux parties du bec, mandibules supérieure et in-férieure.

Migrateur partiel : oiseau dont une partie de la population migre et l'autre non, ou encore oiseau dont une partie de la population hiverne à l'inté-rieur de la zone de reproduction et l'autre en dehors.

Mimétisme : propriété du plumage d'imiter l'environnement dans lequel vit l'oiseau.

Miroir (alaire) : chez les canards, rectangle de couleur ou blanc sur les rémi-ges secondaires.

Moustache : trait sombre partant de la base du bec, comme chez les faucons.

Mue : chute des plumes d'un oiseau pour permettre le renouvellement du plumage.

Nuptial : relatif à la période de reproduction des oiseaux

Parade nuptiale : démonstration réalisée (généralement) par le mâle pour séduire la ou les femelles.

Pelote (de réjection) : boulette allongée contenant des restes indigestes de proies et régurgitée notamment par les rapaces nocturnes et diurnes. Leur analyse permet de connaître avec précision le régime alimentaire de ces oiseaux.

Plage alaire : large zone de couleur sur l'aile

Plaque frontale : plaque cornée de couleur ornant le front de certains ralli-dés, comme la foulque macroule.

Prédateur : animal tuant d'autres animaux, ses proies, pour se nourrir.

Race : synonyme de sous-espèce.

Racine du bec : base du bec.

Rayé : marqué de lignes ou traits longitudinaux, plus épais que des stries.

Rectrice : plume de la queue

Rémige primaire : grande plume de la main de l'oiseau

Rémige secondaire : grande plume du bras de l'oiseau

Rémige tertiaire : plume située près des secondaires internes

Rémiges : plumes de vol de l'aile de l'oiseau.

Scapulaire : qui se rapporte à l'épaule (tache scapulaire) ; les scapulaires sont les plumes couvrant l'épaule de l'oiseau.

Sourcil : raie pâle passant au-dessus de l'œil.

Sous-espèce : au sein d'une espèce, population présentant des caractères particuliers la différenciant d'autres populations de la même espèce.

Souslik : petit rongeur d'Europe orientale, vivant dans les zones steppi-ques.

Strié : marqué de fines raies longitudinales.

Taïga : vaste forêt peuplée majoritairement de conifères dans le grand Nord de l'Europe.

Tarse : partie inférieure de la patte d'un oiseau comprise entre les doigts et l'articulation (talon).

Toundra : vaste espace dépourvue d'arbres des régions boréales, au nord de la taïga.

Trait sourcilier : trait sombre situé en arrière de l'œil.

Pinson
des arbres

Moineau
domestique

Linotte
mélodieuse

Chardonneret
élégant

Verdier

Bruant jaune

Alouette
des champs

Pipit des arbres

Pipit farlouse

Bergeronnette
grise

Grimpereau
des bois

Grimpereau des jardins

Sittelle torchepot

Mésange
charbonnière

Mésange bleue

Mésange nonnette

Mésange
à longue queue

Gobemouche
gris

Pie-grièche écorcheur

Pie-grièche grise

Hypolaïs ictérine

Roitelet huppé

Pouillot véloce

Pouillot fitis

Pouillot siffleur

Rousserolle
effarvatte

Rousserolle
verderolle

Fauvette
à tête noire

Fauvette
babillarde

Rousserolle
turdoïde

Rossignol
philomèle

Traquet
motteux

Rougegorge
familier

Rougequeue
à front blanc

Rougequeue
noir

Tarier
des prés

Martinet
noir

Cincle
plongeur

Engoulevent
d'Europe

Hirondelle
rustique

Hirondelle
de fenêtre

Accenteur
mouchet

Troglodyte
mignon

Grive
musicienne

Merle
noir

Loriot
d'Europe

Geai des chênes

Pie bavarde

Choucas
des tours

Étourneau sansonnet

Identification des œufs

Vanneau huppé

Bécassine des marais

Corneille noire

Petit gravelot

Chevalier guignette

Sterne pierregarin

Faucon crécerelle

Épervier d'Europe

Buse variable

Bondrée apivore

Faucon hobereau

Illustrations taille réelle

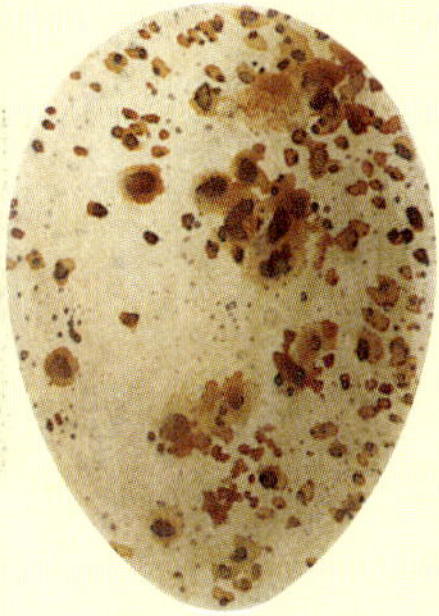

Gallinule poule-d'eau

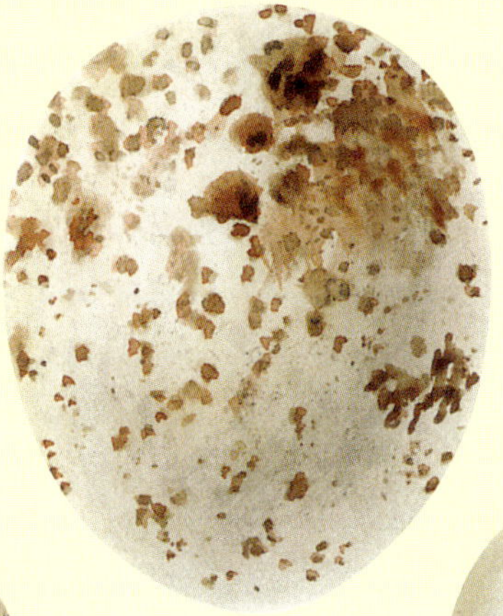

Milan noir

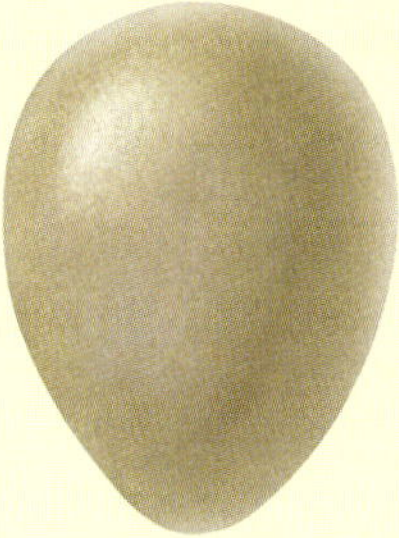

Perdrix grise

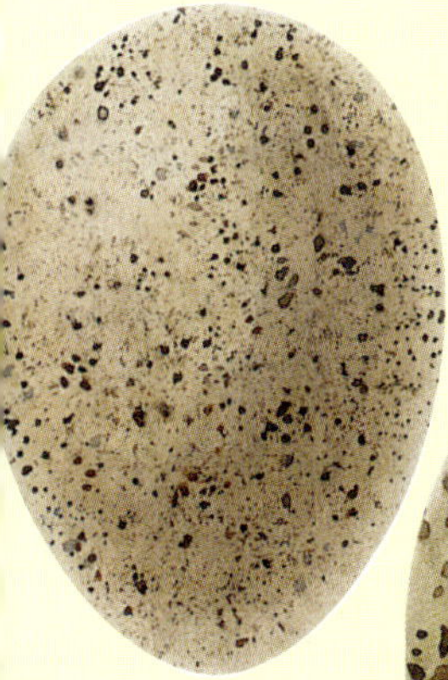

Foulque macroule

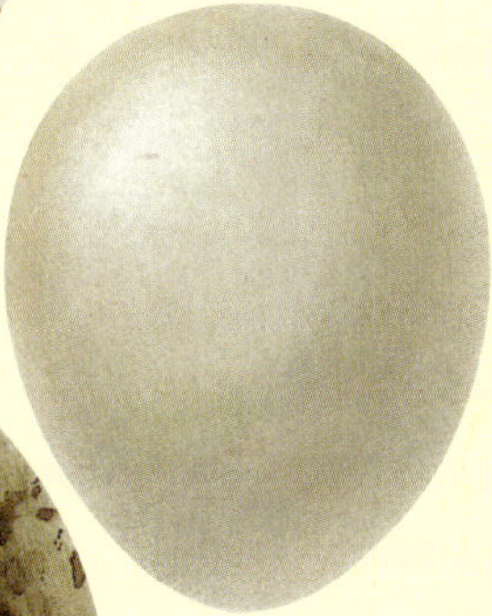

Faisan de Colchide

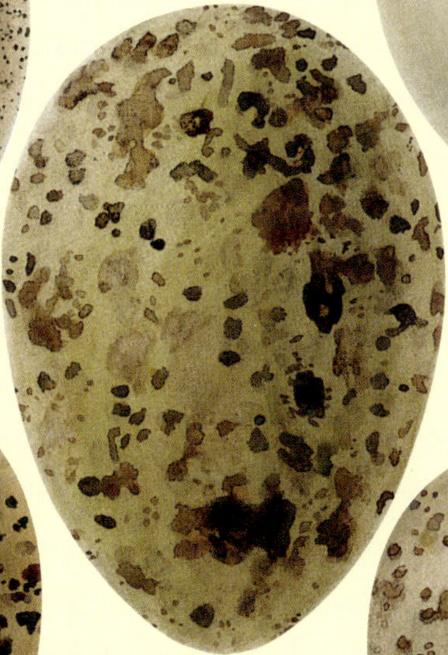

Goéland argenté

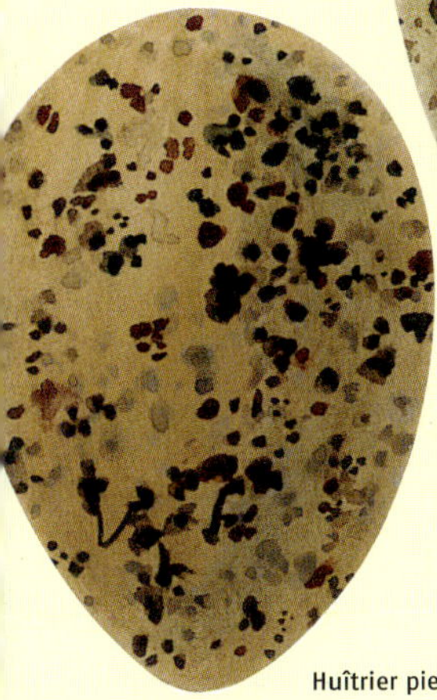

Huîtrier pie

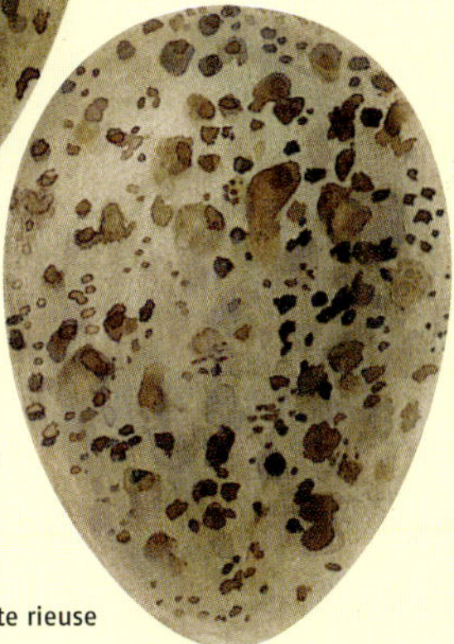

Mouette rieuse

L'auteur

Depuis son plus jeune âge, Volker Dierschke s'intéresse à la vie des oiseaux, tout d'abord en les observant avec son grand-père, passionné d'ornithologie. Après des études de biologie à Göttingen, Volker a étudié la migration des oiseaux aux stations ornithologiques d'Héligoland et de Hiddensee, puis a écrit une thèse sur la migration des Limicoles. À l'université de Kiel, il a participé à des enquêtes sur la répartition des oiseaux de mer dans les zones maritimes allemandes. Ses connaissances sur le monde des oiseaux en font l'un des ornithologues les plus réputés en Allemagne. Il édite une revue scientifique intitulée *Die Vogelwelt* (« le monde des oiseaux »). Volker Dierschke est biologiste et auteur indépendant.

958 photographies couleurs (voir crédits photographiques p. 248-249) et 747 dessins d'oiseaux de Paschalis Dougalis/Kosmos, 3 topographies de Steffen Walentowitz (p. 6, 7 et 69), dessins d'œufs de Walter Söllner/Kosmos, 368 cartes de répartition et 13 silhouettes de Wolfgang Lang.

Photo de la page 2 : sittelle torchepot.
Photos de la page 3, de haut en bas : bruant jaune, pigeon ramier, faucon crécerelle, héron cendré, chevalier gambette, grèbe à cou noir.
Photo des pages 16-17 : couple de guêpiers d'Europe.

Édition originale :
Titre : *Volker Dierschke, Welcher Vogel ist das?*
© 2007 Franckh-Kosmos Verlags-GmbH & Co, Stuttgart

Édition française :
© Delachaux et Niestlé SA, Paris, 2008
Dépôt légal : avril 2008
ISBN : 978-2-603-01532-2
Réimpression 2012

Imprimé par Longo AG, Bozen (Italie)

Traduction : François Loppin
Coordination éditoriale et mise en pages : Dédicace, Villeneuve-d'Ascq
Couverture : Nicolas Hubert

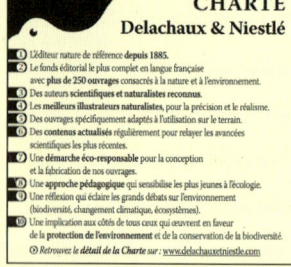

CHARTE
Delachaux & Niestlé

1. L'éditeur nature de référence **depuis 1885.**
2. Le fonds éditorial le plus complet en langue française avec **plus de 250 ouvrages** consacrés à la nature et à l'environnement.
3. Des auteurs **scientifiques et naturalistes reconnus.**
4. Les **meilleurs illustrateurs naturalistes**, pour la précision et le réalisme.
5. Des ouvrages spécifiquement adaptés à l'utilisation sur le terrain.
6. Des **contenus actualisés** régulièrement pour relayer les avancées scientifiques les plus récentes.
7. Une **démarche éco-responsable** pour la conception et la fabrication de nos ouvrages.
8. Une **approche pédagogique** qui sensibilise les plus jeunes à l'écologie.
9. Une réflexion qui éclaire les grands débats sur l'environnement (biodiversité, changement climatique, écosystèmes).
10. Une implication aux côtés de tous ceux qui œuvrent en faveur de la **protection de l'environnement** et de la conservation de la biodiversité.
⊘ *Retrouvez le détail de la Charte sur :* www.delachauxetniestle.com

FSC
www.fsc.org

MIX

Paper from
responsible sources

FSC® C023164